W0263539

Teubner Studienbücher

Mathematik

Ahlswede/Wegener: **Suchprobleme.** DM 32,–

Aigner: **Graphentheorie.** DM 29,80

Ansorge: **Differenzenapproximationen partieller Anfangswertaufgaben.** DM 32,– (LAMM)

Behnen/Neuhaus: **Grundkurs Stochastik.** 2. Aufl. DM 36,–

Bohl: **Finite Modelle gewöhnlicher Randwertaufgaben.** DM 32,– (LAMM)

Böhmer: **Spline-Funktionen.** DM 32,–

Bröcker: **Analysis in mehreren Variablen.** DM 34,–

Bunse/Bunse-Gerstner: **Numerische Lineare Algebra.** 314 Seiten. DM 36,–

Clegg: **Variationsrechnung.** DM 19,80

v. Collani: **Optimale Wareneingangskontrolle.** DM 29,80

Collatz: **Differentialgleichungen.** 6. Aufl. DM 34,– (LAMM)

Collatz/Krabs: **Approximationstheorie.** DM 29,80

Constantinescu: **Distributionen und ihre Anwendung in der Physik.** DM 22,80

Dinges/Rost: **Prinzipien der Stochastik.** DM 36,–

Fischer/Sacher: **Einführung in die Algebra.** 3. Aufl. DM 23,80

Floret: **Maß- und Integrationstheorie.** DM 34,–

Grigorieff: **Numerik gewöhnlicher Differentialgleichungen**
Band 2: DM 34,–

Hackbusch: **Theorie und Numerik elliptischer Differentialgleichungen.** DM 38,–

Hainzl: **Mathematik für Naturwissenschaftler.** 4. Aufl. DM 36,– (LAMM)

Hässig: **Graphentheoretische Methoden des Operations Research.** DM 26,80 (LAMM)

Hettich/Zenke: **Numerische Methoden der Approximation und semi-infiniten Optimierung.** DM 26,80

Hilbert: **Grundlagen der Geometrie.** 13. Aufl. DM 28,80

Jeggle: **Nichtlineare Funktionalanalysis.** DM 28,80

Kall: **Analysis für Ökonomen.** DM 28,80 (LAMM)

Kall: **Lineare Algebra für Ökonomen.** DM 24,80 (LAMM)

Kall: **Mathematische Methoden des Operations Research.** DM 26,80 (LAMM)

Kohlas: **Stochastische Methoden des Operations Research.** DM 26,80 (LAMM)

Kohlas: **Zuverlässigkeit und Verfügbarkeit.** DM 38,– (LAMM)

Krabs: **Optimierung und Approximation.** DM 28,80

Lehn/Wegmann: **Einführung in die Statistik.** DM 24,80

Metzler: **Dynamische Systeme in der Ökologie.** DM 26,80

Müller: **Darstellungstheorie von endlichen Gruppen.** DM 25,80

Rauhut/Schmitz/Zachow: **Spieltheorie.** DM 34,– (LAMM)

Schwarz: **FORTRAN-Programme zur Methode der finiten Elemente.** DM 25,80

Fortsetzung auf der letzten Textseite

Errata zu

W. Metzler, Dynamische Systeme in der Ökologie

1. Auflage, B. G. Teubner, Stuttgart 1987

Das Literaturverzeichnis ist um folgenden Hinweis zu ergänzen:

[44] Dynamik von Waldökosystemen.
Berichte der Arbeitsgruppe Mathematisierung, Sonderheft 1,
Kassel, Oktober 1982.

Im Vorwort ist auf Seite 4, Absatz 2, folgende Ergänzung vorzunehmen:

Nach dem Satz

> Mein besonderer Dank gilt Herrn Prof. Dr. Hartmut Bossel;
> von ihm habe ich während unserer gemeinsamen Arbeit die
> Systemanalyse gelernt.

ist einzufügen:

> In die Kapitel 1 und 2 wurden größere Passagen direkt aus
> den Arbeiten von Prof. Bossel übernommen, insbesondere
> Abschnitt 1.1 bis 1.3 aus [1] und Abschnitt 2.1 aus [44].

Dynamische Systeme in der Ökologie

Mathematische Modelle und Simulation

Von Dr. rer. nat. Wolfgang Metzler
Gesamthochschule / Universität Kassel

unter Mitwirkung von
Dipl.-Math. Dieter Gockert
Gesamthochschule / Universität Kassel

Mit 73 Figuren

 B. G. Teubner Stuttgart 1987

Dr. rer. nat. Wolfgang Metzler

Geboren 1949 in Gersfeld/Rhön. Von 1969 bis 1975 Studium der Mathematik und Physik an der Universität Marburg. 1975 Diplom in Mathematik in Marburg. 1980 Promotion an der Gesamthochschule/ Universität Kassel. Seit 1980 wissenschaftlicher Mitarbeiter im Fachbereich Mathematik in Kassel.
Forschungsschwerpunkt: Mathematische Modellierung, Stabilitätsanalyse und Chaos bei dynamischen Systemen, Experimentelle Mathematik und Computergraphik.

Dipl.-Math. Dieter Gockert

Geboren 1959 in Kassel. Von 1980 bis 1987 Studium der Mathematik mit Nebenfach Physik an der Gesamthochschule/Universität Kassel. 1987 Diplom in Mathematik.
Arbeitsschwerpunkt: Modellierung und Simulation dynamischer Systeme sowie deren Stabilitätsanalyse.

CIP-Kurztitelaufnahme der Deutschen Bibliothek:

Metzler, Wolfgang:
Dynamische Systeme in der Ökologie :
math. Modelle u. Simulation / von
Wolfgang Metzler. Unter Mitw. von
Dieter Gockert. —
Stuttgart : Teubner, 1987.
  (Teubner Studienbücher : Mathematik)
  ISBN 978-3-519-02082-0   ISBN 978-3-322-93109-2 (eBook)
  DOI 10.1007/978-3-322-93109-2

Gesamtherstellung: Druckhaus Beltz, Hemsbach/Bergstraße
Umschlaggestaltung: M. Koch, Reutlingen

Vorwort

Obwohl noch nie so viele Daten über die Welt zur Verfügung standen wie heute, wird die Wirklichkeit immer undurchsichtiger. Sie präsentiert sich als Ansammlung voneinander getrennter Einzelbereiche, schön geordnet nach Ressorts und Fachbereichen und damit zu Bruchstücken auseinandergerissen. Ihrem Wesen nach ist die Realität jedoch ein vernetztes System, in dem es oft weniger auf jene Einzelbereiche ankommt als auf die Beziehungen zwischen ihnen. Damit ist ein Ziel dieses Buches angesprochen: Es faßt die Wirklichkeit auf als dynamisches Wechselspiel zwischen Zuständen und Flüssen. Und mit Hilfe dieser beiden Bausteine - Zustände und Zustandsänderungen (Flüsse) - werden Ausschnitte aus der Wirklichkeit modellhaft als vernetzte Systeme dargestellt.

Die Güte derartiger Modelle mißt sich in der Regel daran, wie gut sie die realen Bewegungen simulieren, das heißt nachahmen. Das zweite Anliegen ist daher die Analyse der Dynamiken dieser Modelle, das heißt ihres Lösungsverhaltens in Abhängigkeit von der Zeit. Die Dynamiken natürlicher Systeme sind in der Regel periodisch und nicht linear. Sie ergeben sich aus der Verknüpfung einfacher Rhythmen wie Geborenwerden und Sterben oder Tag und Nacht.

Am Beginn des Buches steht eine anschauliche Einführung in die Modellierung dynamischer Vorgänge mit Hilfe von Zuständen und Flüssen. Am Beispiel eines "Weltmodells" wird ein Arbeitskonzept vorgestellt, welches den Leser von einer umgangssprachlichen Problembeschreibung hinführt zur mathematischen Darstellung des Problems als Differential- bzw. Differenzengleichungssystem.

Das zweite Kapitel (unterstützt durch den Anhang) konkretisiert dieses Konzept mit Hilfe der Modellierungssprache DYSS. Sie benutzt einfache Wirkungsgraphen aus Kanten und Knoten zur Darstellung der Modelle. Diese Graphen können direkt in den Computer eingegeben und simuliert werden.

Die Kapitel 3, 5 und 7 stellen die mathematischen Hilfsmittel zur Analyse der Dynamiken von Differentialgleichungsmodellen bereit. Zum Beispiel werden Trajektorien und Gleichgewichtspunkte, Linearisierung und Stabilität sowie das Langzeitverhalten von Lösungen behandelt. Dabei versucht das Buch seinem Anspruch als Einführungstext dadurch gerecht zu werden, daß es von ganz wenigen Ausnahmen abgesehen lediglich auf Grundkenntnisse über Funktionen und ihre Differenzierbarkeit sowie über die Lösung linearer Gleichungssysteme zurückgreift.

In den beiden dazwischenliegenden Kapiteln werden einige klassische Differentialgleichungsmodelle aus der Ökologie unter Zuhilfenahme der Graphenmethode hergeleitet. Das Lösungsverhalten der Modelle wird analysiert und mit überlieferten

Beobachtungen aus der Natur verglichen.

Am Schluß des Buches wird mit dem Thema "Waldsterben" ein neuartiger ökologischer Problemkreis angeschnitten. Das dort behandelte mathematische Modell simuliert in Abhängigkeit vom Grad der Luftverschmutzung einen plötzlichen Wechsel vom Überleben des Waldes zu einem schnellen Baumtod. Dieser typische Verhaltenswechsel findet sich auch in zwei davon abgeleiteten Differentialgleichungsmodellen wieder.

Dieses Lehrbuch hätte nicht entstehen können ohne eine engagierte und erfolgreiche Projektarbeit zur Modellierung und Simulation von Waldökosystemen in der Interdisziplinären Arbeitsgruppe Mathematisierung an der Gesamthochschule/Universität Kassel. Mein besonderer Dank gilt Herrn Prof. Dr. Hartmut Bossel; von ihm habe ich während unserer gemeinsamen Arbeit die Systemanalyse gelernt. Stellvertretend für alle Mitarbeiter danke ich Holger Krieger und Dieter Gockert, auf deren Diplomarbeiten ich am Schluß des Buches zurückgreife.

Das Buch wäre auch nicht entstanden ohne einen Anstoß von Herrn Prof. Dr. Friedrich Wille. Und er bestärkte mich noch einmal, als mich auf halber Strecke der Mut verlassen wollte, dafür danke ich ihm vielmals. Nicht unerwähnt bleiben soll auch sein Beweis von Satz 6.4, den er extra für die Erfordernisse dieses Buches ausgetüftelt hat.

Dank an Frau Marlies Gottschalk für des Schreiben des Entwurfes, an Rita Middeke, die große Teile des Manuskriptes mit einem Textautomaten aufbereitete und an Herrn Klaus Strube, der mir bei einigen komplizierten Zeichnungen half. Wolfgang Frees hat in vielen Arbeitsstunden das Simulationssystem DYSS entwickelt. Dafür möchte ich ihm an dieser Stelle meine Anerkennung ausdrücken. Dank an ihn für den Anhang des Buches über dieses Simulationssystem, den er verfaßt hat.

Ständig beteiligt an der Fertigstellung war Dieter Gockert. Er führte die Modellrechnungen durch und zeichnete Diagramme und Figuren. Geduldig und hilfreich war er außerdem bei der Formulierung und Änderung mancher Textpassagen. Zuletzt bekam er Unterstützung von meiner Frau Ulla, die mit viel Sachverstand die Figuren vervollkommnete. Bei Ulla und Dieter möchte ich mich herzlich bedanken. Schließlich gilt mein Dank dem Verlag B.G. Teubner für die Bereitschaft, diesen Text in sein Programm aufzunehmen.

Kassel, im Mai 1987   Wolfgang Metzler

INHALT:

1 EINFÜHRUNG IN DIE MODELLBILDUNG UND SIMULATION DYNAMISCHER SYSTEME

In diesem einführenden Kapitel sollen am Beispiel eines einfachen "Weltmodells" Möglichkeiten der Darstellung dynamischer Systeme in Form verschiedenartiger Simulationsmodelle, das Verfahren der Modellbildung und die Nachbildung des Systemverhaltens durch Computersimulation - zunächst unter Verzicht auf mathematische Analyse - betrachtet werden.

Auf diese Weise machen wir uns zunächst einmal mit der Denkweise, dem Vokabular und den Ansätzen der Modellbildung und Simulation vertraut. Anhand eines Beispiels sollen schrittweise anspruchsvollere Modelle des gleichen Systems aufgebaut werden, die eine zunehmend präzisere Aussage über dessen Verhaltenstendenzen gestatten.

Wir beginnen mit einem *Prosamodell*, der Darstellung des Sachverhaltes in der Umgangssprache. Aus diesem Prosamodell wird der *Wirkungsgraph*, bestehend aus Knoten und Verbindungen, entwickelt. Der Wirkungsgraph enthält die für das Verhalten bedeutsame Struktur des Systems und läßt damit auch ohne weitere Quantifizierung bereits wesentliche Schlüsse auf das Systemverhalten zu.

Durch eine mathematische Beschreibung des Geschehens an den Knoten und eine Quantifizierung der Stärke der zwischen ihnen bestehenden Wirkungsbeziehungen wird bereits eine einfache rechnerische Analyse möglich, die z.B. auch Hinweise auf mögliche Stabilität oder Instabilität des Systems geben kann. Ein solches *lineares Graphenmodell* stellt die individuellen Systemelemente aber nur grob vereinfacht dar und ist nur in der Nähe eines sogenannten Gleichgewichtszustandes des Systems (also nur lokal) annähernd gültig.

Bei genaueren Analysen kann auf eine exakte Darstellung der Systemkomponenten und ihrer Verknüpfungen nicht verzichtet werden. Das führt zu Systemmodellen, deren Elemente die unterschiedlichsten funktionalen Eigenschaften haben können und die in komplexer Weise miteinander verknüpft sein können.

Im allgemeinen sind sie nichtlinear und damit mathematischer Analyse nur beschränkt zugänglich. Bei ihrer Untersuchung ist man deswegen vielfach auf die *Computersimulation* angewiesen.

Mit der Wahl des Beispiels, einem "Weltmodell", demonstrieren wir neben den Verfahren der Modellbildung und Simulation auch gleich einen gewissen Anspruch der Systemforschung. Sie kann in vielen Fällen auch in stark vereinfachter Darstellung Verhaltenstendenzen komplexer Systeme beschreiben, die aus anderen Betrachtungen nicht gewonnen werden können.

Dieses erste Kapitel orientiert sich an einem Vorlesungsmanuskript von H. Bossel [1]; von ihm stammt auch das gewählte Arbeitsbeispiel "Weltmodell".

1.1 Arbeitsbeispiel "Weltmodell"

Weltmodelle sind in der öffentlichen Diskussion, seit 1972 durch den Club of Rome Rechenergebnisse von Computermodellen der Weltentwicklung veröffentlicht wurden, die etwa für das Jahr 2000 einen dramatischen Bevölkerungszusammenbruch voraussagen.

Die Grenzen des Wachstums wurden in diesen Modellen von J.W. Forrester [2] und D. Meadows u.a. [3] anhand von Simulationsläufen eines Weltmodells in eindringlicher Weise dargestellt.

In den 60-er Jahren entwickelte Forrester am Massachusetts Institute of Technology (MIT) mit Kollegen eine Methode (*System Dynamics*, vgl. [4]) und eine Computersprache (*DYNAMO*), die es zunächst ermöglichen sollte, relativ komplexe dynamische betriebswirtschaftliche Vorgänge (Produktion, Lagerhaltung, Arbeitskräfteeinsatz, Verkauf, Auslieferung usw.) zu beschreiben und modellhaft miteinander zu verbinden [5].

Die Erfolge der Methode veranlaßten Forrester, sie dann auf Stadtentwicklung und später - vom Club of Rome angeregt - auch auf die Weltentwicklung anzuwenden.

Forrester baute seine systemdynamische Methode auf der grundlegenden systemtheoretischen Erkenntnis auf, daß sich viele Entwicklungen in der Natur oder in der Gesellschaft durch

- den augenblicklichen *Zustand einer Größe* und
- die augenblickliche *Veränderung dieses Zustands*

beschreiben lassen. Beispiele für Zustände sind die augenblickliche Bevölkerungszahl eines Landes, der augenblickliche Inhalt eines Wasserspeichers, der augenblickliche Kontostand. Beispiele für Zustandsveränderungen sind Geburten- und Sterberaten, Wasserzufluß und -abfluß, laufende Einnahmen und Ausgaben.

Diese beiden Elemente, *Zustände* (engl.: *levels*) und *Zustandsveränderungen* (engl.: *rates*), bestimmen bereits ganz wesentlich das dynamische Verhalten eines Systems. Da sie oft voneinander abhängen, kann es zu *Rückkopplungen* kommen, die entweder zu einer Verstärkung (*positive Rückkopplung*) oder zu einem Abklingen (*negative Rückkopplung*) einer Zustandsgröße führen können.

Ein Beispiel hierfür, das auch in den Weltmodellen eine besonders wichtige Rolle spielt, ist das exponentielle Bevölkerungswachstum. Im Weltdurchschnitt werden heute auf 1000 Menschen pro Jahr etwa 35 geboren, etwa 15 von 1000 sterben pro Jahr. Die jährliche Nettowachstumsrate ist also 20 von 1000 oder 2 % pro Jahr. Bei 4 Mrd. Erdbewohnern sind das heute jährlich etwa 20 Mio. neue Mitbürger. Wenn sich in 35 Jahren die Erdbevölkerung auf 8 Mrd. verdoppelt haben wird, sind es dagegen jährlich 160 Mio. Neuzugänge. Die Zunahme beschleunigt sich also im Laufe der Zeit (positive Rückkopplung).

Ein weiteres wichtiges Element bei dynamischen Vorgängen sind *Verzögerungen* (engl.: *delays*). Auch sie werden bei der systemdynamischen Methode berücksichtigt. Zum Beispiel dauert es oft Jahrzehnte, bis Maßnahmen zur Geburtenkontrolle soweit eingeführt sind, daß sie die Geburtenrate absinken lassen.

In dem einfachen Weltmodell, das wir besprechen werden, sind delays nicht berücksichtigt; das gleiche gilt für die in den folgenden Kapiteln behandelten ökologischen Modelle. Prinzipiell ist es jedoch möglich, mit der Methode "System Dynamics" Verzögerungen zu modellieren (vgl. [6], S. 227 ff u. Kap. 2).

Forrester wollte mit seinem Weltmodell WORLD 2 (s. Fig. 1.2) die wesentlichen Eigenschaften der "Weltdynamik" darstellen und darauf hinweisen, wie sehr die Entwicklung durch Rückkopplungen, durch Prozesse exponentiellen Wachstums und durch Verzögerungselemente bestimmt ist, deren Zusammenspiel zu intuitiv kaum richtig vorhersehbaren Veränderungen führen kann. In seinem Modell sind fünf Zustandsgrößen,

- Bevölkerung
- natürliche Ressourcen
- Umweltverschmutzung
- Kapitalinvestitionen
- Investitionen in der Landwirtschaft,

über ihre Veränderungsraten miteinander verknüpft.

Forresters Modell wurde im Simulationsjahr 1900 gestartet. Parameter, für die
keine historischen Datenreihen vorlagen, wurden so eingestellt, daß die Modeller-
gebnisse die historische Entwicklung richtig wiedergaben. Damit konnte man annehmen, daß die vom Modell für die Zukunft projizierten Ergebnisse einigermaßen richtig sein würden.

Das Modell WORLD 3 von Dennis und Donella Meadows und ihren Mitarbeitern
(vgl. [3]) war in erster Linie eine Weiterführung der Forrester-Arbeit mit einem
sorgfältiger erarbeiteten Modell und einer umfangreicheren statistischen Datenba-
sis. Die wesentlichen Resultate beider Simulationsmodelle sind inzwischen Wissen-
schaftsgeschichte:

*Die Fortführung ungezügelten Wirtschafts- und Bevölkerungswachstums führt ir-
gendwann im kommenden Jahrhundert wegen Ressourcenerschöpfung und nicht
mehr verkraftbarer Umweltverschmutzung zu einem dramatischen Bevölkerungszusammenbruch, falls nicht sorgfältig abgestimmte Maßnahmen der Geburtenkontrolle, der besseren Rohstoffnutzung, des Umweltschutzes usw. zur rechten Zeit
durchgeführt werden. Der Zeitpunkt dieses Bevölkerungszusammenbruchs wird
von beiden Modellen etwa für die Jahre 2020 bis 2060 vorausgesagt.*

Wir wollen an dieser Stelle nicht mehr näher auf die Weltmodelle von Forrester
und Meadows eingehen, sondern stattdessen ein sehr vereinfachtes Arbeitsbeispiel "Weltmodell" kennenlernen, um hieran die grundsätzlichen Arbeitsweisen
der Systemanalyse einzuüben. Wir orientieren uns dabei bereits an der Symbolik
des Simulationssystems DYSS (Dynamic System Simulation), mit dem wir in diesem Buch arbeiten wollen. DYSS ist in vielem eine Weiterentwicklung von
DYNAMO. Beide Simulationssprachen unterscheiden sich hauptsächlich darin, daß
in DYNAMO Veränderungen der Zustandsgrößen explizit als Differenzengleichung-
en programmiert werden müssen, währenddessen in DYSS entsprechende Unter-
programme aktiviert werden (vgl. Kap. 2).

1.2 Wirkungsgraph und lineares Graphenmodell

Seit dem Weltmodell von Forrester aus dem Jahre 1971 sind eine ganze Reihe
von sogenannten Weltmodellen entwickelt worden, die in unterschiedlichem Detaillierungsgrad und mit verschiedenen Ansätzen versucht haben, die Dynamik der
globalen Weltentwicklung mit Hilfe einiger zentraler Größen zu beschreiben. Stellen diese Modelle auch notgedrungen in vieler Hinsicht komplexe Sachverhalte in
gröbster Vereinfachung dar, so kann inzwischen doch kein Zweifel mehr daran
bestehen, daß sie einige wesentliche Größen (Bevölkerung, Industrieentwicklung,
Umweltbelastungen) mit einiger Verläßlichkeit richtig beschreiben können.

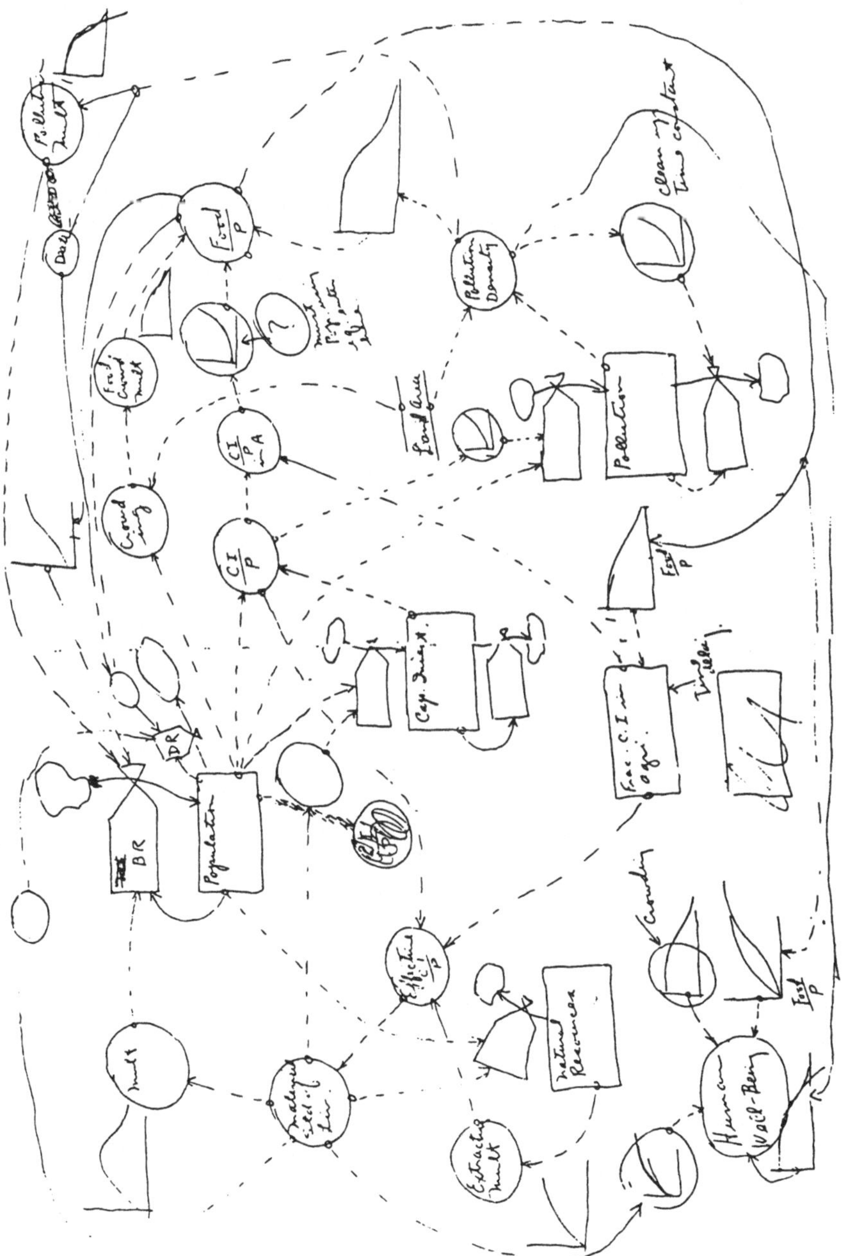

Fig.1.1: Die Rohskizze für Forresters erstes Weltmodell (aus [2])

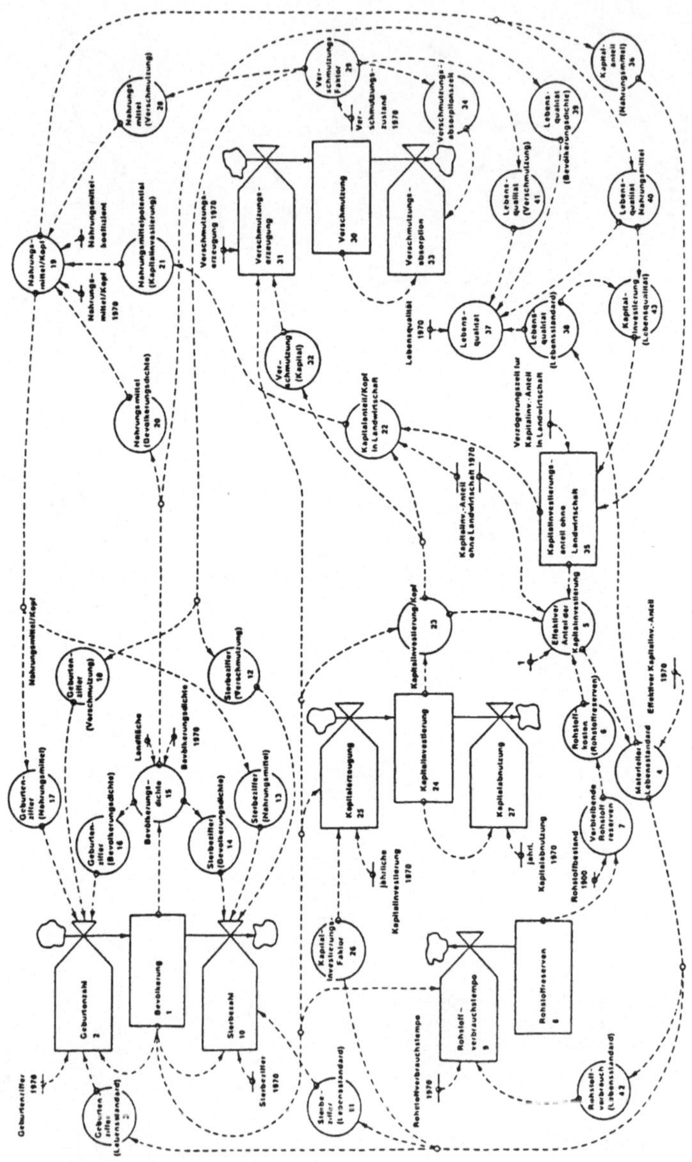

Fig. 1.2: Simulationsdiagramm für Forresters Weltmodell WORLD 2 (aus [2])

Für unsere Zwecke sind jedoch auch diese Modelle noch immer viel zu komplex; wir müssen uns hier mit einer sehr viel kompakteren Darstellung begnügen.

Die Systemdarstellung und damit die Modellentwicklung werden wesentlich davon bestimmt, welcher Zweck damit erfüllt werden soll. Man sollte bei jeder Systemuntersuchung den Sinn und Zweck des Unterfangens vorher klären und sich während der Arbeit daran orientieren, sonst besteht die Gefahr, mit einem vorzüglichen Systemmodell zu enden, das aber die ursprünglichen Fragen gar nicht beantworten kann.

In diesem Sinne soll das im folgenden zu entwickelnde Weltmodell mit einer möglichst geringen Zahl von Größen qualitativ richtige Aussagen über Entwicklungstendenzen als Folge von Bevölkerungs- und Wirtschaftsentwicklung machen können. Falls langfristig instabiles Verhalten auftritt, so soll es gesellschaftpolitische Eingreifmöglichkeiten zur langfristigen Stabilisierung aufzeigen. Konkrete Handlungsweisen werden von dem Modell nicht erwartet.

Der erste Modellierungsschritt ist eine umgangssprachliche Darstellung der "Weltdynamik" in einem *Prosamodell* (vgl. [1]):

Wir beobachten heute weltweit eine zunehmende Belastung der natürlichen Ressourcen (Rohstoffreserven) und der natürlichen Umwelt. Die Gründe hierfür liegen in einer ständigen Zunahme der Bevölkerung, damit auch der Verbräuche der verschiedensten Rohstoffe und der Abgabe von Abfallstoffen jeder Art am Ende ihrer Nutzung an die Umwelt. Eine wichtige Bestimmungsgröße dieser Ressourcen- und Umweltbelastung ist der spezifische Verbrauch an Rohstoffen und Energie pro Kopf. Dieser spezifische Verbrauch pro Kopf wächst in dem Maße, in dem es schwieriger wird, aus einer ständig höher belasteten Umwelt bei ständig sinkender Ressourcenverfügbarkeit noch die notwendigen Rohstoffe und Energien zu ziehen. Andererseits ist festzustellen, daß sich mit wachsendem Einsatz von Rohstoffen und Energien pro Kopf, also mit wachsendem spezifischen Konsum, zunächst die Versorgungsmöglichkeiten verbessern, so daß mehr Menschen versorgt werden können. Festzustellen ist aber auch, daß aufgrund der wachsenden Umweltbelastungen mit Schadstoffen wie auch der schwindenden natürlichen Ressourcenbasis Rückwirkungen auf die Gesundheit und die Lebenserwartung der Bevölkerung bestehen. Die Umweltbelastungen lassen ein zunehmendes politisches Handeln erwarten, um schädliche Entwicklungen zu vermeiden.

Als erstes ist zu klären, welche der Größen im Realsystem auch in das Welt-Modellsystem übernommen werden müssen, um damit die Entwicklung des Realsystems im Rahmen des Modellierungszwecks einigermaßen gültig beschreiben zu können. Offensichtlich muß die Vielzahl der Größen im Realsystem auf eine kleine Zahl stellvertretender Zustandsgrößen eingeschränkt werden, ohne daß allerdings verhaltensentscheidende Größen herausgelassen werden. Dieser Vorgang der Komplexitätsreduktion, der Kondensation auf als wesentlich erkannten Zusammenhänge, der Aggregation vieler Zustandsgrößen in einer stellvertretenden Größe (z.B. Bevölkerung), der Vereinfachung und Zusammenfassung ist bereits bei der Formulierung des Prosamodells geschehen. Wir haben es hier bereits mit einer Reduktion komplexer Zusammenhänge auf ein relativ einfaches Denkmuster zu tun. Es ist typisch für den menschlichen Informationsverarbeitungsprozeß, der auf Komplexitätsreduktion, Musterbildung und Mustererkennung angewiesen ist. Da es sich hier prinzipiell um einen subjektiven Informationsverarbeitungsprozeß handelt, der entscheidend durch Vorerfahrungen usw. geprägt ist, besteht durchaus die Möglichkeit, daß das Prosamodell keine adäquate Beschreibung der Realität ist. Wir wollen diese Möglichkeit hier nicht weiter verfolgen, sondern das Prosamodell benutzen, um auf der Basis des dort ausgedrückten Wissens formalisierte Modelle zu erstellen.

In einem ersten Schritt analysieren wir im Prosamodell zunächst die angesprochenen Größen. Im allgemeinen wird eine solche Betrachtung auch Hinweise auf weitere, im Text selbst nicht erwähnte Größen geben, weil oft als bekannt vorausgesetzte Zusammenhänge angesprochen werden, die dann aber in die Modellbildung unter Umständen mit einbezogen werden müssen.

Im vorliegenden Fall lassen sich aufgrund der Textaussagen die folgenden wichtigen Modellgrößen erkennen:

Bevölkerung	VOLK
Umwelt- und Ressourcenbelastungen	LAST
materieller Verbrauch (pro Kopf)	KONS
gesellschaftliches Handeln	TUN

Da das Prosamodell eine Erläuterung von Zusammenhängen zwischen den ausgewählten Systemgrößen ist, so lassen sich ihm auch die *Wirkungsbeziehungen* entnehmen, die für die Modellerstellung erforderlich sind. Die folgenden Wirkungsbeziehungen sind im Text angesprochen:

- *Wenn die Bevölkerung wächst, so wächst auch die Umwelt- und Ressourcenbelastung.*
- *Wenn die Umwelt- und Ressourcenbelastung wächst, so wächst auch der spezifische materielle Verbrauch.*
- *Wenn der spezifische materielle Verbrauch wächst, so wächst auch die Umwelt- und Ressourcenbelastung.*
- *Wenn der spezifisch materielle Verbrauch sich erhöht (und sich damit die ma-*

riellen Bedingungen verbessern), so erhöht sich damit auch die Bevölkerungszahl.

- *Wenn sich die Umwelt- und Ressourcenbelastung erhöht, so vermindert sich die Bevölkerungszahl.*
- *Wenn sich die Umwelt- und Ressourcenbelastung erhöht, ist mit entsprechend mehr gesellschaftlichem Handeln zu rechnen.*
- *Gesellschaftliches Handeln wird zum Beispiel dafür sorgen, daß bei zu starkem Bevölkerungswachstum dieses reduziert wird.*

Das Prosamodell verbindet diese Aussagen zu einem Aussagensystem, das benutzt werden kann, um daraus logische Schlußfolgerungen zu ermitteln. Diese logisch-deduktive Schlußfolgerung kann mit einem entsprechenden Programm (z.B. DEDUC [7]) auch vom Rechner durchgeführt werden.

Die Wirkungsbeziehungen lassen erkennen, daß die verschiedenen Systemgrößen auf eine relativ komplexe Weise miteinander verknüpft sind. Aus der Betrachtung des Prosamodells oder der daraus gewonnenen Wirkungsbeziehungen läßt sich aber ein Überblick über die Zusammenhänge nur schwer gewinnen. Diesen Überblick verschafft in einfacher Weise der **Wirkungsgraph**, der die Systemgrößen und ihre wechselseitigen Beziehungen darstellt (s. Fig. 1.3).

In einem ersten Schritt werden die zu betrachtenden Systemgrößen als Punkte (**Knoten**) aufgetragen. Es empfiehlt sich, hierbei bereits darauf zu achten, welche Knoten durch Wirkungsbeziehungen besonders stark miteinander verbunden sind. Um allzu viele Überschneidungen zu vermeiden, sollten diese Knoten benachbart sein.

In einem zweiten Schritt werden die Wirkungsbeziehungen zwischen den Knoten durch Pfeile gekennzeichnet (**Kanten**). Ein von A nach B verlaufender Pfeil bedeutet also im allgemeinen: Die Größe A wirkt auf die Größe B. Die gleiche Systemdarstellung kann allerdings auch bei anderen Aufgaben nützlich sein, bei denen der Pfeil eine andere Bedeutung erlangt (z.B. "Ereignis B folgt auf Ereignis A" oder "B ist A untergeordnet").

Als weitere Information kann dem Prosamodell im allgemeinen entnommen werden, ob mit einem Anwachsen der Größe A die Größe B ebenfalls anwächst oder sich verkleinert. Die Art dieses Zusammenhangs wird im Wirkungsgraph mit den Vorzeichen + oder - angegeben. Das Vorzeichen + bedeutet dabei eine gleichsinnige Veränderung der Nehmergröße B bei einer Veränderung der Gebergröße A (Falls A wächst, wächst auch B; falls A kleiner wird, wird auch B kleiner). Eine gegensinnige Veränderung wird mit einem Minuszeichen gekennzeichnet.

Fig. 1.3 zeigt den Wirkungsgraphen für unser Weltmodell. Dies ist der erste Schritt zur Formalisierung der verbalen Aussagen des Prosamodells.

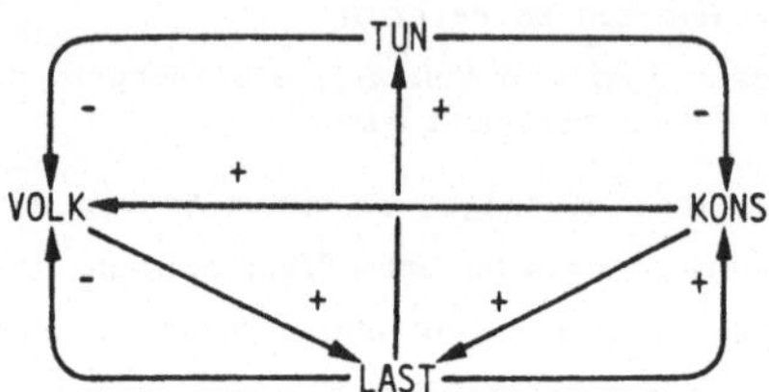

Fig. 1.3: Wirkungsgraph des Weltmodells

Ohne quantifizieren oder rechnen zu müssen, liefert der Wirkungsgraph von Fig. 1.3 bereits eine Fülle von Informationen, die zu einem besseren Verständnis des Gesamtsystems führen. Bevor man sich allerdings an die Analyse des Graphen macht, sollte zunächst einmal geprüft werden, ob mit einer anderen Darstellung die Zusammenhänge nicht noch etwas übersichtlicher dargestellt werden können. Für jeden Graphen gibt es verschiedene Möglichkeiten der Darstellung. Vorzuziehen sind Darstellungen, die mit möglichst wenig Überkreuzungen der Wirkungspfeile auskommen.

Unter Verwendung der Abkürzungen zeichnen wir den Wirkungsgraphen des Weltmodells neu (Fig. 1.4). Wenn sich auch ein gänzlich anderes Bild ergibt, so hat sich doch an den Wirkungsbeziehungen nichts geändert, wie sich leicht prüfen läßt.

Das Weltmodell in Fig. 1.4 hat nicht weniger als fünf Rückkopplungskreise, d.h. Wirkungspfade, die wieder zu ihrem Ausgangspunkt zurückführen:

(1) VOLK - LAST - VOLK

(2) LAST - KONS - LAST

(3) VOLK - LAST - KONS - VOLK

(4) LAST - TUN - KONS - LAST

(5) VOLK - LAST - TUN - VOLK

Über den Rückkopplungskreis läuft eine am Anfangspunkt aufgegebene Störung wieder zu diesem zurück. Auf diesem Pfad bleibt sie im allgemeinen nicht unverändert. Sie kann abgeschwächt oder verstärkt werden, vor allem aber besteht die Möglichkeit, daß sich das Vorzeichen der Störung umdreht. In Fig. 1.4 führt

z.B. eine Zunahme bei VOLK gleichfalls zu einer Zunahme bei LAST (positives
Vorzeichen der Wirkungsbeziehung). Diese Zunahme bei LAST wird nun aber mit

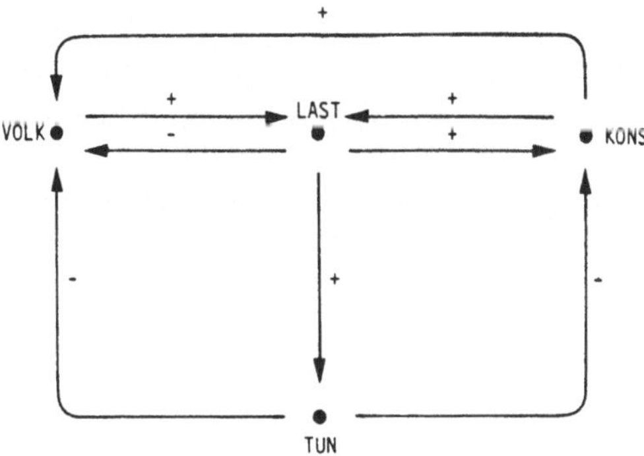

Fig. 1.4: Wirkungsgraph für das Weltmodell in Knotenschreibweise

negativen Vorzeichen auf VOLK wieder rückgekoppelt, so daß sich hieraus eine
Abnahme bei VOLK ergibt. Da beim Durchlaufen der Rückkopplung das Vorzeichen der Störung umgekehrt wurde, spricht man von einer *negativen Rückkopplung*. Im Gegensatz dazu bleibt beim Durchlaufen der Schleife LAST-KONS-LAST
das Vorzeichen der ursprünglichen Störung erhalten, man spricht hier von einer *positiven Rückkopplung*.
Eine positive Rückkopplung läßt generell ein Anwachsen der anfänglichen Störung erwarten, da bei jedem Durchlauf des Rückkopplungskreises eine weitere
gleichsinnige Veränderung hinzugefügt wird. Bei der negativen Rückkopplung
dagegen wirkt das Rückkopplungssignal dem Ausgangssignal entgegen. In vielen
praktischen Fällen ergibt sich hieraus ein Dämpfungseffekt. So gesehen, haben
positive Rückkopplungen in der Regel einen verstärkenden, negative Rückkopplungen einen dämpfenden Effekt. Damit tragen positive Rückkopplungen zur De-
stabilisierung, negative Rückkopplungen zur Stabilisierung eines Systems bei.
Die tatsächlichen Rückkopplungseffekte werden aber u.a. durch die Verstär-
kungsfaktoren jeder Schleife wie auch durch das Ineinanderwirken mehrerer
Rückkopplungsschleifen (wie z.B. in Fig. 1.4) bestimmt. Die tatsächliche Entwick-
lungsdynamik eines Systems mit Rückkopplungskreisen muß aus einer genaueren
numerischen oder analytischen Untersuchung kommen. Im Weltmodell der
Fig. 1.4 läßt sich festellen, daß die Schleifen 2 und 3 einen tendenziell störungs-
verstärkenden Effekt haben, während die Schleifen 1, 4 und 5 störungsdämp-
fend wirken. Ob die drei negativen Rückkopplungen ausreichen, um die tenden-
zielle Instabilität der zwei anderen positiven Rückkopplungen aufzuwiegen, kann

nur eine genauere Untersuchung am *linearen Graphenmodell* (Fig. 1.5) oder am *dynamischen Gesamtmodell* zeigen.

Aus einem Wirkungsgraphen kann man keine Aussagen über das Systemverhalten des Gesamtsystems ableiten. Es lassen sich lediglich Stabilitätsuntersuchungen der einzelnen Rückkopplungskreise durchführen. Um das Zusammenspiel aller Rückkopplungskreise und damit die Verhaltensdynamik des Systems als Ganzes zu ermitteln, müssen wir das Geschehen an den Knoten mathematisch beschreiben und die dadurch entstehenden Systemgleichungen im zeitlichen Verlauf lösen.

Im Wirkungsdiagramm von Fig. 1.4 nehmen wir dazu an, daß die Knoten VOLK, LAST und KONS *Zustandsgrößen* sind. Ist T die Modell- oder Simulationszeit und ΔT die Rechenschrittweite, so bedeutet dies, daß sich die Werte (Zustände) von VOLK, LAST und KONS nach der Vorschrift

(neuer) Zustand(T + ΔT) = (alter) Zustand(T) + Zustandsänderung([T,T+ΔT])   (1.1)

berechnen. Die Zustandsänderungen bestimmen sich als Linearkombinationen aus den Werten der jeweiligen Geberknoten (zum Zeitpunkt T), multipliziert mit ΔT, z.B.

$$\text{VOLK}(T + \Delta T) = \text{VOLK}(T) + \Delta T \cdot \left[1.5\ \text{KONS}(T) - 0.05\ \text{LAST}(T) - 0.01\ \text{TUN}(T) \right] \quad (1.2)$$

Auf diese Weise erhalten wir ein (zustandsabhängiges) *lineares Graphenmodell* (Fig. 1.5).

TUN ist lediglich eine *Hilfsgröße*, ihr Wert berechnet sich direkt aus LAST:

$$\text{TUN}(T) = 0.75\ \text{LAST}(T)$$

Somit lauten die der Gleichung (1.2) entsprechenden Systemgleichungen für ein zustandsabhänges lineares Graphenmodell mit n Zustandsgrößen $x_1,...,x_n$ in allgemeiner Form:

$$x_i(T + \Delta T) = x_i(T) + \Delta T \cdot \sum_{j=1}^{n} w_{ij} x_j(T), \qquad i = 1,...,n. \qquad (1.3)$$

Summiert wird über alle Geberknoten, die w_{ij} sind die Gewichte an den Kanten. Die Gleichungen (1.3) entsprechen den Näherungsformeln des Eulerschen Integrationsverfahrens (vgl. Abschn. 3.3).

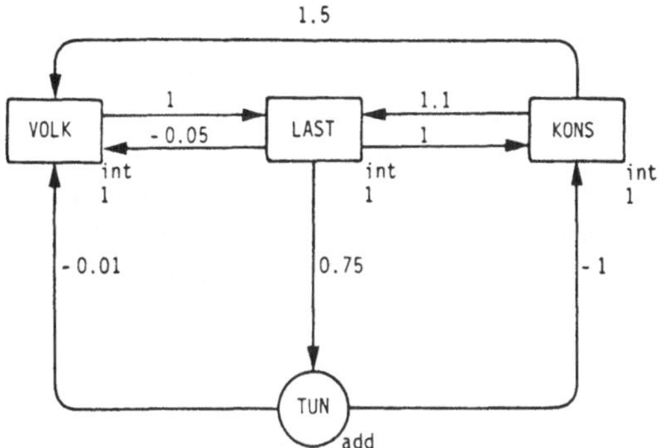

Fig. 1.5: Zustandsabhängiges lineares Weltmodell

Zum Anfangszeitpunkt der Beobachtung (z.B. T = 0) sind die Werte der drei Zustandsgrößen VOLK, LAST und KONS in Fig. 1.5 alle gleich 1 gesetzt. Damit kann der Zustand, in dem sich unser lineares Weltmodell in allen Folgezeitpunkten ΔT, 2·ΔT, 3·ΔT,..., befindet, allein mit Hilfe des Diagramms von Fig. 1.5 ausgerechnet werden. Das Symbol "int" steht für "Integrator" ("add" für "Addierer", vgl. Kap. 2) und verweist darauf, daß sich die Zeitverläufe der drei Zustandsgrößen aus der Integrationsformel (1.3) ergeben.

Zum Schluß dieses Abschnitts noch eine Anmerkung zur Gültigkeit linearer Modelle. In realen Systemen bestehen im allgemeinen komplexe nichtlineare Beziehungen zwischen Geber- und Nehmergrößen (Fig. 1.2). An späterer Stelle (Abschn. 5.4) werden wir unter dem Stichwort *Linearisierung* lernen, daß ein lineares Modell höchstens in einer kleinen Umgebung eines Gleichgewichtspunktes des nichtlinearen Systems, also nur *lokal* Gültigkeit besitzt. Soll das *globale* Systemverhalten bestimmt werden, so ist ein lineares Graphenmodell nicht mehr ausreichend. Aus dem Wirkungsgraphen (Fig. 1.4 oder 1.5) kann allerdings das vollständige dynamische Systemmodell entwickelt werden, so daß er als wichtiger Schritt in der Modellentwicklung auf jeden Fall seinen Platz behält.

1.3 Simulationsdiagramm und dynamisches Systemmodell

Wir befassen uns als nächstes mit den Schritten zur Entwicklung eines dynamischen Systemmodells, das nicht mehr auf lineare Verknüpfungen der Systemgrößen beschränkt ist. Als Beispiel benutzen wir wieder das Weltmodell.

In diesem Falle muß man sich mit den verschiedenen Systemgrößen und ihren gegenseitigen funktionalen Abhängigkeiten genauer auseinandersetzen. Hier zeigt sich besonders, daß die verschiedenen Systemgrößen durchaus verschiedenen Charakter haben. Wir müssen vor allem unterscheiden:

(a) *Zustandsgrößen* (*int*), die zu jedem Rechen- oder Meßzeitpunkt den Zustand eines Systems angeben. Sie sind nicht durch andere Systemgrößen ausdrückbar oder ersetzbar. Die Zustandsgrößen geben die Koordinaten des Verhaltensraums eines Systems ab.

(b) *Zwischengrößen* (z.B. *add*, *mul*). Diese Größen (Raten oder Hilfsgrößen) sind direkt aus den momentanen Werten der Zustandsgrößen oder aus vorgegebenen Parametern berechenbar.

(c) *Funktionen* (*fct* bzw. Tabellen *tab*) zur Beschreibung nichtlinearer funktionaler Abhängigkeiten zwischen Geber- und Nehmergrößen.

Die Unterscheidung von Zustandsgrößen und Zwischengrößen ist von fundamentaler Bedeutung. Bei der mathematischen Systemdarstellung muß für jede Zustandsgröße eine Differential- bzw. Differenzengleichung geschrieben werden. Für die Zwischengrößen ergeben sich algebraische Gleichungen. Die Zahl der Zustandsgrößen in einem System gibt damit die Dimension des Systems der beschreibenden Differential- bzw. Differenzengleichungen an.

Dem Anfänger fällt die Unterscheidung von Zustandsgrößen und Zwischengrößen erfahrungsgemäß nicht leicht. Hierzu deshalb ein oft hilfreicher Hinweis: Die Zustandsgrößen sind diejenigen Systemgrößen, deren Werte bei einer gedachten plötzlichen Unterbrechung der dynamischen Entwicklung des Systems ("Einfrieren") festgehalten werden müßten, um zu einem beliebigen späteren Zeitpunkt das System wieder genau am Unterbrechungspunkt so fortfahren zu lassen, als hätte es die Unterbrechung nie gegeben.

In unserem Weltmodell ist die Bevölkerungszahl VOLK eine Zustandsgröße. Ihr Wert ist aus den momentanen Werten der anderen Systemgrößen nicht ermittelbar. Er müßte nach einem Einfrieren des Systems verfügbar bleiben, um zu einem späteren Zeitpunkt die Systemsimulation bruchfrei weiterführen zu können. Ein Maß für diese Zustandsgröße kann entweder die absolute Bevölkerungszahl sein, oder eine auf einen bestimmten Zeitpunkt bezogene relative Bevölkerungszahl. Auch die Umwelt- und Ressourcenbelastung LAST ist eine Zustandsgröße. Als Zustandsmaß könnten etwa verwendet werden: die Menge bestimmter Schadstoffe in der Umwelt, die Menge der irreversibel verbrauchten natürlichen Rohstoffe, die Zahl der verschwundenen Arten usw. Der spezifische materielle Verbrauch pro Kopf KONS ist die Summe der pro Kopf installierten Kapitalinvestitionen in Form von Anlagen, Infrastruktur, Gebäude, usw., die durch ihr Vorhandensein und ihre Nutzung die entsprechenden Verbräuche hervorrufen. Kons ist also wieder eine Zustandsgröße, die auch nicht aus den momentanen Werten der anderen Systemgrößen berechnet werden kann. Die Systemgröße gesellschaftliches Handeln TUN ist dagegen direkt eine Funktion der momentanen Umweltbelastung. Da sie aus dieser bestimmt werden kann, ist TUN auf keinen Fall eine getrennte Zustandsgröße, sondern eine Zwischengröße.

Wir haben drei Zustandsgrößen identifiziert und müssen daher mit drei Differential- bzw. Differenzengleichungen für VOLK, LAST und KONS rechnen.

In Systemdiagrammen werden wir Zustandsgrößen durch Rechtecke, alle anderen Größen dagegen durch Kreise oder kreisähnliche Formen kennzeichnen.

Aus dem Wirkungsgraphen (Fig. 1.4) läßt sich nun das System- oder Simulationsdiagramm der Fig. 1.6 für das Weltmodell entwickeln. Es erweist sich dabei als notwendig, noch weitere Zwischengrößen einzuführen.

Die Zustandsgröße Bevölkerungszahl VOLK wird hier der Einfachheit halber als relative Größe behandelt, die zu Beginn der Simulation den Wert 1 haben soll. VOLK hat Zuwächse durch die Geburtenrate GEB (= Geburtenzahl pro Jahr) und Verluste durch die Sterberate STER. Beide Veränderungsraten sind proportional zur Zustandsgröße VOLK. Die Sterbeziffer beträgt weltweit etwa 0.013, während die Geburtenziffer heute etwas unter dem hier angenommenen Wert von 0.03 liegt, nach dem die prozentuale Bevölkerungszunahme pro Jahr = Geburtenziffer – Sterbeziffer = 0.017 = 1,7 % wäre.

Die in Fig. 1.6 an den einzelnen Systemgrößen (Blöcken) verwendeten Bezeichnungen sind bereits der Simulationssprache "DYSS" aus Abschn. 2.2 entliehen. So bedeutet z.B. die Bezeichnung mul am Block GEB, daß alle seine Eingänge miteinander multipliziert werden, um den Wert der Zwischengröße GEB zu erhalten. Dieser Wert stellt einen der Eingänge für die Zustandsgröße VOLK dar. Sie wird, wie die anderen Zustandsgrößen auch, durch einen Integrator dargestellt. Die Geburtenrate GEB wird bei verstärktem gesellschaftlichen Handeln reduziert. Diese angenommene Abhängigkeit ist in einer Tabellenfunktion (tab) ausgedrückt, die TUN mit GEB verbindet. Eine ähnliche Tabellenfunktion beschreibt die Abhängigkeit der Geburtenrate von der Höhe des materiellen Konsums KONS. Wir haben hier angenommen, daß, ausgehend von kleinen Werten von KONS, die Geburtenrate mit KONS zunächst steigt; bei hohen Werten von KONS aber wieder absinkt. Die Sterberate STER wird multiplikativ durch die Umweltbelastung über die Tabellenfunktion MORT beeinflußt. Sie bewirkt oberhalb von LAST gleich 1 eine lineare Erhöhung der Sterberate.

Die Zustandsgröße spezifischer materieller Verbrauch KONS soll, wie bereits angedeutet, in den pro Kopf-Kapitalinvestitionen für das Versorgungssystem ausgedrückt werden. Wir rechnen auch hier der Einfachheit halber mit einer relativen Größe und setzen den Zustand zu Beginn der Simulation gleich 1. KONS erfährt einen jährlichen Nettozugang WAX, er wird zunächst mit 5 % pro Jahr angenommen. WAX verändert sich unter dem Einfluß von TUN. Dieser Einfluß wird durch eine Tabellenfunktion ausgedrückt. Sie besagt, daß sich bei stärkerem gesellschaftlichen Handeln TUN der Aufbau WAX ressourcenbelastender Anlagen und Verfahren verringert.

Die Zustandgröße Umwelt- und Ressourcenbelastung LAST wird hier ebenfalls wieder als relative Größe behandelt mit dem Anfangswert 1. Sie wächst mit den Zugängen an DREK. Diese Zwischengröße ist zunächst einmal das Produkt von Be-

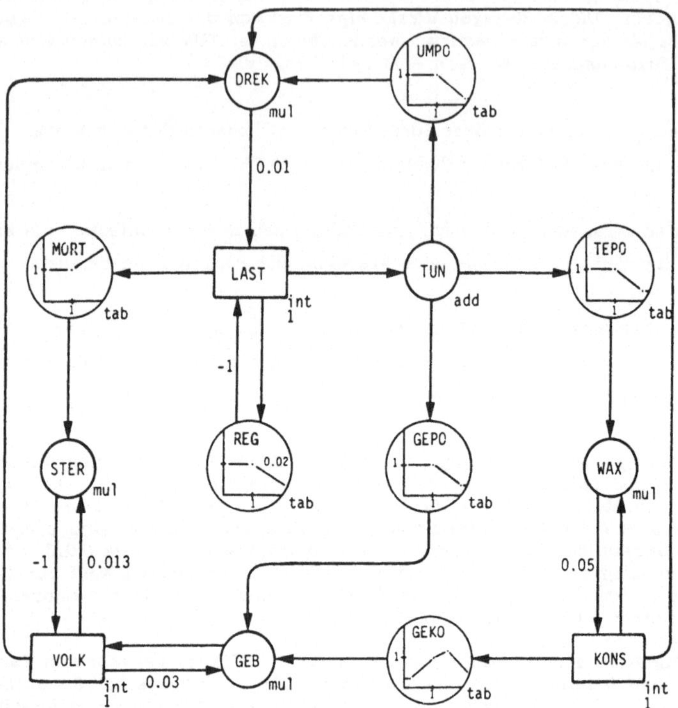

Fig. 1.6: Simulationsdiagramm für das dynamische Weltmodell

völkerungszahl und spezifischem Konsum. Die Wichtung von 0.01 von DREK nach LAST bedeutet eine Zunahme von LAST von 1 % pro Jahr für die Anfangsbedingungen. Dieser Zuwachs wird allerdings durch die Regenerationsfähigkeit REG der Umwelt aufgefangen. REG verringert sich allerdings mit zunehmender LAST. Diese Abhängkeit ist in der Tabellenfunktion REG wiedergegeben. Steigt also die Umweltbelastung über DREK, so kann die zunehmende Belastung durch die abnehmende Regenerationsfähigkeit nicht mehr aufgefangen werden.

Die Zustandsgröße LAST bestimmt allein das gesellschaftliche Handeln TUN; es verändert sich proportional (Proportionalitätsfaktor 1) zu LAST. Über die Tabellenfunktionen UMPO (Umweltpolitik), die TUN mit DREK verbindet, wirkt die Umweltbelastung LAST auf sich selbst zurück.

Analog beeinflußt LAST über die bereits angesprochenen Tabellenfunktionen TEPO (Technologiepolitik) und GEPO (Geburtenpolitik) letztlich direkt auch die beiden restlichen Zustandsgrößen VOLK und KONS. Die Hilfsgröße TUN dient im Modell also lediglich als Durchgangsstation für die von LAST abhängigen politischen Einflußnahmen.

Das Systemdiagramm von Fig 1.6 stellt nach genauerer Quantifizierung der Tabellenfunktionen ein simulationsfähiges dynamisches Modell dar. Die Symbole und

Bezeichnungen entsprechen denen des "DYSS"-Verfahrens. Die Blöcke, Verbindungen und Parameter des Diagramms müssen lediglich noch auf einfache Weise in den Rechner übertragen werden, um die numerische Simulation durchzuführen. Das Verfahren selbst wird im folgenden Kapitel genauer erläutert.

ZEIT	VOLK	LAST	KONS
0.0	1.00000	1.00000	1.00000
10.0	1.22188	0.94237	1.64266
20.0	1.37709	1.02130	2.69719
30.0	1.31987	1.23726	4.25304
40.0	1.23266	1.50166	6.15766
50.0	1.12889	1.72862	8.16912
60.0	1.01869	1.87855	10.1444
70.0	0.91101	1.96232	12.0998
80.0	0.81082	2.00562	14.1258
90.0	0.72058	2.04364	16.4063
100.0	0.63999	2.08930	19.0550
110.0	0.56801	2.14271	22.1313
120.0	0.50371	2.20395	25.7043
130.0	0.44626	2.27306	29.8541
140.0	0.39495	2.35003	34.6739
150.0	0.34913	2.43480	40.2717
160.0	0.30823	2.52727	46.7733
170.0	0.27175	2.62728	54.3246
180.0	0.23922	2.73460	63.0949
190.0	0.21024	2.84897	73.2812
200.0	0.18447	2.97004	85.1120

Fig. 1.7: Zahlenwerte zum Simulationslauf (10-jährig)

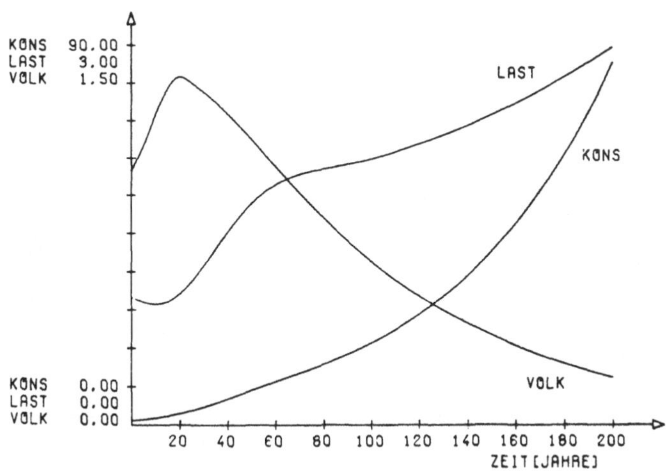

Fig. 1.8: Simulationsergebnisse für das dynamische Weltmodell (Zeitplot)

Fig. 1.7 und 1.8 geben die Simulationsergebnisse für die Zustandsgrößen VOLK, LAST und KONS im dynamischen Weltmodell mit den angegebenen Parametern und Tabellenfunktionen wieder. Das Modell zeigt deutlich instabiles Verhalten: KONS und schließlich auch LAST steigen unaufhörlich an, und die Bevölkerung VOLK "stirbt aus".

Dieses unrealistische Ansteigen der Werte für KONS läßt sich z.B. dadurch umgehen, daß man den Zuwachs gemäß

$$WAX = 1 - 0.5 \ KONS,$$

also unbeeinflußt von LAST berechnet. Dann stabilisieren sich alle drei Zustandsgrößen in der Simulation auf Werte größer als Null, d.h. insbesondere, die Bevölkerung stirbt dann nicht mehr aus.

Ein Blick auf die Tabellenfunktionen wie auch auf die multiplikativen Verknüpfungen zeigt, daß das Modell hochgradig nichtlinear ist. So nimmt z.B. die Geburtenrate GEB in Abhängigkeit vom materiellen spezifischen Konsum KONS zunächst zu, später ab. Die Rate der Umweltbelastung DREK ergibt sich aus dem Produkt aller drei Zustandsgrößen VOLK, LAST und KONS. In der vereinfachten Darstellung von Fig. 1.9 werden diese Beziehungen noch deutlicher. Mit x sind dort die multiplikativen Verknüpfungen DREK, STER, GEB und WAX gekennzeichnet.

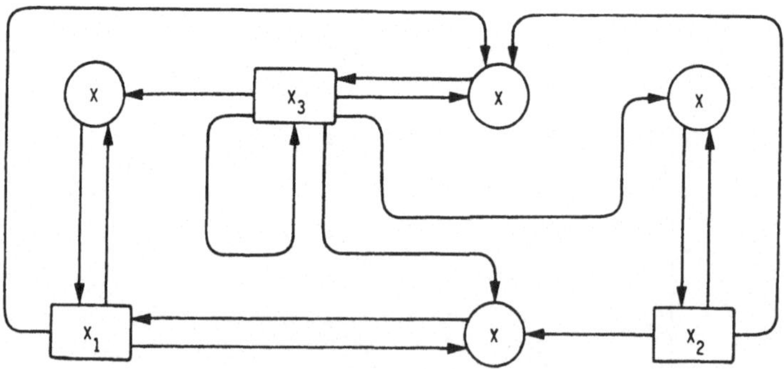

Fig. 1.9: Die vereinfachte hochgradig nichtlineare Struktur des Weltmodells (alle funktionalen Beziehungen linearisiert) mit den Systemgleichungen (1.4)

Die nichtlinearen Verknüpfungen zeigen sich deutlich in den Systemgleichungen

$$\dot{x}_1 = a{\cdot}x_1 x_3 + b{\cdot}x_1 x_2 x_3$$

$$\dot{x}_2 = c{\cdot}x_2 x_3 \qquad\qquad (1.4)$$

$$\dot{x}_3 = d{\cdot}x_1 x_2 x_3 + e{\cdot}x_3$$

des vereinfachten Systems der Fig. 1.9. Damit wird eine analytische Lösung der Systemgleichungen vermutlich aussichtslos, und man ist - wie in der überwiegenden Zahl realistischer Systemdarstellungen - auf numerische Simulation angewiesen. Einige wichtige Einsichten lassen sich möglicherwiese durch Linearisierung gewinnen, doch lassen sich Aussagen über das globale Verhalten des Systems durch eine lineare Analyse nicht machen.

2 SIMULATION DYNAMISCHER SYSTEME

2.1 Einführung in die Simulation dynamischer Systeme

Die Erstellung von Computerprogrammen und die Computersimulation der oft komplexen dynamischen Systeme der Realität haben sich in den meisten Wissenschaftsbereichen zu wichtigen Werkzeugen der Analyse, Prognose und Synthese entwickelt. In den Ingenieurwissenschaften, in Physik und Chemie, in Biologie und Ökologie, in Wirtschafts- und Betriebswissenschaften, in der Psychologie, in den Planungs- und Sozialwissenschaften gehören Computermodelle inzwischen zu den ständig benötigten methodischen Verfahren.

Die Vorgehensweise bei der Modellerstellung und Simulation war im allgemeinen - und ist es oft heute noch - wie folgt :

(1) Modellierung: Formulierung der Zusammenhänge in mathematischer Form.

(2) Programmierung der mathematischen Gleichungen und der notwendigen Input- und Outputprozeduren (z.B. in FORTRAN oder PASCAL).

(3) Aufwendige Phase der Fehlersuche und Überprüfung, um Programmierfehler auszumerzen.

(4) Simulationsläufe unter Veränderung der Parameter.

(5) Dokumentation.

Lediglich der erste Schritt verlangt schöpferische Arbeit bei der Modellerstellung; die anderen Schritte stellen routinemäßige, zeitaufwendige und oft frustrierende Arbeitsabschnitte dar.

Um diese weniger produktiven, fehlerinduzierenden Routinetätigkeiten weitgehend zu eliminieren, wurden spezielle Programmiersprachen entwickelt (vgl. hierzu Sammet [8]). Für die Simulation dynamischer Systeme sind DYNAMO (Schaffer [9]) und CSMP (Computer Simulation Modeling Program; Green & Speckhart [10]) sicherlich bisher noch die erfolgreichsten Programmiersprachen. In beiden werden die mathematischen Formulierungen der Modellzusammenhänge in einer Spezialsprache formuliert. Einige zusätzliche Befehle steuern die Parameterwahl, die Ausführung der Simulationsläufe und die Ausgabe der Ergebnisse in der gewünschten Form (Phasendiagramm, Zeitplot, Zahlenwerte).

Die Computersimulation ist durch diese speziellen Simulationssprachen vereinfacht worden, aber es stellt sich noch immer die Aufgabe der mathematischen

Formulierung der Modellstruktur z.B. in Form von Differenzengleichungen und einer, wenn auch wesentlich reduzierten Programmierung. Es ist zu fragen, wie weit dies notwendig ist, und ob es nicht auch weitgehend vom Computer erledigt werden kann.

Ein System und sein dynamisches Verhalten sind vollständig bestimmt durch:
- die Systemelemente,
- die funktionalen Zusammenhänge zwischen den Elementen,
- Anfangs- und Randbedingungen.
Allein aus diesen Informationen sollte ein gutes **Modellerstellungsprogramm** das Simulationsmodell erzeugen und Simulationsergebnisse berechnen können, ohne dabei vom Anwender mathematische Formulierungen oder Programmierung zu verlangen.

Das von Frees [11] 1987 fertiggestellte Simulationssystem DYSS (Dynamic System Simulation, vgl. Anhang) kommt diesem Ideal ebenso wie das von Hudetz [12] entwickelte Allgemeine Simulationssystem ASS ziemlich nahe. Es verlangt vom Programmbenutzer lediglich, daß er ein Systemdiagramm zeichnen und quantifizieren können muß. Dieses quantifizierte Systemabbild (**Simulationsdiagramm**) wird dem Computer in einer einfachen Sprache beschrieben. Der Computer fragt dann die notwendigen Daten zur Steuerung des Simulationslaufes und der Ergebnisausgabe ab und erzeugt den Simulationslauf und die gewünschten Ergebnislisten oder graphischen Darstellungen. Der Formalismus, der in DYSS zur Darstellung von Modellen verwendet wird, ist den sogenannten Zustandsraumansätzen zuzurechnen. Dabei wird versucht, das Systemverhalten anhand von charakteristischen Zustandsvariablen sowie Zwischenvariablen und deren Verbindungen nachzubilden und die bisherige Geschichte des Systems über das Setzen von sinnvollen Anfangswerten zu berücksichtigen (vgl. zur Einführung Niemeyer [6]).

Abweichend von der normalen Vorgehensweise wird das quantifizierte Systemdiagramm (Simulationsdiagramm), d.h. die für die Computersimulation notwendige Information, ohne Rückgriff auf mathematische Formulierungen direkt aus der Betrachtung der Systemelemente und ihrer Beziehungen entwickelt. Das entspricht eher dem Ansatz, der meist bei der Entwicklung von Modellen komplexer realer Systeme gewählt werden muß (z.B. bei Modellen zur Dynamik von Waldökosystemen; Kap. 8). Hier können vollständige mathematische Beziehungen meist nicht ohne weiteres angegeben werden, während die Eigenschaften der Einzelelemente und die einzelnen Beziehungen zwischen den Elementen relativ einfach erkannt und formuliert werden können. Oft lassen sich die mathematischen Beziehungen nach der Modellerstellung aus dem fertigen Simulationsdiagramm ableiten; jedenfalls sind sie nicht Vorbedingung für die Erstellung des Simulationsmodells.

2.2 Modellerstellung und Simulation mit DYSS

2.2.1 Problembeschreibung

Als Beispiel für die Anwendung des DYSS-Verfahrens zur Untersuchung nichtlinearer dynamischer Systeme in der Ökologie soll hier ein Simulationsdiagramm für ein Räuber-Beute-System entwickelt werden, das einem erweiterten Lotka-Volterra-System (vgl. Kap. 6) entspricht. Wir gehen wieder aus von einem Prosamodell:

Zwei Populationen mögen einen gemeinsamen von der Außenwelt isolierten Lebensraum besitzen. Die eine Population (Räuber: FUX) beziehe ihre Nahrung ausschließlich von der anderen, der Beute-Population (HAS), die sich wiederum ausschließlich von der vorhandenen Vegetation ernährt. Die ökologische Tragfähigkeit des Gebietes für die Beute sei durch das Weideangebot begrenzt.

Zur Anfangszeit T_0 nehmen wir eine bestimmte Anzahl für den Räuber und die Beute an und möchten wissen, wie sich die Räuber- bzw. die Beutepopulation mit der Zeit T (T > T_0) verändern, insbesondere, ob sie zum Beispiel einem stabilen Gleichgewichtszustand zustreben.

2.2.2 Modellannahmen und Wirkungsdiagramm

Zunächst präzisieren wir das Prosamodell im Sinne der nachfolgenden Modellannahmen und erstellen daraus anschließend ein Wirkungsdiagramm (Fig. 2.1):

(1) Die Räuber-Population bezieht ihre Nahrung ausschließlich von der Beute, d.h., ohne Vorhandensein von Beute nimmt sie proportional zu ihrer jeweiligen Größe dauernd ab.

(2) Fressen und Gefressenwerden: Wir nehmen an, daß mehr Beutetiere gefressen werden, wenn zum einen mehr Räuber vorhanden sind oder zum anderen mehr Beute verfügbar ist. Wir modellieren also den Vorgang des Fressens bzw. Gefressenwerdens jeweils proportional zu den Anzahlen in beiden Populationen. Dies wird im Wirkungsdiagramm durch "TREFFEN" beschrieben. Außerdem muß man berücksichtigen, daß die Abnahmerate der Beute durch das Gefressenwerden im allgemeinen eine andere ist als die Zunahmerate des Räubers durch das Fressen.

(3) Besäße die Beute eine unbegrenzte Nahrungsquelle, so wäre das Wirkungsdiagramm symmetrisch. Anstelle des Energieverbrauchs über den Füchsen in Fig. 2.1 stünde auf der Hasenseite allein der Nettozuwachs. Das würde bedeuten, bei Abwesenheit des Räubers würde sich die Anzahl der Hasen mit einer bestimmten Rate exponentiell vermehren. Der Freiraum, der sich ergibt aus:

> Kapazität(= maximale Anzahl von lebensfähigen Hasen) minus aktuell vorhandene Anzahl von Hasen,

beeinflußt diesen Nettozuwachs in der Weise, daß bei größer werdender Anzahl von Hasen der Freiraum kleiner und damit auch der Nettozuwachs verringert wird. Die Tragfähigkeit (Kapazität) ist eine konstante Größe. In unserem Modell wird sie willkürlich gleich 1000 gesetzt. Das bedeutet, daß in der betrachteten Region maximal 1000 Hasen auf Dauer leben können. Der Freiraum regelt den Nettozuwachs der Hasen. Viele Hasen verringern den Einfluß der Tragfähigkeit und damit den Nettozuwachs. Weniger Hasen vergrößern den Einfluß der Tragfähigkeit, d.h. den Freiraum, und verbessern damit den Nettozuwachs.

Dieser Ansatz entspricht der Annahme, daß für die Beute-Population bei Abwesenheit des Räubers ein **gesättigtes** Wachstum anstelle des exponentiellen vorausgesetzt wird.

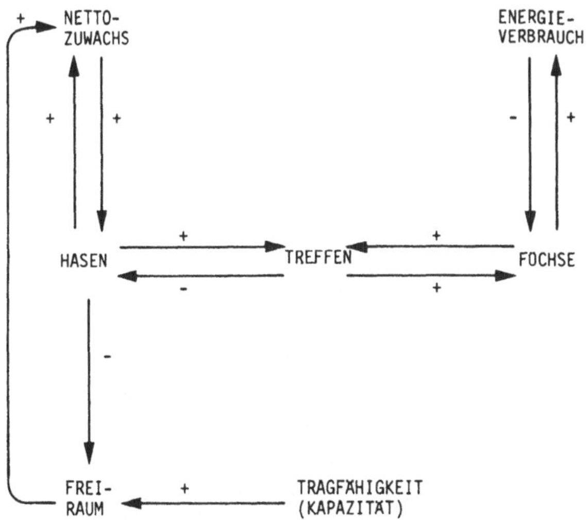

Fig. 2.1: Wirkungsdiagramm für das Räuber-Beute-System

2.2.3 Simulationsdiagramm

Das quantifizierte Systemdiagramm (= Simulationsdiagramm) muß alle für die Simulation erforderlichen Informationen in einer Form aufweisen, die eine einfache und schnelle Übertragung dieser Informationen in das Programmsystem erlaubt. Es muß deshalb enthalten:

- die Elemente (Knoten) der Systemstruktur,
- die Funktion jedes Knotens, d.h. die Beziehung zwischen seinem Input und Output,
- die Verbindungen zwischen den Knoten,
- Parameter (z.B. Anfangswerte) und Gewichte.

Die Systemelemente werden im Simulationsdiagramm durch graphische Symbole dargestellt:

Zustandsgrößen (Integratoren) durch Rechtecke,

Entscheidungsfunktionen (Schalter) durch Dreiecke,

alle sonstigen Elemente durch Kreise,

ausgenommen Funktionen und Tabellen(-funktionen),
die durch Kreise mit abgeflachten Kappen symboli-
siert werden.

Als Bestandteile der Simulationsdiagramme und des Simulationsprogramms werden die Elemente als *Blöcke* bezeichnet. Zum jeweiligen Blocksymbol wird sein Name im Modell sowie die Kennzeichnung des Funktionstyps dazugeschrieben. Der Funktionstyp gibt an, welche funktionale Verknüpfung zwischen den Eingängen des Blocks und seinem Ausgang realisiert wird (z.B. mul = Multiplizierer, add = Addierer, int = Integrator, usw.).

Die Blöcke werden entsprechend den strukturellen Beziehungen wie Knoten in einem gerichteten Graphen miteinander durch Kanten verbunden. Diese *Verbindungen* können mit Konstanten, aber auch durch variable Modellgrößen gewichtet werden. Falls kein Gewicht angegeben ist, wird mit Gewichtung "1" gerechnet. Zusätzlich werden Parameterwerte (z.B. Anfangswerte für Integratoren) mit in das Diagramm aufgenommen, soweit es sich nicht um Tabellenfunktionen handelt. Hier läßt sich der funktionale Verlauf in einer Skizze wie in Fig. 1.6 darstellen.

Modelle können auch als Teilmodelle in größere Modelle integriert werden (vgl.
Kap. 8). Dies geschieht mit Hilfe einer genau spezifizierten Schnittstelle, die es
gestattet, Teilmodelle zu ändern, ohne daß dies Auswirkungen auf übergeordnete
(Ober-) Modelle hat. Als Elemente eines Obermodells sind Teilmodelle wiederum
Blöcke (vom Funktionstyp "model") mit einem eigenen Namen, und sie werden
dann durch Sechsecke dargestellt.

Zum Verständnis des DYSS-Simulationssystems:

*Wenn zwischen zwei Blöcken eine gewichtete Verbindung besteht, so bedeutet
das:*
*Der Ausgangswert des Geberblocks wird mit der Gewichtung multipliziert und
dieser Wert wird als Eingang des Nehmerblocks entsprechend dem Blocktyp verarbeitet. Hat ein Nehmerblock mehrere Eingangswerte, so werden sie in der
Regel zunächst addiert und dann entsprechend dem Blocktyp verarbeitet.*

*Der wichtigste Blocktyp ist der Integrator. Er addiert alle seine Eingänge und
integriert sie nach der Modellzeit z.B. entsprechend dem Euler- oder einem
Runge-Kutta-Verfahren, d.h., er führt in jedem Rechenschritt einen Euler- oder
einen Runge-Kutta-Integrationsschritt durch.*

*Deshalb bestimmen die Integratoren eines Simulationsdiagramms auch das von
dem Diagramm beschriebene System: jedem Integrator entspricht eine Zustandsva-
riable und somit eine Systemdifferentialgleichung. Hat ein Integratorblock den
Namen x, so entspricht ihm die Differentialgleichung:*

$$\dot{x} = \text{Summe über alle Eingänge von x.}$$

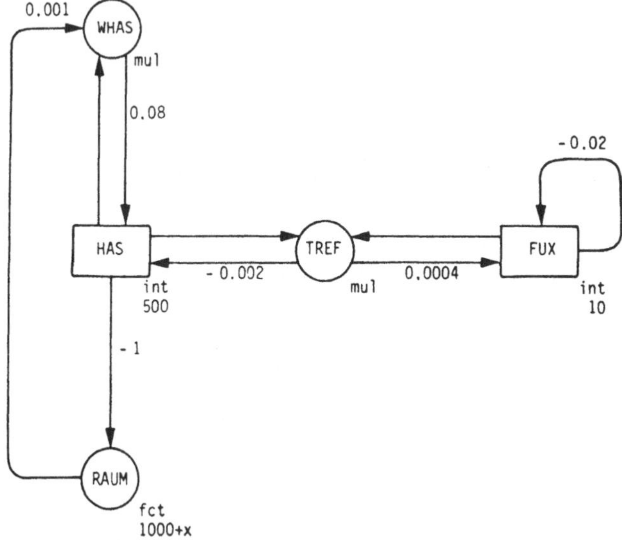

Fig. 2.2: Simulationsdiagramm für das Räuber-Beute-System

Fig. 2.2 stellt das entsprechend den Modellannahmen quantifizierte Systemdiagramm dar; es enthält bis auf die sogenannten Laufzeitinformationen (vgl. 2.2.5) alle für die Simulation des Räuber-Beute-Modells notwendigen Informationen. An diesem Simulationsdiagramm kann man den Einfluß der Kapazität FKAP auch deutlicher quantitativ diskutieren:

Sind sehr wenige Hasen in unserem Gebiet, so wird der Wachstumsfaktor 0.08 nur unwesentlich, etwa bei 4 Hasen durch eine Größe 996·0.001, multiplikativ beeinflußt. Das heißt, bei wenigen Hasen ist das Wachstum nahezu exponentiell mit dem Zuwachsfaktor 0.08. Sehr viele Hasen, etwa 500, reduzieren den Freiraum auf 1000 minus 500 gleich 500 und beeinflussen die Zuwachsrate multiplikativ mit dem Faktor 1/2. Damit verlangsamen sie das Wachstum der Hasen. Geht die Hasenpopulation über den Wert 1000 hinaus, so wird die Zuwachsrate negativ, d.h., die Populationsgröße wird verringert.

Der konstante Block FKAP liefert im übrigen während der gesamten Simulationszeit den Wert 1000 in das Modell.

2.2.4 Modellgleichungen

Das System besitzt zwei Zustandsvariablen, nämlich FUX und HAS. Der Zustand des Systems zu jedem Zeitpunkt $T > T_0$ wird beschrieben durch die Werte dieser Zustandsvariablen. Man erhält sie im System durch Integration der Summe aller ihrer Eingänge. Bezeichnen wir mit x die Beuteanzahl (oder die Biomasse der Beute gemessen in Energieeinheiten), mit y die Anzahl der Räuber (oder die Biomasse der Räuber), so gilt:

$$\dot{x} = ((1000 - x)\ 0.001)\ x\ 0.08 - 0.002\ x\ y$$

$$\dot{y} = -0.02\ y + 0.0004\ x\ y$$

$$x(0) = 80, \quad y(0) = 30.$$

Diese Gleichungen lassen sich unmittelbar aus Fig. 2.2 ablesen. Die erste Gleichung (für $\dot{x}$) kann man vereinfachen zu

$$\dot{x} = 0.08\ x - 0.002\ x\ y - 0.00008\ x^2$$

Allgemein erhält man also ein erweitertes Lotka-Volterra-System der Form

$$\dot{x} = a\ x - b\ x\ y - e\ x^2$$

$$\dot{y} = -c\ y + d\ x\ y.$$

2.2.5 Simulation

Zum Verständnis dieses einfachen Simulationsbeispiels genügt es zu wissen, daß
das Programmsystem DYSS eine sich baumartig nach unten verzweigende Komman-
dohierarchie besitzt. Auf die einzelnen Kommandos jeder Kommandoebene reagiert
das System durch wohldefinierte Leistungen. Zum Beispiel teilt es auf das Kommando "SIZE" dem Benutzer die aktuelle Modellgröße mit, d.h. die Anzahl aller
Blöcke und Verbindungen.

Im Anhang des Buches wird die Kommandostruktur von DYSS mit allen verfügbaren Kommandos und den dadurch abrufbaren Leistungen ausführlich beschrieben. Einige wichtige Kommandos lernen wir bereits jetzt kennen, denn wir wollen nun mit Hilfe von DYSS das Räuber-Beute-System von Fig. 2.2 simulieren.

Die Computersimulation besteht aus drei Arbeitsgängen:

(1) Modellerstellung (MODEL),
(2) Numerische Simulation (SIMULA),
(3) Ergebnisaufbereitung (OUTPUT),

die auf der obersten Kommandoebene von DYSS, der sogenannten Monitorebene,
durch die in Klammern stehenden Kommandos eingeleitet werden.

Modellerstellung: Das Kommando "MODEL" führt uns aus dem Monitor eine Stufe
nach unten auf die Modell(erstellungs)ebene. Unter den hier verfügbaren Kommandos leitet "EDIT" die eigentliche Programmierung ein.

DYSS besitzt im übrigen eine universelle Help-Funktion, die durch die Eingabe
des Fragezeichens aufgerufen wird. Als Antwort erhält der Benutzer entweder
einen inhaltlichen Hinweis auf die erwartete Eingabe oder aber eine Liste aller
ihm zur Zeit zur Verfügung stehenden Kommandos. In dieser Liste würde ihm also auf der Modellebene unter anderen das Kommando "EDIT" für die Programmierung eines neuen oder die Änderung eines bestehenden Modells angeboten.

Die Programmierung besteht nun darin, die Informationen aus dem Simulationsdiagramm direkt in den Computer zu übertragen. Dazu werden dem Benutzer auf
der Editorebene (d.h. nach Abschicken des Kommandos "EDIT") wiederum geeignete Unterkommandos angeboten. Zunächst gibt der Benutzer die Informationen
über die Blöcke ein. Dazu setzt er das Editorkommando "BINSERT" (Blöcke eintragen) ab und gibt dann für jeden Block einzeln nacheinander den Blocknamen,

den Blocktyp und falls notwendig Parameter (z.B. Anfangswerte von Integratoren) ein, z.B.

BINSERT HAS INT 500.

Nach jeder Teileingabe hilft gegebenenfalls das "?"-Zeichen weiter. Nach Eingabe aller Blöcke sind die Verbindungen an der Reihe. Eingeleitet durch das Editorkommando "CINSERT" (Verbindungen (connections) eintragen), werden sie zusammen mit ihren Gewichten eingetragen, und zwar in der Reihenfolge: Geberblock, Nehmerblock, Gewicht; z.B.

CINSERT RAUM WHAS 0.001.

Wird für eine Verbindung kein Gewicht eingegeben, so wichtet das System diese Verbindung automatisch mit 1 (Voreinstellung).

Damit ist der Programmierungsprozeß bereits beendet. Der Benutzer kehrt nun zurück auf die Modellebene (mittels: RETURN) und kann sich dort durch das Kommando "LIST" die eingetragenen Blöcke, die Parameter und die Verbindungen mit ihren Gewichten zeigen lassen, um eventuelle Eingabefehler (z.B. mit Hilfe der Editorkommandos "BMODIFY" bzw. "CMODIFY") zu korrigieren. Anschließend sollte er die Simulationsfähigkeit seines gerade erstellten Modells vom System testen lassen (Kommando "TEST"; vgl. Anhang), bevor er es sichert (SAVE) und gegebenenfalls ausdruckt (PRINT). Für unser Räuber-Beute-System lauten somit die Programmzeilen:

```
MODEL
    EDIT
        BINSERT   HAS    INT     500
                  FUX    INT      10
                  TREF   MUL
                  WHAS   MUL
                  RAUM   ADD
                  FKAP   CONS    1000

        CINSERT   FKAP   RAUM
                  RAUM   WHAS      0.001
                  WHAS   HAS       0.08
                  HAS    WHAS
                  HAS    RAUM
                  HAS    TREF
                  TREF   HAS     - 0.002
                  FUX    TREF
                  TREF   FUX       0.0004
                  FUX    FUX     - 0.02
    LIST
    SAVE
    PRINT.
```

Simulation: Der Benutzer verläßt die Modellebene (durch **RETURN**) und kehrt automatisch zurück auf die darüberliegende Monitorebene. Dort eröffnet er mit dem Monitorkommando "SIMULA" die Simulationsprozedur. Auf der Simulationsebene verlangt das Unterkommando "TIMER" von ihm zunächst die Eingabe der Laufzeitinformationen: Der Benutzer muß dem System die Startzeit für die Simulation, die Rechen- und die Ergebnisausgabeschrittweite (in dieser Reihenfolge mitteilen, z.B.

  TIMER 0 0.1 0.5.

Durch das Kommando "START" und die anschließende Eingabe der Endzeit für die Simulation (z.B. **START 1000**) startet der Benutzer einen Simulationslauf. Allerdings wird der Simulationslauf nur dann durchgeführt, wenn der Benutzer vor(!) dem Startkommando durch das Kommando "PLOT" die Blöcke für die Ergebnisausgabe ausgewählt hat. Zum Beispiel werden nach der Befehlsfolge

```
SIMULA
    TIMER    0    0.1    0.5
    PLOT
        INSERT    HAS    FUX
    START    1000
```

die Simulationsergebnisse der beiden Integratoren HAS und FUX bei einer Ausgabeschrittweite von 0.5 im Zeitintervall [0,1000] für die spätere Ergebnisaufbereitung gespeichert und außerdem direkt nach Beendigung des Simulationslaufes auf dem Terminal ausgegeben.

Ergebnisaufbereitung: Nach dem einleitenden Monitorkommando "OUTPUT" informiert das Unterkommando "LIST" den Benutzer zunächst darüber, welche Modellvariablen überhaupt für die Ergebnisaufbereitung zur Verfügung stehen. Diese Liste besteht immer aus der (Simulations-)ZEIT und aus allen Blöcken, die während der Simulationsphase (durch den PLOT-Befehl) für die Ausgabe festgelegt worden sind, in unserem Beispiel also: ZEIT, HAS, FUX.

Das Unterkommando "PLOT" erzeugt jedesmal, wenn es aktiviert wird, ein Diagramm. Die gewünschte Darstellung, entweder als Zeitplot (vgl. Fig. 2.3) oder als Phasendiagramm (Fig. 2.4) bestimmt die Belegung der Koordinatenachsen mit Variablen aus der PLOT-Liste; sie wird dem System anschließend an das PLOT-Kommando mitgeteilt. Beispiel: Auf die Kommandozeile

  PLOT ZEIT HAS FUX

antwortet das System mit Fig. 2.3. Auch hier hilft natürlich das "?"-Zeichen

nach jeder Teileingabe weiter. Die Belegung der beiden Koordinatenachsen mit
Variablen aus der PLOT-Liste ist im Prinzip frei wählbar. Offenbar sind jedoch
nicht alle Darstellungen sinnvoll. Außerdem darf die Abszisse selbstverständlich
nur einfach belegt sein, während die Ordinate wie in Fig. 2.3 durch mehrere Variablen gleichzeitig belegt sein kann, sodaß in einem Diagramm auch zwei und
mehr Funktionsverläufe gleichzeitig dargestellt werden können.

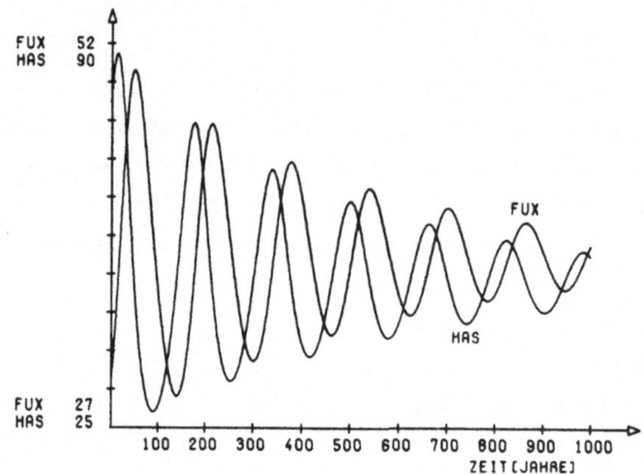

Fig. 2.3: Simulationsergebnisse für die Variablen HAS und FUX des Räuber-Beute-Systems von Fig. 2.2 als Funktionen der Zeit (Zeitplot)

Fig. 2.3 und 2.4 zeigen Simulationsergebnisse für das Räuber-Beute-System. Die
Simulationskurven zeigen deutlich gedämpfte Schwingungen. Beide Populationen
nähern sich einem sogenannten asymptotisch stabilen Gleichgewicht, dessen Lage
von den Systemparametern abhängt. Das Resultat hängt maßgeblich von der Parameterwahl ab, mit anderen Parameterwerten ergibt sich unter Umständen ein
Zusammenbruch der Räuberpopulation (vgl. Abschn. 6.5).

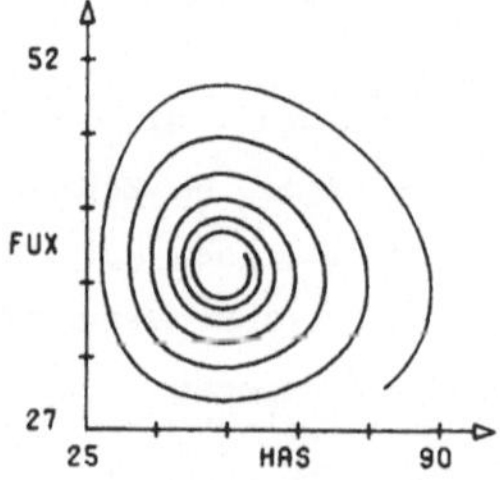

Fig. 2.4: Die beiden Zustandsvariablen HAS (Beute) und FUX (Räuber) im Phasendiagramm

3 EBENE AUTONOME DIFFERENTIALGLEICHUNGSSYSTEME

In diesem Kapitel wollen wir die allernotwendigsten allgemeinen Aussagen über sogenannte autonome Differentialgleichungen zusammentragen, auf die wir beim Studium der konkreten dynamischen Systeme aus der Ökologie in den folgenden Kapiteln immer wieder zurückgreifen werden.

Die Resultate, die im folgenden ohne Beweis angegeben sind, werden üblicherweise in einem Textbuch bzw. einer Vorlesung über "Gewöhnliche Differentialgleichungen" hergeleitet. Entsprechende Literaturhinweise sind jeweils angegeben.

Wir betrachten *Systeme von zwei Differentialgleichungen 1. Ordnung* der Form

$$\dot{x}_1 = f_1(x_1, x_2)$$
$$\dot{x}_2 = f_2(x_1, x_2) \tag{3.1}$$

und schreiben dafür mit $x = (x_1, x_2)$ und $f = (f_1, f_2)$ kurz

$$\dot{x} = f(x). \tag{3.1'}$$

f_1, f_2 seien dabei Funktionen von zwei Veränderlichen x_1, x_2, die auf einer offenen Menge $D \subset \mathbb{R}^2$ definiert und dort stetig partiell nach x_1 und x_2 differenzierbar sind.

Unter einer *Lösung* von (3.1) verstehen wir eine differenzierbare Funktion $x(t) = (x_1(t), x_2(t))$, $x : I \rightarrow D$, die für alle $t \in I$ der Bedingung

$$\dot{x}_1(t) = f_1(x_1(t), x_2(t))$$
$$\dot{x}_2(t) = f_2(x_1(t), x_2(t)) \tag{3.2}$$

oder kurz

$$\dot{x}(t) = f(x(t)) \tag{3.2'}$$

genügt. Das Lösungsintervall $I \subset \mathbb{R}$ kann offen, abgeschlossen oder halboffen sein, wobei $-\infty$ und $+\infty$ als Randpunkte zugelassen sind.

Beispiel: Das System

$$\dot{x}_1 = -x_2$$
$$\dot{x}_2 = x_1$$

besitzt $x(t) = (x_1(t), x_2(t)) = (\cos t, \sin t)$ als Lösung auf $I = \mathbb{R}$.

Daß die Veränderliche, von der die Lösungen von (3.1) abhängen, t genannt wird, verweist lediglich darauf, daß dynamische Systeme in Abhängigkeit von der Zeit t modelliert werden, und ist nicht weiter wesentlich.

Wesentlich ist hingegen, daß die Funktionen f_1 und f_2 selber nicht von t abhängen. Solche Systeme, bei denen die unabhängige Variable t nicht explizit im Argument der Funktionen f_1 und f_2 auf der rechten Seite von (3.1) vorkommt, nennt man *autonom.*

Diese Tatsache hat eine einfache, aber grundlegende Konsequenz, von der wir in vielen kommenden Beweisen Gebrauch machen werden.

Hilfssatz 3.1: Mit $x(t)$, $t \in (\alpha, \beta)$, ist auch $x_\tau(t) = x(t + \tau)$, $t \in (\alpha - \tau, \beta - \tau)$, für jede Wahl von $\tau \in \mathbb{R}$ wieder eine Lösung von (3.1).

Beweis: $x(t)$ sei Lösung von (3.1) auf $I = (\alpha, \beta)$. Für beliebiges $t \in I_\tau = (\alpha - \tau, \beta - \tau)$ gilt $t + \tau \in I$, d.h

$$\dot{x}_\tau(t) = \dot{x}(t + \tau) = f(x(t + \tau)) = f(x_\tau(t)).$$

Also ist $x_\tau(t)$ Lösung von (3.1) auf I_τ.

Bemerkung: Der Hilfssatz gilt gleichermaßen für abgeschlossene bzw. halboffene Lösungsintervalle und sagt aus, daß man aus jeder Lösung $x(t)$ von (3.1) durch Verschiebung in t wieder eine Lösung von (3.1) erhält. Er ist falsch für nicht autonome Systeme, z.B. für Systeme der Form $\dot{x} = t \cdot f(x)$.

Das System (3.1) heißt *eben* im Hinblick auf die in Abschn. 3.2 behandelte Darstellung der Lösungen $x(t) = (x_1(t), x_2(t))$ in der *Phasenebene.*

3.1 Existenz und Eindeutigkeit beim Anfangswertproblem

Eine *Anfangsbedingung* einer Lösung $x : I \to D$ lautet

$$x(t_0) = x_0, \text{ wobei } t_0 \in I, x_0 = (x_1^0, x_2^0) \in D.$$

Bestimmt man eine Lösung von (3.1), die zusätzlich einer Anfangsbedingung genügt, dann löst man ein *Anfangswertproblem (AWP)* zu (3.1).

Da wir in (3.1) vorausgesetzt haben, daß die Funktionen f_1 und f_2 auf D stetig partiell nach x_1 und x_2 differenzierbar sind, ist jedes Anfangswertproblem zu

(3.1) *lokal eindeutig lösbar.* Dies ist das Resultat der beiden folgenden Sätze. Zuvor jedoch zwei Bezeichnungen:

C¹(D): Ist D eine offene Menge im $\mathbb{R}^2$, so bezeichnet $C^1(D)$ die Klasse der (je nach Zusammenhang reell- oder vektorwertigen) Funktionen, die auf D stetig partiell nach beiden Veränderlichen differenzierbar sind.

Allgemein bezeichnet $C^k(D)$, $k \in \mathbb{N} \cup \{0\}$, die Klasse der Funktionen, welche mit Einschluß aller partiellen Ableitungen kleiner oder gleich k in D stetig sind.

Lipschitzbedingung: f genügt auf $M \subset \mathbb{R}^2$ einer Lipschitzbedingung, falls eine Konstante L existiert mit

$$\|f(x) - f(y)\| \leq L \|x-y\| \qquad \text{für alle } x,y \in M. \tag{3.3}$$

Dabei bezeichnet $\|\cdot\|$ eine beliebige Norm im $\mathbb{R}^2$, die Lipschitzkonstante L kann sich jedoch mit der Norm ändern.

Ist D eine offene Menge im $\mathbb{R}^2$, so heißt f auf D *Lipschitz-stetig,* oder f genügt auf D einer lokalen Lipschitzbedingung, falls zu jedem $x_0 \in D$ eine Umgebung existiert, auf der f einer Lipschitzbedingung genügt. Die Lipschitzkonstante L verändert sich im Allgemeinen von Umgebung zu Umgebung.

Satz 3.1 (Picard-Lindelöf):

Die Funktion f sei auf $Q_{x_0} = \{x \in \mathbb{R}_2 \mid \|x - x_0\| \leq b\}$ stetig und genüge dort einer Lipschitzbedingung mit der Lipschitzkonstanten L.

Dann besitzt das AWP

$$\dot{x} = f(x) \; , \; x(t_0) = x_0 \tag{3.4}$$

genau eine Lösung. Sie existiert mindestens auf einem Intervall $(t_0 - a \, , \, t_0 + a)$ mit

$$0 < a < \min (b/M \, , \, 1/L) \, , \, M = \max_{Q_{x_0}} \|f(x)\|.$$

In dieser oder ähnlicher Formulierung findet sich der Satz und sein Beweis in praktisch jedem Lehrbuch über "Gewöhnliche Differentialgleichungen". Wir beziehen uns hier auf Hirsch u. Smale [15], S. 167. Zwei weitere Quellen seien angegeben: Knobloch u. Kappel [13], S. 53, und Walter [14], S. 51.

Bemerkung: Die Voraussetzung der Stetigkeit von f kann (im autonomen Fall !) in Satz 3.1 weggelassen werden, denn sie folgt aus der Lipschitzbedingung.

Satz 3.2: Seien $f \in C^1(D)$ und $x_0 \in D$ beliebig. Dann existiert eine Zahl $a > 0$, so daß das AWP

$$\dot{x} = f(x) \ , \ x(t_0) = x_0$$

auf $(t_0 - a, t_0 + a)$ eine eindeutig bestimmte Lösung besitzt.

Beweis: D ist offen, also existiert zu jedem Punkt $x_0 \in D$ eine (konvexe) abgeschlossene Umgebung Q_{x_0} wie in Satz 3.1 mit $Q_{x_0} \subset D$. Auf Q_{x_0} erfüllt f nach dem folgenden Hilfssatz eine Lipschitzbedingung, womit alles gezeigt ist.

Hilfssatz 3.2: $f \in C^1(D)$ genügt auf D einer lokalen Lipschitzbedingung.

Beweis: Sei $x_0 \in D$. Dann gibt es eine abgeschlossene Umgebung Q_{x_0} (wie in Satz 3.1) mit $Q_{x_0} \subset D$. Aus dem Mittelwertsatz

$$f_i(x) - f_i(y) = \sum_{j=1}^{2} \partial f_i(\tilde{x})/\partial x_j \cdot (x_j - y_j) \ , \ i = 1,2$$

mit $\tilde{x}$ auf der Verbindungsstrecke zwischen x und y folgt

$$\|f(x) - f(y)\| \leq K\|x - y\| \quad \text{für alle } x,y \in Q_{x_0};$$

dabei ist $\|\cdot\|$ die Maximumsnorm und K das Maximum aller vier vorkommenden partiellen Ableitungen $\partial f_i/\partial x_j$ auf Q_{x_0}.

Damit ist auch Satz 3.2 bewiesen. Er garantiert die eindeutige Lösbarkeit des AWP (3.4) wie gesagt nur über hinreichend kleinen t-Intervallen der Form $(t_0 - a, t_0 + a)$, wobei a ebenfalls vom Anfangswert x_0 abhängt.

Bemerkung: Wir können uns ohne Einschränkung der Allgemeinheit auf AWPe der Form

$$\dot{x} = f(x) \ , \ x(0) = x_0 \tag{3.5}$$

beschränken, d.h. ohne Beeinträchtigung der Allgemeinheit $t_0 = 0$ wählen. Denn ist x(t) eine Lösung von (3.5), so ist $\tilde{x}(t) = x(t - t_0)$ nach Hilfssatz 3.1 eine Lösung, die der Anfangsbedingung $\tilde{x}(t_0) = x_0$ genügt.

Aus dem Satz von Picard-Lindelöf erhält man folgendes Resultat über die *eindeutige Fortsetzbarkeit* von Lösungen:

Satz 3.3: Sei $f \in C^1(D)$, $D \subset \mathbb{R}^2$ offen. Dann besitzt das AWP

$$\dot{x} = f(x) \ , \ x(0) = x_0 \in D$$

eine eindeutig bestimmte Lösung $x(t)$ auf einem **maximalen Existenzintervall** $I_{max} = (t^-, t^+)$, $-\infty \leqslant t^- < 0 < t^+ \leqslant \infty$. Jede andere Lösung des AWPs ist eine Einschränkung von $x(t)$ auf ein Teilintervall $I \subset I_{max}$. Darüber hinaus tritt genau einer der beiden Fälle ein:

(a) $t^+ = \infty$, d.h. die Lösung existiert für alle $t \geqslant 0$,

(b) $t^+ < \infty$, und die Lösung nähert sich für $t \to t^+ - 0$ dem Rand von D oder sie wird unbeschränkt für $t \to t^+ - 0$.

Entsprechendes gilt für die Fortsetzbarkeit nach links.

Für unsere Anwendungen auf populationsökologische Systeme in den folgenden Kapiteln benötigen wir den Spezialfall $D = \mathbb{R}^2$.

Folgerung: Sei $f \in C^1(\mathbb{R}^2)$. Dann gilt für die Lösung $x(t)$ des AWP (3.5):

Entweder $x(t)$ existiert für alle $t \geqslant 0$, oder

$$\lim_{t \to t^+ - 0} \|x(t)\| = \infty \text{ für ein } t^+ < \infty.$$

Wir finden Satz 3.3 mit Beweis z.B. bei Hirsch u. Smale [15], S. 171, oder bei Walter [14], S. 53 bzw. 79.

3.2 Trajektorien, Phasenebene und Gleichgewichtspunkte

Wir wollen jetzt die Lösungen geometrisch veranschaulichen. Dazu betrachten wir wieder das System (3.1)

$$\dot{x} = f(x)$$

unter den zu Beginn des Kapitels gemachten Voraussetzungen: $f \in C^1(D)$, $D \subset \mathbb{R}^2$ offen. Jede Lösung $x(t) = (x_1(t), x_2(t))$, $x : I \to D$, von (3.1) definiert im räumlichen (t, x_1, x_2)-Koordinatensystem eine *Integralkurve*.

Beispiel: Die Lösung $(\cos t, \sin t)$, $t \in \mathbb{R}$, des Systems

$$\dot{x}_1 = -x_2$$
$$\dot{x}_2 = \ \ x_1$$

beschreibt einen unendlichen "Korkenzieher" im (t, x_1, x_2)-Raum.

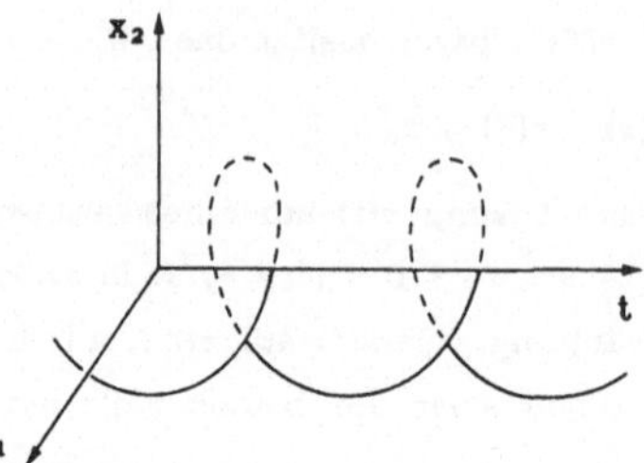

Fig. 3.1: "Korkenzieher": t → (cos t, sin t), t ∈ ℝ

Projiziert man die Integralkurve parallel zur t-Achse in die (x_1,x_2)-Ebene und orientiert sie im Sinne wachsender t-Werte, so erhält man die zur Lösung x(t) gehörige *Trajektorie,* auch *Lösungskurve, Phasenkurve oder Orbit* genannt.

Die (x_1,x_2)-Ebene heißt *Phasenebene* ; sie enthält zu jeder Trajektorie von (3.1) deren *Spur* $\{(x_1(t),x_2(t)) \mid t \in I\}$.

Die folgende Eigenschaft ist charakteristisch für autonome Systeme: Sind zwei Lösungen x(t), t ∈ I, und x(t + τ), t ∈ I_τ (s. Hilfss. 3.1), des Systems $\dot{x} = f(x)$ durch eine Substitution t → t + τ (τ ∈ ℝ) auseinander hervorgegangen, so besitzen sie dieselbe Trajektorie.
Denn ihre räumlichen Integralkurven sind lediglich um τ parallel zur t-Achse gegeneinander verschoben und haben demnach identische Projektionen in die Phasenebene. Und da die Substitution t → t + τ (τ fest) die Orientierung nicht umkehrt, besitzen beide Lösungen dieselbe Trajektorie.

Beispiele:

1. Die Trajektorie zu Fig. 3.1 ist der unendlich oft gegen den Uhrzeigersinn durchlaufene Einheitskreis.

2. Wie man sofort nachrechnet, ist

$$(e^{-t}\cos t, \ e^{-t}\sin t), \ t \in ℝ,$$

   eine Lösung des Systems

$$\dot{x}_1 = -x_1 - x_2$$
$$\dot{x}_2 = x_1 - x_2.$$

Läuft t von -∞ bis ∞, so beschreibt die Menge der Punkte $(e^{-t}\cos t, e^{-t}\sin t)$ in der (x_1,x_2)-Ebene eine Spirale. Gegen den Uhrzeigersinn durchlaufen, bildet sie also die in Fig. 3.2 aufgezeichnete Trajektorie der Lösung.

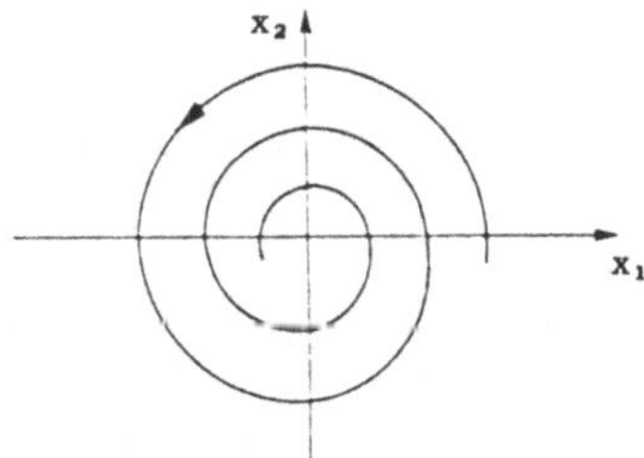

Fig. 3.2: Trajektorie der Lösung $(e^{-t}\cos t,\ e^{-t}\sin t)$, $t \in \mathbb{R}$

3. Wie man leicht sieht, ist durch $x_1(t) = 3t + 2$, $x_2(t) = 5t + 7$, $-\infty < t < \infty$, eine Lösung des Gleichungssystems $\dot{x}_1 = 3$, $\dot{x}_2 = 5$ gegeben. Läuft t von $-\infty$ bis ∞, so beschreibt die Menge der Punkte $(3t + 2,\ 5t + 7)$ die Gerade durch den Punkt $(2,7)$ mit der Steigung $5/3$. Die Gerade $x_2 = 5/3(x_1 - 2) + 7$, $-\infty < x_1 < \infty$, bildet also die Spur der Lösung $(3t + 2,\ 5t + 7)$.

Trajektorien autonomer ebener Systeme besitzen zwei wichtige Eigenschaften:

1. *Zwei Trajektorien des Systems $\dot{x} = f(x)$ können sich nicht kreuzen.*

Dies ist eine anschaulich prägnante Formulierung für folgenden Sachverhalt:

Satz 3.4: Haben zwei Trajektorien des Systems $\dot{x} = f(x)$ einen gemeinsamen Punkt, so sind sie identisch.

Beweis: Angenommen zwei Trajektorien haben einen Punkt x_0 der Phasenebene gemeinsam.

Dann gibt es zwei zugehörige Lösungen $\phi(t)$, $\psi(t)$, jeweils definiert auf I_{max}, mit $\phi(t_1) = x_0 = \psi(t_2)$.

$$\tilde{\psi}(t) = \psi(t_2 - t_1 + t)$$

ist nach Hilfss. 3.1 ebenfalls eine Lösung. $\tilde{\psi}$ besitzt dieselbe Trajektorie wie ψ. $\tilde{\psi}(t)$ und $\phi(t)$ lösen aber beide das AWP

$$\dot{x} = f(x),\ x(t_1) = x_0,$$

sind also nach Satz 3.3 identisch.

Jeder Punkt $x_0 \in D$ liegt also auf der Spur genau einer Trajektorie des Systems $\dot{x} = f(x)$. Ebenso prägnant formulieren wir eine zweite Eigenschaft:

2. *Eine Trajektorie kann sich nicht selber kreuzen.*

Hinter ihr steht

Satz 3.5: Gilt für eine Lösung $x(t)$ des Systems $\dot{x} = f(x)$

$$x(t_0 + T) = x(t_0) \ , \ T > 0,$$

dann sind die Lösungen $x(t)$ und $\tilde{x}(t) = x(t + T)$ identisch. Mit anderen Worten, $x(t)$ ist eine periodische Lösung mit der Periode T.

Beweis: Nach Hilfss. 3.1 sind $x(t)$ und $\tilde{x}(t) = x(t + T)$ Lösungen, die nach Voraussetzung zum Zeitpunkt t_0 übereinstimmen, also sind sie identisch.

Zu einer nichtperiodischen Lösung gehört also eine Trajektorie ohne mehrfache Punkte, zu einer periodischen Lösung dagegen eine geschlossene Trajektorie.

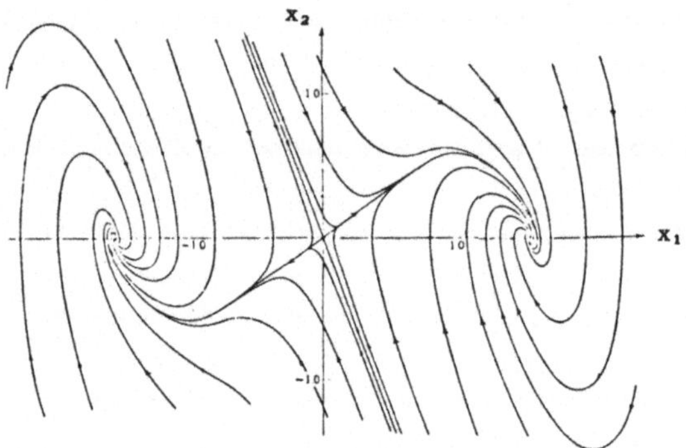

Fig. 3.3: Trajektorien eines Systems der Form
$$\dot{x}_1 = x_2 \ , \ \dot{x}_2 = (b^2/2)\, x_1 - c^2 x_1{}^3 - 2a\, x_2$$
(aus: de Russo, Roy u. Close [16])

Fig. 3.3 vermittelt ein Gefühl für eine mögliche Struktur der Phasenebene, insbesondere lassen sich die Eigenschaften 1 und 2 von Trajektorien sehr schön erkennen. Ein weitergehendes dynamisches Bild des dargestellten Systems erhalten wir aus der Vorstellung, in jedem Punkt der Phasenebene läge ein Staubteilchen und mit fortschreitender Zeit bewegten sich alle diese Teilchen gleichzeitig in Trajektorienrichtung (vgl. auch Hirsch u. Smale [15]).

Zwei auffällige Punkte der Phasenebene von Fig. 3.3 verdienen dabei besondere Aufmerksamkeit: die Trajektorien laufen auf diese Punkte zu, und ein Teilchen,

das genau auf einem dieser Punkte bleibt, kann sich anscheinend gar nicht
mehr weiterbewegen.

Es handelt sich um zwei *Gleichgewichtspunkte* des Systems.

Definition: $\overline{x} \in D$ heißt Gleichgewichtspunkt des Systems $\dot{x} = f(x)$, falls
$f(\overline{x}) = 0$ gilt.

Für Gleichgewichtspunkte sind auch die Bezeichnungen *stationäre* oder *singuläre Punkte* bzw. *Ruhelagen* gebräuchlich.

Satz 3.6: $\overline{x}$ ist genau dann Gleichgewichtspunkt des Systems $\dot{x} = f(x)$, wenn
$x(t) \equiv \overline{x}$ $(t \in \mathbb{R})$ eine Lösung ist.

Beweis: trivial

Die Trajektorie einer stationären Lösung $x(t) \equiv \overline{x}$ ist der Punkt $\overline{x} \in \mathbb{R}^2$. Aus
Satz 3.4 folgt, daß die Spur einer Trajektorie einer nichtkonstanten Lösung
niemals einen Gleichgewichtspunkt enthalten kann.

Außerdem gilt folgender

Satz 3.7: Eine Lösung $x(t) = (x_1(t), x_2(t))$ des Systems $\dot{x} = f(x)$ ($f \in C^1(D)$,
$D \subset \mathbb{R}^2$ offen) konvergiere für $t \to \infty$ gegen den Punkt $\overline{x} = (\overline{x}_1, \overline{x}_2) \in D$.
Dann ist $\overline{x}$ ein Gleichgewichtspunkt des Systems.

Beweis: Zu zeigen ist $f_i(\overline{x}_1, \overline{x}_2) = 0$ für $i = 1,2$.
Sei $h > 0$, dann gilt für $i = 1,2$:

$$x_i(t + h) - x_i(t) = h \cdot \dot{x}_i(\tau), \quad t < \tau < t + h$$
$$= h \cdot f_i(x_1(\tau), x_2(\tau))$$
$$t \to \infty: \quad 0 = h \cdot f_i(\overline{x}_1, \overline{x}_2).$$

Division durch h ergibt $f_i(\overline{x}_1, \overline{x}_2) = 0$.

Zum Schluß dieses Abschnitts kurz zu den Vorzügen der Darstellung von Lösungskurven in der Phasenebene. Wir können bei nichtlinearen Systemen in
vielen Fällen (z.B. bei Räuber-Beute-Systemen, vgl. Kap. 6) x_1 in Abhängigkeit
von x_2 in der Phaseneben darstellen und daraus charakteristische
Verhaltensmerkmale des Systems ablesen, z.B. stationäre Punkte, Grenzzyklen
(vgl. Kap. 7.2), Stabilität, Aussterben, etc. Man rechnet daher Untersuchungen

des Stabilitätsverhaltens von Lösungskurven in der Phaseneben der sog. *qualitativen Theorie der Differentialgleichungen* zu.

Sie ist gerade deshalb von großer Wichtigkeit, da man bei nichtlinearen dynamischen Systemen in der Regel die Lösungen x_1 und x_2 gar nicht explizit als Funktionen von t angeben kann.

3.3 Numerische Integration und Simulation autonomer Systeme

Die Lösungskurven von Fig. 3.3 sind von einem Computer gezeichnet worden. Dies ist möglich, obwohl man die Lösungen $x(t) = (x_1(t),x_2(t))$ - explizit als Funktionen von t - gar nicht kennt. Andererseits ergibt eine analytische Lösung $x(t)$, $t \in (t^-,t^+)$, auch kein besseres Bild mit dem Computer, denn er ist lediglich in der Lage, endlich viele Funktionswerte $x(t_k)$ zu verarbeiten.

Zur numerischen Approximation der Lösungen ersetzen wir daher das Differentialgleichungssystem $\dot{x} = f(x)$ durch ein *System von Differenzengleichungen*. Wir können beispielsweise so vorgehen, daß wir beide Seiten des Systems $\dot{x}(t) = f(x(t))$ zwischen t_k und $t_{k+1} = t_k + \Delta t$ nach t integrieren; dies ergibt

$$x(t_{k+1}) = x(t_k) + \int_{t_k}^{t_{k+1}} f(x(t))dt \tag{3.6}$$

(3.6) ist ein System von zwei Differenzengleichungen für $\dot{x}_i(t) = f_i(x(t))$, $i = 1,2$.

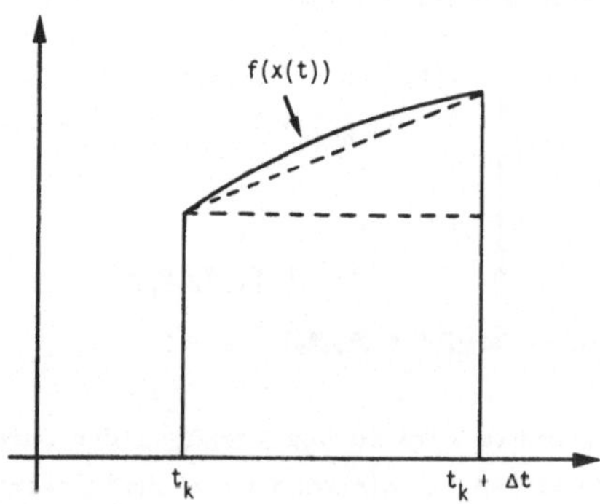

Fig. 3.4: Numerische Integration von $f_i(x(t))$

Ist $x(t_k)$ bekannt, so verlangt die Berechnung von $x(t_{k+1})$ von uns, daß wir den Flächeninhalt unter den Kurven $f_i(x(t))$, $i = 1, 2$, zwischen t_k und $t_k + \Delta t$ approximieren.

Eine grobe Näherung dieses Flächeninhalts ist durch den Flächeninhalt $\Delta t \, f_i(x(t_k))$ des durch die untere Strichelung entstehenden Rechtecks gegeben. Durch diese Näherung entsteht das *Eulersche Verfahren*:

Nach Wahl der Schrittweite $\Delta t > 0$ erhält man, ausgehend von gegebenen Anfangswerten t_0, $x(t_0) = x_0$, an äquidistanten Stellen $t_k = t_0 + k \, \Delta t$, $k = 1,2...$, *Näherungswerte* l_k für die Werte $x(t_k)$ der exakten Lösung $x(t)$:

$$
\begin{aligned}
l_0 &= x_0 \\
l_{k+1} &= l_k + \Delta t \, f(l_k) \\
k &= 0,1,2,\ldots .
\end{aligned}
$$

(3.7)

Der durch die Näherungswerte l_k von $x(t_k) = (x_1(t_k), x_2(t_k))$ der exakten Lösung $x(t)$ mit $x(t_0) = x_0$ in der Phasenebene verlaufende Polygonzug approximiert die Trajektorie von $x(t)$ umso genauer, je kleiner wir Δt wählen (wenn wir im Moment einmal vom Rundungsfehlerproblem absehen). Deshalb erscheinen die Kurven in Fig. 3.3 auch gar nicht mehr eckig.

Wichtig ist, daß es in (3.6) und (3.7) in jedem Schritt darum geht, **zwei Gleichungen gleichzeitig zu lösen**, denn approximiert wird die Lösung eines Differentialgleichungssystems, bestehend aus zwei Gleichungen für $\dot{x}_1(t)$ und $\dot{x}_2(t)$.

Zurück zu (3.6) und Fig. 3.4: Eine viel bessere Approximation liefert der Flächeninhalt

$$\frac{1}{2} \Delta t \, [f_i(x(t_k)) + f_i(x(t_{k+1}))]$$

des durch die obere Strichelung in Fig. 3.4 entstehenden Trapezes. Dies führt zu der Näherungsformel

$$l_{k+1} = l_k + \frac{1}{2} \Delta t \, [f(l_k) + f(l_{k+1})].$$

(3.8)

Ersetzen wir in (3.8) l_{k+1} durch den vom Eulerschen Verfahren gelieferten Wert $l_k + \Delta t \, f(l_k)$, so erhalten wir das sogenannte *verbesserte Euler-Verfahren* (auch *Verfahren von Heun* genannt):

48

$$l_0 = x_0$$

$$l_{k+1} = l_k + \frac{1}{2} \Delta t \, [f(l_k) + f(l_k + \Delta t \, f(l_k))] \qquad (3.9)$$

$$k = 0,1,2,\ldots \ .$$

Ausgehend von (3.6) ist es einleuchtend, daß man im Prinzip bessere Verfahren dadurch erhält, daß man das rechts stehende Integral, d.h. den Flächeninhalte unter $f_i(x(t))$ in Fig. 3.4, möglichst gut auswertet. Die Aufgabenstellung der Approximation der Lösungen $x(t)$ des Differentialgleichungssystems $\dot{x} = f(x)$ ist somit identisch mit dem Problem der *numerischen Integration* der rechten Seite $f(x(t))$ der Differentialgleichungen $\dot{x} = f(x)$. Dafür verwendet man häufig den Begriff *(dynamische) Simulation* des Differentialgleichungssystems $\dot{x} = f(x)$.

Für dynamische Systeme bedeuten **Numerische Integration und Simulation** ein und dasselbe, nämlich:

Approximation der exakten Lösung $x(t)$ eines AWP

$$\dot{x} = f(x) \ , \ x(t_0) = x_0$$

in diskreten Zeitpunkten $t_k = t_0 + k \, \Delta t$ (Δt: Schrittweite) durch Näherungswerte, z.B. von der Form

$$l_0 = x_0$$

$$l_{k+1} = l_k + \Delta t \, F(l_k \ ; \ \Delta t \ ; \ f) \qquad (3.10)$$

$$k = 0,1,2,\ldots \ .$$

(3.10) ist für autonome Systeme, sog. Einschrittverfahren und feste Schrittweite Δt formuliert. Diese Einschränkungen müssen nicht sein.

Heute hat gerade die *dynamische Simulation komplexer realer Systeme* zunehmend an Bedeutung gewonnen, nicht zuletzt durch die rapide gestiegene Leistungsfähigkeit der Computer.

Solche Systeme, z.B. Weltmodelle (vgl. Kap. 1), liegen in der Regel nicht explizit als Differentialgleichungssysteme vor. Bei der *Modellierung realer Systeme durch Computersimulation* besteht der entscheidende Schritt darin, **bestimmte Systemgrößen als Speichergrößen** (in DYNAMO: levels, in DYSS: Integratoren) **zu** identifizieren. Jede Speichergröße x steht für eine Differentialgleichung der Form

$$\dot{x} = \sum \text{ aller Eingänge (von } x).$$

Die Eingänge von x sind Raten, die sich im autonomen Fall aus funktionalen und algebraischen Verknüpfungen von x mit weiteren Speichergrößen ergeben. Im nichtautonomen Fall kommen zeitabhängige externe Eingänge hinzu. So entsteht ein nichtlineares System (s. Fig. 1.9) der Form:

$$\dot{x} = f(x,y,z)$$
$$\dot{y} = g(x,y,z) \qquad (3.11)$$
$$\dot{z} = h(x,y,z)$$

Das im Modellierungsprozeß, dessen Resultat ein Systemdiagramm (mit Blöcken, Verbindungen und Parametern wie in Fig. 1.7) widergibt, durch Festsetzen der Speichergrößen implizit definierte Differentialgleichungssystem wird explizit garnicht aufgeschrieben. Nichtsdestotrotz ist die dynamische Simulation eines realen Systems nichts anderes als die numerische Integration eines Anfangswertproblems, welches ein mathematisches Modell für den vorgegebenen Ausschnitt aus der Realität darstellt. Doch nun zurück zu den Integrationsverfahren.

Das Verfahren von Heun (3.9) verlangt pro Rechenschritt zwei Auswertungen von $f = (f_1, f_2)$, eine für l_k an der linken Intervallgrenze t_k, eine zweite für $l_k + \Delta t\, f(l_k)$ an der rechten Intervallgrenze t_{k+1}.

Wertet man f darüber hinaus in weiteren Punkten aus dem Innern des Intervalls $[t_k, t_{k+1}]$ aus, so erhält man noch genauere Näherungen, z.B. wertet das *Runge-Kutta-Verfahren* die Funktion f zusätzlich noch zweimal an der Stelle $t_k + \frac{1}{2}\Delta t$ aus.

Runge-Kutta-Verfahren (4. Ordnung):

$$l_0 = x_0$$
$$l_{k+1} = l_k + \frac{1}{2}\Delta t\,(L_{k_1} + 2L_{k_2} + 2L_{k_3} + L_{k_4}) \qquad (3.12)$$
$$k = 0,1,2\ldots\,,$$

mit
$$L_{k_1} = f(l_k)$$
$$L_{k_2} = f(l_k + \frac{1}{2}\Delta t\, L_{k_1})$$
$$L_{k_3} = f(l_k + \frac{1}{2}\Delta t\, L_{k_2})$$
$$L_{k_4} = f(l_k + \Delta t\, L_{k_3})$$

Nach dem gleichen Schema kann man noch genauere Verfahren vom Runge-Kutta-Typ aufbauen, die Genauigkeit wird dabei durch die *Ordnung des Verfahrens* angegeben.

Das angegebene Runge-Kutta-Verfahren ist im DYSS-Simulationssystem realisiert; es ist von 4. Ordnung, d.h. für jedes k gilt für die Abweichung der Näherungslösung von der exakten:

$$|x(t_k) - l_k| \leq C \, \Delta t^4 \tag{3.13}$$

mit einer geeigneten Konstanten $C > 0$. Man nennt diesen Fehler den *akkumulierten Diskretisierungsfehler*. Das Eulersche Verfahren ist von 1. Ordnung, das Verfahren von Heun von 2. Ordnung. Man beweist Aussagen über die Ordnung eines Verfahrens mit Hilfe der Taylorentwicklung von f. Vergleiche dazu Stoer u. Bulirsch [17], S. 104 ff oder Stetter [18].

Aufgrund von (3.12) sollte man erwarten, daß die Näherungen l_k für $\Delta t \rightarrow 0$ die exakten Werte $x(t_k)$ beliebig gut approximieren. Weit gefehlt! Denn eine Verkleinerung von Δt verlangt eine entsprechend größere Anzahl von Rechenschritten zur Berechnung einer Näherung für vorgegebenes $x(t)$ mit $t > t_0$, und der *akkumulierte Rundungsfehler* wächst. Bei Verkleinerung von Δt unter eine gewisse Schranke übertrifft schließlich der Verlust an Genauigkeit bei der Rechnung, hervorgerufen durch den akkumulierten Rundungsfehler, den Genauigkeitsgewinn der besseren Approximation, ablesbar aus (3.12). Der Gesamtfehler - bestehend aus Rundungs- plus Diskretisierungsfehler - wächst wieder an (vgl. Stoer u. Bulirsch [17]).

Alle besprochenen Verfahren sind sog. *Einschrittverfahren*, d.h. l_{k+1} wird ausschließlich mit Hilfe der im letzten Schritt ermittelten Näherung l_k berechnet. *Mehrschrittverfahren* benutzen jeweils mehrere bereits ausgerechnete Näherungen, um einen weiteren Näherungswert zu berechnen; wir wollen darauf nicht eingehen, aber als spezielle Klasse unter den Mehrschrittverfahren noch die *Prediktor-Korrektor-Verfahren* nennen (Stoer u. Bulirsch [17], S. 118 - 121). Das verbesserte Euler-Verfahren (3.9) ist ein einfaches Prediktor-Korrektor-Verfahren. Auch auf *Verfahren mit variabler Schrittweite* können wir in diesem Rahmen nicht eingehen. Das Prinzip der Schrittweitensteuerung bei einem Runge-Kutta-Verfahren erläutern Stoer u. Bulirsch [17] auf S. 114 - 117. Weitere Literatur dazu findet man bei Birkhoff u. Rota [19], Tyn Myint-U [20] sowie bei Isaacson u. Keller [21].

4 ÖKOLOGISCHE SYSTEME UND MATHEMATISCHE MODELLIERUNG

Das Wort *Ökologie* stammt aus dem Griechischen: "oikos" heißt "Haus" oder "ein Platz um zu leben". In diesem Sinne ist die Ökologie also das Studium der "Organismen zu Hause". Gewöhnlich wird die Ökologie definiert als die Lehre von den Wechselbeziehungen der Organismen zu ihrer Umwelt. Der Begriff "Ökologie" ist neuzeitlicher Prägung. Er wurde 1866 von Ernst Haeckel vorgeschlagen. Haeckels Definition lautet: "Ökologie ist die gesamte Wissenschaft von den Beziehungen des Organismus zur umgebenden Außenwelt, wohin wir im weiteren Sinne alle Existenzbedingungen rechnen können."

Aber schon zuvor hatten schon viele der großen Männer der biologischen Renaissance des 18. und 19. Jahrhunderts Beiträge zur ökologischen Wissenschaft geleistet, ohne daß es den Begriff "Ökologie" gab. So hat z.B. Antoni van Leeuwenhoek, der heute vorwiegend durch seine mikroskopischen Pionierleistungen aus dem frühen 18. Jahrhundert bekannt ist, schon die ersten Studien über Nahrungsketten und Populationsdynamik durchgeführt, zwei wichtige Gebiete der modernen Ökologie.

Als selbständigen Zweig der Biologie gibt es die Disziplin Ökologie etwa seit 1900. Heute weiß jedermann, daß die Wissenschaft von der Umwelt zur Gestaltung und Erhaltung unserer Zivilisation unerläßlich ist. Infolgedessen entwickelt sich die Ökologie im Augenblick sehr rasch zu einer auch für unser Alltagsleben höchst wichtigen Wissenschaft.

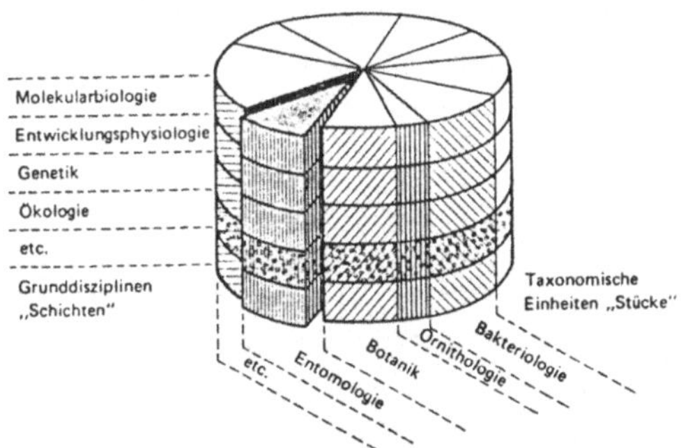

Fig. 4.1: Die biologische "Schichtentorte" mit Grunddisziplinen und taxonomischen Einheiten (aus Odum [22])

4.1 Wechselwirkungen in ökologischen Systemen

4.1.1 Ökosystem

In der Ökologie ist der Begriff *Population*, der ursprünglich für die Bezeichnung einer Gruppe von Menschen galt, erweitert worden und umfaßt nun Gruppen von Individuen jeglicher Organismenart. Gleichermaßen schließt eine Gemeinschaft oder Gesellschaft im ökologischen Sinne (zuweilen als "biotische Gemeinschaft" bezeichnet) sämtliche Populationen ein, die ein bestimmtes Gebiet besie-
deln. Die Gemeinschaft und die unbelebte Umwelt funktionieren zusammen als
ökologisches System, kurz: *Ökosystem*. Das Ökosystem ist die grundlegende
Funktionseinheit in der Ökologie, weil es beides umschließt: Organismen und Umwelt.

Beispiele für Ökosysteme in der Bundesrepublik sind das Wattenmeer, Moore,
Halbtrocken- und Trockenrasen, Heiden, Seen.

Biotop und *Biozönose* entsprechen dem Begriffspaar "Lebensraum" und "Lebensgemeinschaft". Gemeinsam bilden sie in wechselseitiger Verknüpfung und Abhängigkeit das Ökosystem.

Durch die Verknüpfung der Lebensgemeinschaft mit ihrem jeweiligen Lebensraum verschwinden mit dem Verlust bestimmter Biotope auch die entsprechenden
Pflanzen- und Tierarten. Dagegen erhalten mit der Neuschaffung von Biotopen
Arten der angepaßten Lebensgemeinschaften Besiedlungs- und Ausbreitungsmög-
lichkeiten. Kurzfristige Veränderungen einzelner Biotopqualitäten, wie eine begrenzte, nur Tage oder Stunden während Einleitung von Giftstoffen in Flußsys-
teme oder in die Luft, können ganze Lebensgemeinschaften vernichten (Michelsen u.a. [23]).

4.1.2 Wechselwirkungen

Die Ökologie kann man also als jenes Teilgebiet der Biologie bezeichnen, das
sich mit den vielfältigen *Wechselwirkungen* zwischen Populationen sowie mit den
Wechselwirkungen zwischen Populationen und ihrer unbelebten Umwelt beschäf-
tigt.

Unter Population wird dabei – wie gesagt – die Menge aller Individuen einer biologischen Art innerhalb eines bestimmten geographischen Lebensraumes (Bio-

tops) verstanden, wobei es sich natürlich sowohl um eine tierische, als auch um eine pflanzliche Art handeln kann.

Von den vielen Eigenschaften, die einer Population zukommen können, ist wohl ihre *Mitgliederzahl* die markanteste und daher auch in vielen ökologischen Untersuchungen die zentrale Größe. So lautet z.B. eine für die Ökologie typische Fragestellung:

Wie kommt es an, daß eine bestimmte Schädlingsart in alarmierendem Ausmaß zunimmt, wenn man eine zweite, den gleichen Lebensraum bewohnende Schädlingsart durch Insektizide dezimiert?

Eine Antwort auf diese Frage geben wir in Kap. 5. Es ist jedoch naheliegend, die Antwort in irgendwelchen bestehenden Wechselwirkungen zu suchen; dabei wird man zuerst daran gehen, das beschriebene Verhalten durch die Annahme einer direkten Beziehung zwischen den beiden Schädlingsarten zu erklären, also Wechselwirkungen über eine dritte Population zunächst außer Betracht zu lassen. Ausgehend von bestehenden Wechselwirkungen unterscheiden Nöbauer u. Timischl [24]:

(a) Zwei-Spezies-Beziehungen

(b) Mehr-Spezies-Systeme

(c) mehrstufige Nahrungsketten

(d) ökologische Netzwerke.

Unter den Zwei-Spezies-Beziehungen, den Grundbausteinen für (b) - (d), sind grundsätzlich drei Typen zu unterscheiden:

Man spricht von einem *Konkurrenzverhältnis* zwischen zwei Populationen, wenn jede Population das Wachstum der anderen behindert, wobei die Behinderung in einer Vergrößerung der Todesrate oder in einer Verkleinerung der Geburtenrate oder in beidem gleichzeitig bestehen kann.

Im Gegensatz dazu zeichnet sich ein *symbiotisches Verhältnis* zwischen zwei Arten durch eine wechselweise Begünstigung des Wachstums aus.

Stehen schließlich zwei Arten in einem *Räuber-Beute-Verhältnis*, so wird das Wachstum der einen Art, des sogenannnten Räubers, von der anderen Art, der sogenannten Beute begünstigt, während die Beute-Population in ihrem Wachstum von der Räuber-Population behindert wird.

Ähnliche Typen wie in Räuber-Beute-Systemen liegen vor beim *Wirt-Parasit-System* und beim *Pflanzenfresser-Pflanzen-System*.

In *Mehr-Spezies-Systemen* können je zwei Arten entweder in keiner Wechselwirkung stehen, oder sie stehen in einer der genannten Zwei-Spezies-Beziehungen, oder in einer auch noch weitere Arten umfassenden Beziehung.

Ein solches System wird auch *mehrstufige Nahrungskette* genannt im Sinne eines Nahrungsflusses von der ersten Stufe (Pflanzenart) des ökologischen Systems über die zweite Stufe (Pflanzenfresser) zu einer dritten Stufe usw. (z.B. Gras → Rind → Mensch).

Schließlich können verschiedene Nahrungsketten miteinander gekoppelt sein, wodurch sogenannte *ökologische Netzwerke* entstehen.

Die Erfassung ökologischer Systeme durch ökologische Netzwerke, die man mathematisch am besten durch Differentialgleichungssysteme beschreiben kann, ermöglicht es, das Verhalten von ökologischen Systemen in qualitativer und quantitativer Hinsicht zu untersuchen. Besonders wichtig sind die Angabe von Bedingungen, unter denen eine Koexistenz von mehreren Arten möglich ist, und Aussagen darüber, wie sich ein im biologischen Gleichgewicht befindliches System bei Störungen verhält.

4.2 Konkurrenz um eine gemeinsame Nahrungsquelle

Unter den grundsätzlich möglichen Typen von Wechselwirkungen zwischen zwei Arten betrachten wir zunächst ein einfaches Konkurrenzverhältnis: beide Populationen konkurrieren um eine gemeinsame Nahrungsquelle.

Zunächst einige Bezeichnungen: Für $i = 1, 2$ sei

x_i die Anzahl der Individuen der i-ten Population,

ε_i ihre exponentielle Wachstumsrate bei unbegrenztem Nahrungsangebot ($\varepsilon_i > 0$, vgl. Abschn. 4.3),

$s_i > 0$ die von jedem ihrer Individuen pro Zeiteinheit benötigte durchschnittliche Nahrungsmenge, gemessen z.B. in $kg \cdot h^{-1}$ (h: Stunde).

Bei der Modellbildung hilft uns das nachfolgende Gedankenexperiment:

Die Nahrung N, die sich mit konstanter Rate R ([R] = kg·h⁻¹) regenerieren möge, wird pro Zeiteinheit um

$$M(x_1,x_2) = s_1x_1 + s_2x_2$$

verringert, d.h.

$$\frac{dN}{dt} = R - M(x_1,x_2)$$

Mit zunehmenden x_1,x_2 wird $M(x_1,x_2)$ schließlich R übertreffen, und somit wird sich eine immer spürbarer werdene Nahrungsverknappung einstellen, die sich natürlich hemmend auf das bei unbegrenztem Nahrungsangebot als exponentiell angenommene Wachstum beider Populationen auswirkt.

Dieses Gedankenexperiment zur Nahrungsverknappung soll folgende Modifikation der Wachstumsraten ε_i begründen: Die Konkurrenz beider Arten um eine gemeinsame Nahrungsquelle wird im mathematischen Modell ausschließlich dadurch berücksichtigt, daß von den exponentiellen Wachstumsraten ε_1 und ε_2 die zu $M = M(x_1,x_2)$ proportionalen Terme δ_1M bzw. δ_2M ($\delta_i > 0$, $[\delta_i] = kg^{-1}$) subtrahiert werden.

Die Wachstumsgleichungen für beide Populationen lauten somit:

$$\begin{aligned}
\dot{x}_1 &= [\varepsilon_1 - \delta_1M(x_1,x_2)]x_1 = (\varepsilon_1 - \delta_1s_1x_1 - \delta_1s_2x_2)x_1 \\
\dot{x}_2 &= [\varepsilon_2 - \delta_2M(x_1,x_2)]x_2 = (\varepsilon_2 - \delta_2s_1x_1 - \delta_2s_2x_2)x_2 \ .
\end{aligned} \tag{4.1}$$

Die Nahrung N wird also nicht durch eine eigene Differentialgleichung als Systemvariable in das Modell hineingenommen. Damit liegt mit (4.1) ein autonomes System von zwei gekoppelten nichtlinearen Differentialgleichungen vor.

Wir möchten wissen, ob beide Populationen miteinander koexistieren können, oder ob eine Art aussterben muß oder gar beide.

Wir können (4.1) nicht explizit analytisch lösen, d.h. es lassen sich keine elementaren Funktionen $x_1 = x_1(t)$, $x_2 = x_2(t)$ angeben, die (4.1) erfüllen. Doch in Abschn. 4.4 werden wir x_1 und x_2 in gegenseitiger Abhängigkeit in der Phasenebene darstellen und mit den Hilfmitteln aus Kap. 3, Abschn. 1 u. 2, unter dem Schlagwort *Volterrasches Exklusionsprinzip* eine Antwort geben.

Antworten erwarten wir aber auch von der numerischen Integration, d.h. einer Simulation des Systems (4.1). Das nachfolgende Simulationsdiagramm enthält **alle** dafür notwendigen Informationen.

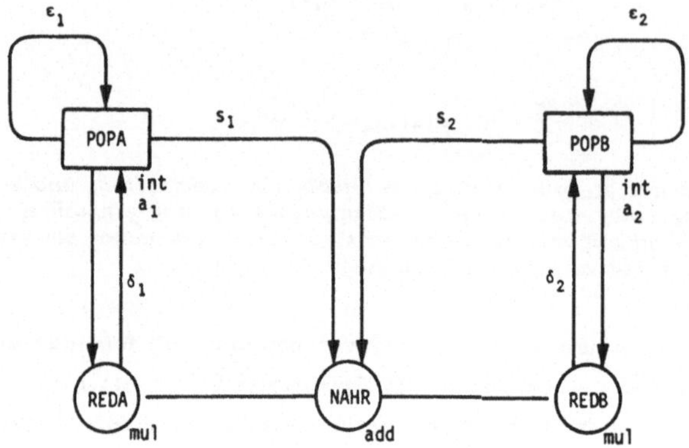

Fig. 4.2: DYSS-Simulationsdiagramm für das Volterrasche Exklusionsprinzip

In Fig. 4.2 gilt POPA = x_1, POPB = x_2, und die konstanten Parameter (Gewichte bzw. Anfangswerte) sind wie folgt gewählt:

$$\varepsilon_1 = 4 \cdot 10^{-2} \qquad \delta_2 = 2 \cdot 10^{-1} \qquad s_1 = 5 \cdot 10^{-3} \qquad x_1(0) = 400$$
$$\varepsilon_2 = 8 \cdot 10^{-1} \qquad \delta_2 = 9 \cdot 10^{-1} \qquad s_2 = 10^{-3} \qquad x_2(0) = 80 \ .$$

Unser Laufzeitvorschlag lautet: 0, 0.1, 0.1, 50.

So, jetzt viel Glück beim Simulieren und keine Angst: ruhig 'mal die Parameter ändern.

4.3 Populationsmodelle und logistisches Wachstum

Die Struktur der Modellgleichungen (4.1) gibt Anlaß, daß wir uns für einen Moment mit Differentialgleichungen, die das Wachstum von Populationen beschreiben, d.h. mit *Populationsmodellen* beschäftigen.

Schauen wir uns stellvertretend die erste der beiden Modellgleichungen (4.1) noch einmal an:

$$\dot{x}_1 \quad = \quad \varepsilon_1 x_1 \quad - \quad \delta_1 s_1 x_1^{\,2} \quad - \quad \delta_1 s_2 x_1 x_2$$

Ideale Lebensbedingung:
exponentielles
Wachstum

Begrenzte Kapazität des Lebensraumes (innerspezifische Konkurrenz): logistisches Wachstum einer Population

Zusätzlich: interspezifische Konkurrenz bei zwei Populationen

Sie beinhaltet Differentialgleichungen für das sogenannte *exponentielle* und für das *logistische Wachstum* einer Population.

Auf den ersten Blick erscheint es unmöglich, daß das Wachstum einer Population durch eine Differentialgleichung angegeben werden könnte, ändert sich doch die Population immer in ganzzahligen Einheiten und stellt daher niemals eine differenzierbare Funktion der Zeit dar. Hat eine gegebene Population jedoch sehr viele Exemplare, so fällt eine Zunahme um eine Einheit gegenüber der Gesamtmenge so wenig ins Gewicht, daß wir die zeitliche Änderung der Population angenähert als stetige und sogar als differenzierbare Funktion betrachten können.

Bezeichne nun $p(t)$ die Population (Anzahl von Individuen) einer gegebenen Spezies zum Zeitpunkt t und $\varepsilon = \varepsilon(t,p)$ die Differenz zwischen ihrer Geburten- und Sterberate. Haben wir es mit einem isolierten System zu tun, d.h. mit einem System, in dem weder Zuwanderung noch Abwanderung stattfinden, dann ist die Änderungsrate dp/dt der Population gleich $\varepsilon\, p(t)$. Im einfachsten Modell nimmt man an, daß ε konstant ist, sich also weder mit der Zeit noch mit der Population ändert. Dann gilt die lineare Wachstumsgleichung

$$\dot{p} = \varepsilon\, p \,, \quad \varepsilon > 0 \text{ konstant.} \tag{4.2}$$

Dieses mathematische Modell wird als *Malthusianisches Gesetz des Populationswachstums* bezeichnet. Hat die Population der gegebenen Spezies zur Zeit t_0 den Wert p_0, so erfüllt $p(t)$ das Anfangswertproblem

$$\dot{p} = \varepsilon\, p \,, \quad p(t_0) = p_0. \tag{4.2'}$$

Seine Lösung

$$p(t) = p_0 e^{\varepsilon(t-t_0)} \tag{4.2''}$$

zeigt das exponentielle Wachstum einer Population, die das Gesetz von Malthus erfüllt. Wie realistisch ist dieses Wachstumsmodell? Folgen wir dazu Braun [25]:

Wir haben hier ein sehr einfaches Modell formuliert, das in wenigen Zeilen vollständig gelöst werden konnte. Die Frage liegt nahe, ob eine solche Vereinfachung überhaupt noch realistisch ist. Wir wollen dies an einem uns zugänglichen Beispiel nachprüfen. Bezeichne p(t) die Erdbevölkerung zur Zeit t. Nach Schätzungen belief sich ihre Größe im Jahre 1961 auf etwa 3 060 000 000 Menschen mit einer jährlichen Zuwachsrate von 2% während des vergangenen Jahrzehnts. Setzen wir also t_0 = 1961, p_0 = 3.06·10⁹ und a = 0.02, so erhalten wir nach unserem Modell

$$p(t) = 3.06 \cdot 10^9 \, e^{0.02(t-1961)} \, .$$

Wir können diese Formel nun mit vorliegenden Daten vergleichen, soweit sie Populationen der Vergangenheit betreffen, und erhalten als Resultat:

Unsere Formel gibt mit überraschender Genauigkeit die geschätzte Größe der Erdbevölkerung für den Zeitraum von 1700 bis 1961 wieder. Ihre etwa alle 35 Jahre erfolgte Verdoppelung ist nach unserer Gleichung alle 34.6 Jahre zu erwarten: Denn dies geschieht in einer Zeit $T = t - t_0$, für die

$$e^{0.02T} = 2$$

ist. Logarithmieren ergibt dann 0.02 T = ln 2 oder

$$T = 50 \ln 2 \approx 34.6 \, .$$

Werfen wir jedoch einen Blick in die fernere Zukunft, dann prophezeit unsere Formel für das Jahr 2510 eine Bevölkerungszahl von 200 000 Milliarden, für 2635 1 800 000 und für das Jahr 2670 3 600 000 Milliarden. Die Bedeutung dieser astronomischen Zahlen läßt sich allerdings schwer ermessen. Die gesamte Oberfläche unseres Planeten mißt ungefähr 175 800 Milliarden qm, wobei 80 % mit Wasser bedeckt ist. Im Jahre 2510 hätte demnach jeder Mensch nur 0.86 qm zur Verfügung, selbst wenn wir eine Lebensweise auf Booten miteinbeziehen würden. Im Jahre 2635 hätte sich dieser Platz auf 0.09 qm oder 929 qcm reduziert, und im Jahre 2670 würden wir gar zwei Mann hoch auf den Schultern unserer Mitmenschen stehen.

Unser Modell erscheint somit unsinnig und sollte besser aufgegeben werden; wir können jedoch die Tatsache nicht ignorieren, daß es für die Vergangenheit in außergewöhnlich genauer Übereinstimmung mit den bekannten Daten steht. Darüber hinaus gibt es weitere Belege dafür, daß Populationen exponentiell wachsen.

Als Beispiel sei der Microtus Arvalis Pall, ein kleines, sich rapide vermehrendes Nagetier erwähnt. Wir wählen als Zeiteinheit einen Monat und nehmen an, daß die Population sich pro Monat um 40% vermehrt. Sind zur Zeit t = 0 zwei dieser Tiere vorhanden, so erfüllt p(t), ihre Anzahl zum Zeitpunkt t, das Anfangswertproblem

$$\frac{dp}{dt} = 0.4 \, p \, , \; p(0) = 2 \, .$$

Als Lösung ergibt sich

$$p(t) = 2 \, e^{0.4t} \, .$$

Die nachfolgende Tabelle enthält einen Vergleich der beobachteten Population mit p(t). Die gute Übereinstimmung fällt sofort ins Auge.

Monate	*0*	*2*	*6*	*10*
beobachtetes p	*2*	*5*	*20*	*109*
errechnetes p	*2*	*4.5*	*22*	*109.1*

59

Bemerkung: Im Fall des Microtus Arvallis Pall ist das beobachtete p deshalb sehr genau, weil die Schwangerschaftsperiode drei Wochen beträgt und die für die Zählung benötigte Zeit beträchtlich kleiner ist. Bei einer sehr kurzen Schwangerschaftsperiode wäre das beobachtete p niemals exakt, weil viele der Nagetiere vor Beendigung der Zählung geworfen hätten.

Lineare Wachstumsmodelle (4.2) können, davon abgesehen, aber ohnehin nur solange zufriedenstellende Werte liefern, wie die Population nicht zu groß ist. Wird sie aber extrem groß, so können diese Modelle schon deswegen nicht genau sein, weil sie den nun beginnenden Kampf der einzelnen Mitglieder um den nur im begrenzten Maß vorhandenen Lebensraum (innerspezifische Konkurrenz), die natürlichen Ressourcen und die vorhandene Nahrung nicht miteinbeziehen. Daher müssen wir in die Differentialgleichung ein Glied einfügen, das diese Auseinandersetzungen beschreibt. Nun ist aber der statistische Durchschnitt der Anzahl der Kontakte zweier Exemplare pro Zeiteinheit porportional p^2, so daß der Zusatzterm sinnvollerweise $-bp^2$, mit b als Konstante, gewählt wird. Wir erhalten die modifizierte Gleichung

$$\dot{p} = \varepsilon\, p - b\, p^2 \cdot \tag{4.3}$$

Das mathematische Modell (4.3) wird als das *logistische Gesetz des Populationswachstums* bezeichnet. Dieses Gesetz wurde zum ersten Mal 1837 von dem holländischen Biomathematiker Verhulst aufgestellt. Nun ist aber im allgemeinen die Konstante b verglichen mit ε sehr klein. Der Term $-bp^2$ kann dann bei nicht zu großem p gegenüber ε p vernachlässigt werden, so daß die Population exponentiell zunimmt. Ist jedoch p sehr groß, so muß der Term $-bp^2$ berücksichtigt werden; er verringert die rasche Zuwachsrate der Population.

Wir wollen nun mit der logistischen Gleichung (4.3) das künftige Wachstum einer isolierten Population voraussagen.

Mit $K = \varepsilon/b$ schreiben wir (4.3) zunächst noch einmal auf.

$$\dot{p} = \varepsilon\, \left(1 - \frac{p}{K}\right) p \ .$$

Hat die Population zur Zeit t_0 den Wert p_0, so genügt $p(t)$, die Population zur Zeit t, dem Anfangswertproblem

$$\dot{p} = \varepsilon\, \left(1 - \frac{p}{K}\right) p \ , \quad p(t_0) = p_0 \ . \tag{4.3'}$$

Bevor wir das AWP (4.3') lösen, stellen wir (4.3) in der $(p,\dot{p})$-Phasenebene dar (vgl. [24]).

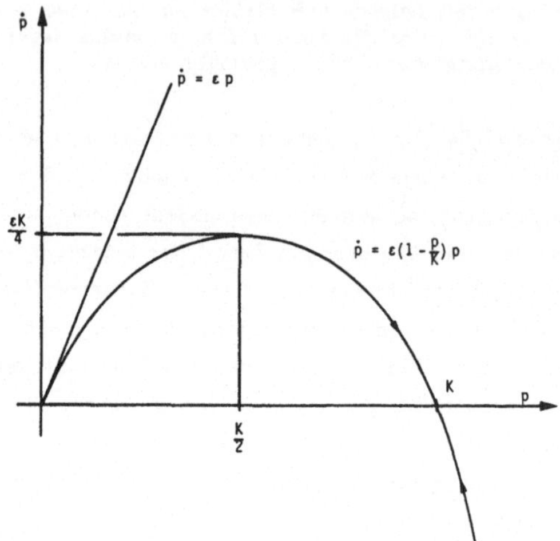

Fig. 4.3: Wachstumsgeschwindigkeit beim logistischen Wachstum

Man erkennt in Fig. 4.3, daß die Wachstumsgeschwindigkeit nicht nur für p = 0 verschwindet (was selbstverständlich ist), sondern auch für p = K. Besitzt also die betrachtete Population zur Zeit t = t_0 genau K Individuen, so bleibt die Populationsgröße für t > t_0 unverändert. Der Punkt (K,0) der (p,$\dot{p}$)-Ebene stellt demnach einen Gleichgewichtszustand der Population dar. Gilt für den Anfangswert p(t_0) einer Lösung p(t_0) > K, dann nimmt die Populationsgröße ab, solange $\dot{p}$ < 0 ist, d.h. solange, bis der Gleichgewichtszustand erreicht ist. Für 0 < p(t_0) < K dagegen wächst die Populationsgröße solange an, bis p = K geworden ist.

Die Konstante K gibt die maximale Anzahl von Individuen an, die in dem vorgegebenen Lebensraum auf Dauer koexistieren können, und wird daher auch als die **Kapazität** des Lebensraumes bezeichnet. Setzt man K = ∞, dann folgt aus (4.3) $\dot{p}$ = ε p, d.h. der Fall des unbegrenzten Lebensraumes.

Nun zur Lösung. (4.3) ist eine Differentialgleichung mit getrennten Veränderlichen; man löst sie nach der Methode der *Trennung der Variablen* (Walter [14], S. 13 *ff*).

Danach ist (4.3) für p ϵ (0,K) äquivalent zu

$$\frac{dp}{\varepsilon p - \varepsilon p^2/K} = dt$$

Eine Lösung von (4.3) erhalten wir durch Integration

$$\int \frac{dp}{\varepsilon p - \varepsilon p^2/K} = \int dt \qquad\qquad (4.4)$$

und Auflösung nach $p = p(t)$.

Um das Integral auf der linken Seite berechnen zu können, wenden wir Partialbruchzerlegung an. Wir setzen

$$\frac{1}{p(\varepsilon - \varepsilon p/K)} = \frac{A}{p} + \frac{B}{\varepsilon - \varepsilon p/K} \ ,$$

d.h.

$$\frac{1}{p(\varepsilon - \varepsilon p/K)} = \frac{A(\varepsilon - \varepsilon p/K) + Bp}{p(\varepsilon - \varepsilon p/K)} \ .$$

Daraus folgt für $p \in (0,K)$

$$A\varepsilon + (b - A\varepsilon/K)p = 1 \ .$$

Dies gilt wegen $p \in (0,K)$ nur für

$$A = 1/\varepsilon \qquad \text{und} \qquad B = 1/K \ .$$

Damit gilt

$$\int \frac{1}{p(\varepsilon - \varepsilon p/K)} = \frac{1}{\varepsilon} \int \frac{1}{p} \, dp + \frac{1}{K} \int \frac{1}{\varepsilon - \varepsilon p/K} \, dp$$

$$= \frac{1}{\varepsilon} \left(\int \frac{1}{p} \, dp + \int \frac{1}{K - p} \, dp \right)$$

$$= \frac{1}{\varepsilon} (\ln p - \ln (K - p)) \ .$$

Aus (4.4) folgt dann

$$\frac{1}{\varepsilon} \ln \frac{p}{K - p} = t + C \ .$$

Anwendung der Exponentialfunktion ergibt

$$\frac{p}{K - p} = C_0 e^{\varepsilon t} \ .$$

Daraus folgt

$$p(1 + C_0 e^{\varepsilon t}) = K \, C_0 e^{\varepsilon t} \ ,$$

und somit löst

$$p(t) = \frac{K \, C_0 e^{\varepsilon t}}{1 + C_0 e^{\varepsilon t}} \qquad\qquad (4.5)$$

die Differentialgleichung (4.3). Um umständliche Terme zu vermeiden, geben wir
die Lösung des AWP (4.3') für $t_0 = 0$ und $p_0 = n$ an. Aus (4.5) folgt

$$n = \frac{K\,C_0}{(1 + C_0)} \ , \quad d.h. \quad C_0 = \frac{n}{K - n} \ .$$

Also ist

$$p(t) = \frac{K\,n\,e^{\varepsilon t}}{K - n + n\,e^{\varepsilon t}} \qquad\qquad (4.3'')$$

die Lösung des AWP (4.3') mit $p(0) = n$.

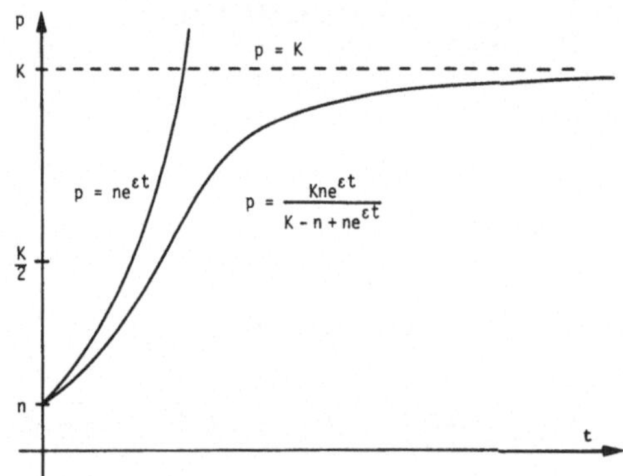

Fig. 4.4: Logistische Wachstumskurve $p(t)$ mit dem Anfangswert $p(0) = n$

Für $n \ll K$ [1]) besitzen die Lösungskurven den in Fig. 4.4 gezeichneten prinzipiellen Verlauf: Bei kleinen Werten von t wächst $p(t)$ nahezu exponentiell gemäß
$p(t) \approx n\,e^{\varepsilon t}$, durchläuft an der Stelle $p = K/2$ einen Wendepunkt und nähert
sich dann der Geraden $p = K$. Es entsteht also das Bild eine "S-förmigen" Kurve. Im Zusammenhang mit derartig S-förmig verlaufenden Wachstumsvorgängen
spricht man auch häufig von einem *organischen* Wachstum und speziell von einem *logistischen*, wenn es durch die Gleichung (4.3) beschrieben ist.

Um genauere Modelle für das Wachstum einer Population zu erreichen, dürfen
wir die Population nicht als homogene Gruppe von Einzelexemplaren betrachten,
sondern müssen sie nach Altersgruppen und Geschlechtszugehörigkeit unterteil-
len. Letzteres ist notwendig, da die Reproduktionsrate gewöhnlich stärker von
der Anzahl der weiblichen als von der Anzahl der männlichen Exemplare abhängt.

---

1) $n \ll K$ bedeutet: n ist sehr klein verglichen mit K.

Der vielleicht stichhaltigste Einwand gegen das logistische Gesetz (4.3) basiert
aber auf der Beobachtung, daß oftmals Populationen periodisch zwischen zwei
Werten fluktuieren, während in der logistischen Kurve jede Art von Schwan-
kung ausgeschlossen ist.

Einige dieser Erscheinungen finden sich jedoch im mathematischen Modell wieder, wenn man anstelle des kontinuierlichen Wachstumsgesetzes (4.3) die *diskrete logistische Wachstumsgleichung*

$$x_{k+1} = r \; x_k(1 - x_k)$$

betrachtet. x_k bezeichnet hier die Größe der k-ten Generation. Für einen Startwert $0 \le x_0 \le 1$ verläßt die Folge $\{x_k\}$ das Intervall $[0,1]$ nicht. Abhängig vom
Systemparameter r $(0 \le r \le 4)$ läßt sich jedoch beobachten, daß sie entweder gegen einen Wert $\bar{x} > 0$ konvergiert oder für $k \to \infty$ periodisch zwischen zwei
oder mehreren Werten fluktuiert oder gar unvorhersagbar, d.h. "chaotisch"
wird (vgl. Collet u. Eckmann [26]).

Doch nun zurück zum Ausgangspunkt dieses Abschnitts. Lassen wir in (4.1) die
Interaktionsterme weg, so haben beide Gleichungen die Struktur

$$\dot{x} = \varepsilon \; x - \delta \; s \; x^2 = \varepsilon \; (1 - \frac{x}{\varepsilon \, /(\delta \; s)}) \; x \; ,$$

d.h. mit der Kapazität $K = \varepsilon \, /(\delta \; s)$ ist dies ein Modell der Form (4.3) für logistisches Wachstum.

(4.1) ist also ein mathematisches Modell für zwei logistisch wachsende Populationen mit zusätzlich vorhandener interspezifischer Konkurrenz, bedingt durch die
gemeinsame Nahrungsquelle.

Im folgenden Abschnitt wollen wir nun untersuchen, ob beide Popululationen koexistieren können - oder nicht.

4.4 Das Volterrasche Exklusionsprinzip in der Ebene

Wir schreiben noch einmal die Modellgleichungen (4.1) auf:

$$\begin{aligned}
\dot{x}_i &= f_i(x_1,x_2) \\
&= (\varepsilon_i - \delta_i s_1 x_1 - \delta_i s_2 x_2)x_i \\
&= (\varepsilon_i - \delta_i M(x_1,x_2))x_i \; , \\
i &= 1 \, , \, 2 \; .
\end{aligned}$$

Die "rechten Seiten" $f_i(x_1 x_2)$ sind auf $D = \mathbb{R}^2$ definiert und dort stetig nach x_1 und x_2 differenzierbar, d.h. $f_i \in C^1(\mathbb{R}^2)$.

Offensichtlich ist $x_1(t) \equiv 0$, $x_2(t) \equiv 0$ eine Lösung von (4.1), doch sie ist uninteressant für uns.

Wir setzen sinnvollerweise $x_i(0) > 0$ für $i = 1$, 2 voraus und möchten wissen, wie sich die Mitgliederzahlen $x_i(t)$ beider Populationen für $t \geq 0$ verhalten.

Nach Satz 3.3 existiert für jeden Anfangswert $(x_1(0), x_2(0))$ eine eindeutig bestimmte Lösung $((x_1(t), x_2(t))$ von (4.1) auf dem (nach rechts) maximalen Existenzintervall $[0, t^+)$, $0 < t^+ \leq \infty$. Eine solche Lösung mit $x_1(0) > 0$ und $x_2(0) > 0$ wollen wir nun betrachten.

Hilfsatz 4.1: $x_i(t) > 0$ $(i = 1$, $2)$ für $t \in [0, t^+)$.

> Beweis: O.B.d.A. für $i = 1$.
>
> Angenommen, $N = \{t \in [0, t^+) \mid x_1(t) \leq 0\} \neq \emptyset$, dann folgt aus der Stetigkeit von x_1
>
> $$x_1(t_0) = 0 \quad \text{für } t_0 = \inf N. \tag{4.6}$$
>
> t_0 ist also der erste Zeitpunkt, in dem x_1 verschwindet. Wir geben für den Rest des Beweises zwei Varianten an, beide führen zum Widerspruch.

1. Variante: Für $t \in [0, t_0)$ ist $x_1(t) > 0$. Wir dividieren die erste Gleichung in (4.1) durch x_1 und erhalten

$$\frac{1}{x_1} \cdot \frac{dx_1}{dt} = \varepsilon_1 - \delta_1 M \ , \quad \text{wobei} \quad M = M(x_1, x_2) \ .$$

Integration ergibt

$$\int_0^t \frac{1}{x_1} \cdot \frac{dx_1}{d\tau} \, d\tau = \int_{x_1(0)}^{x_1(t)} \frac{1}{x_1} \, dx_1 = \int_0^t (\varepsilon_1 - \delta_1 M) \, d\tau \ ,$$

und somit

$$e^{\ln x_1(t) - \ln x_1(0)} = e^{\int_0^t (\varepsilon_1 - \delta_1 M) \, d\tau}$$

Daraus folgt für $t < t_0$

$$x_1(t) = x_1(0) \cdot e^{\int_0^t (\varepsilon_1 - \delta_1 M) \, d\tau}$$

und

$$x_1(t_0) = \lim_{t \to t_0} x_1(t) = x_1(0)\, e^{\displaystyle\int_{}^{t_0} (\varepsilon_1 - \delta_1 M)\, d\tau} > 0 \qquad .$$

im Widerspr. zu (4.6). Also gilt $N = \emptyset$, d.h. $x_1(t) > 0$ auf $[0,t^+)$. Diese Beweisvariante folgt einem Vorschlag von Nöbauer u. Timischl [24]. S. 98, weitaus eleganter ist jedoch die nachfolgende Fortsetzung des Beweises von Hilfsatz 4.1.

2. Variante: Ist $\tilde{x}_2(t)$ die Lösung der Differentialgleichung

$$\dot{p} = \varepsilon_2 p - \delta_2 s_2 p^2 \tag{4.7}$$

mit $\tilde{x}_2(t_0) = x_2(t_0)$ (vgl. (4.3)), dann ist das Paar $(0,\tilde{x}_2(t))$ eine Lösung des Systems (4.1), die zum Zeitpunkt t_0 mit der Lösung $(x_1(t),x_2(t))$ übereinstimmt.

Damit sind beide Lösungen aber (in einer ganzen Umgebung von t_0) identisch, d.h. es gilt $x_1(t) = 0$ in einer Umgebung von t_0 im Widerspruch zur Minimalität von t_0.

Die 2. Variante ist deshalb eleganter, weil sie mit Eigenschaften der Trajektorien des Systems (4.1) argumentiert:

Durch jeden Punkt der positiven x_2-Achse $\{(0,x_2) \mid x_2 \geq 0\}$ geht genau eine Lösungskurve des Systems (4.1) der Gestalt $(0,\tilde{x}_2(t))$, wobei $\tilde{x}_2(t)$ die Differentialgleichung (4.7) löst. Sie verläuft vollständig auf der x_2-Achse, d.h. kurz und unpräzise: die positive x_2-Achse ist selbst Trajektorie einer Lösung von (4.1). Entsprechendes gilt für die positive x_1-Achse.

Nach Satz 3.4 darf eine Lösung $(x_1(t),x_2(t))$, die im Innern des 1. Quadranten startet $(x_1(0) > 0,\ x_2(0) > 0)$, dann aber weder die x_1- noch die x_2-Achse schneiden, ja nicht einmal einen Punkt mit den Achsen gemeinsam haben, d.h. sie muß für alle $t \in [0,t^+)$ im Innern des 1. Quadranten verlaufen.

Hilfsatz 4.2: x_i ($i = 1,2$) ist beschränkt auf $[0,t^+)$.

Beweis: Wir zeigen, daß die Zahl $\max(2x_i(0),\ \varepsilon_i/(\delta_i s_i))$ eine obere Schranke von x_i auf $[0,t^+)$ ist.

Angenommen, $M = \{t \in [0,t^+) \mid x_i(t) > \max(2x_i(0),\varepsilon_i/(\delta_i s_i))\} \neq \emptyset$.

Für $t_0 = \inf M$ gilt dann wegen der Stetigkeit von x_i und wegen $x_i(0) > 0$

$$t_0 > 0 \quad \text{und} \quad x_i(t_0) \geq \max\,(2x_i(0), \varepsilon_i/(\delta_i s_i)) \quad .$$

Aus (4.1) folgt wegen $x_i > 0$ auf $[0, t^+)$: $\dot{x}_i > 0$ genau dann, wenn $\varepsilon_1 - \delta_1 s_1 x_1 - \delta_1 s_2 x_2 > 0$. Somit gilt

$$\dot{x}_i < 0 \quad \text{für } x_i \geq \varepsilon_i/(\delta_i s_i) \quad .$$

Also ist $\dot{x}_i(t_0) < 0$. Wegen der Stetigkeit von $\dot{x}_i$ existiert eine Umgebung von t_0, auf der $\dot{x}_i < 0$ gilt und die ganz in $[0, t^+)$ enthalten ist. Somit gibt es ein $t < t_0$, $t \in [0, t^+)$, mit $x_i(t) > x_i(t_0)$ im Widerspruch zur Minimalität von t_0, d.h. $M = \emptyset$.

Aufgrund von Hilfssatz 4.2 und der Folgerung aus Satz 3.3 folgt $t^+ = \infty$, d.h. die Lösung $(x_1(t), x_2(t))$ existiert für alle $t \geq 0$.

Wegen Hilfssatz 4.1 gilt $x_i(t) > 0$ ($i = 1, 2$) für alle $t \geq 0$.

Kommen wir nun zur Diskussion der Lösungskurven von (4.1) in der Phasenebene:

$$\frac{dx_1}{dt} = (\varepsilon_1 - \delta_1 M)\, x_1$$

$$\frac{dx_2}{dt} = (\varepsilon_2 - \delta_2 M)\, x_2$$

Wir multiplizieren dazu die erste Gleichung mit δ_2/x_1, die zweite mit δ_1/x_2 und erhalten

$$\frac{\delta_2}{x_1} \frac{dx_1}{dt} = (\varepsilon_1 - \delta_1 M)\, \delta_2$$

$$\frac{\delta_1}{x_2} \frac{dx_2}{dt} = (\varepsilon_2 - \delta_2 M)\, \delta_1$$

bzw.

$$\delta_2 \frac{d}{dt} \ln x_1 = (\varepsilon_1 - \delta_1 M)\, \delta_2$$

$$\delta_1 \frac{d}{dt} \ln x_2 = (\varepsilon_2 - \delta_2 M)\, \delta_1 \quad .$$

Daraus folgt durch Subtraktion

$$\delta_2 \frac{d}{dt} \ln x_1 - \delta_1 \frac{d}{dt} \ln x_2 = \varepsilon_1 \delta_2 - \varepsilon_2 \delta_1$$

bzw.

$$\frac{d}{dt} \ln \frac{x_1^{\delta_2}}{x_2^{\delta_1}} = \varepsilon_1 \delta_2 - \varepsilon_2 \delta_1 \quad .$$

Integration ergibt

$$\frac{x_1^{\delta_2}}{x_2^{\delta_1}} = C \ e^{\ (\varepsilon_1 \delta_2 - \varepsilon_2 \delta_1) \ t} \quad \text{mit} \quad C = \frac{x_1(0)^{\delta_2}}{x_2(0)^{\delta_1}} \ . \qquad (4.8)$$

Wir haben in (4.8) x_1 in Abhängigkeit von x_2 dargestellt. Doch wie verlaufen die Lösungskurven $x_1(t)$ und $x_2(t)$?

Betrachten wir zunächst den Sonderfall

$$\frac{\delta_1}{\delta_2} = \frac{\varepsilon_1}{\varepsilon_2} = \kappa \ .$$

Er ist biologisch nicht sinnvoll und tritt praktisch nur dann ein, wenn eine Population geteilt wird. Jede Umweltveränderung hat $\delta_1/\delta_2 \neq \varepsilon_1/\varepsilon_2$ zur Folge.

Aus (4.8) folgt im Sonderfall

$$\frac{x_1^{\delta_2}}{x_2^{\delta_1}} = C \ , \quad \text{also} \quad x_1 = C^{1/\delta_2} \ x_2^{\delta_1/\delta_2} = K \ x_2^{\kappa} \qquad (4.9)$$

mit
$$K = C^{1/\delta_2} \text{ und } \kappa = \delta_1/\delta_2 \ .$$

(4.9) stellt in der Phasenebene für $\kappa \neq 1$ eine Schar parabelartiger Kurven dar und für $\kappa = 1$ eine Geradenschar durch den Koordinatenursprung, jeweils abhängig von K, d.h. vom Anfangswert $(x_1(0), x_2(0))$.

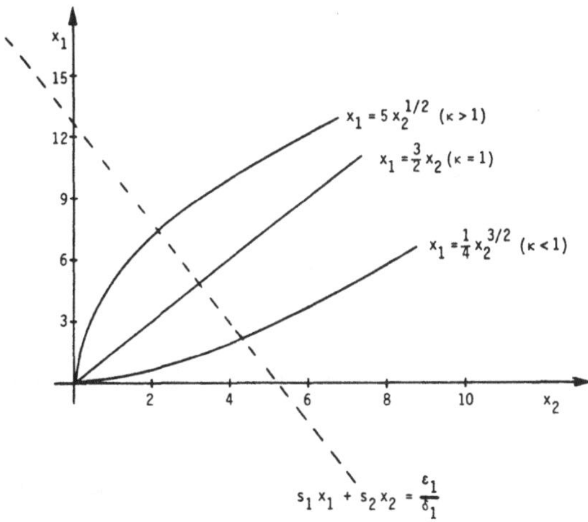

Fig. 4.5: Sonderfall $\delta_1/\delta_2 = \varepsilon_2/\varepsilon_2 = \kappa$

In Fig. 4.5 sind drei typische Lösungskurven eingezeichnet und außerdem noch die Gerade $s_1x_1 + s_2x_2 = \varepsilon_1/\delta_1 = \varepsilon_2/\delta_2$. Jeder Punkt dieser Geraden ist ein Gleichgewichtspunkt des Systems, wie wir durch Einsetzen leicht bestätigen. Die in Fig. 4.5 eingezeichnete Orientierung der Lösungskurven folgt aus den Differentialgleichungen, da oberhalb der Geraden die Ableitungen $\dot{x}_1$ und $\dot{x}_2$ beide negativ sind, unterhalb aber beide positiv.

Behandeln wir nun den Normalfall

$$\frac{\delta_1}{\delta_2} \neq \frac{\varepsilon_1}{\varepsilon_2} \quad , \quad \text{o.B.d.A.} \quad \frac{\delta_1}{\delta_2} < \frac{\varepsilon_1}{\varepsilon_2} \quad .$$

Dann folgt aus (4.8)

$$\lim_{t \to \infty} \frac{x_1^{\delta_2}}{x_2^{\delta_1}} = \lim_{t \to \infty} C \, e^{(\varepsilon_1\delta_2 \, - \, \varepsilon_2\delta_1)} = \infty \, ,$$

da $\varepsilon_1\delta_2 - \varepsilon_2\delta_1 > 0$. Nach Hilfss. 4.2 ist x_1 nach oben beschränkt, und somit erhalten wir

$$\lim_{t \to \infty} x_2(t) = 0 \tag{4.10}$$

für jede Lösung $(x_1(t), x_2(t))$ von (4.1) mit $x_1(0) > 0$ und $x_2(0) > 0$.

Unter den von uns formulierten Modellannahmen (Konkurrenz um eine gemeinsame Nahrungsquelle) stirbt also eine der beiden Populationen aus. Dieses Resultat bezeichnet man nach Vito Volterra ([27], 1931), der zusammen mit Alfred J. Lotka ([28], 1924) als Begründer der modernen Biomathematik gilt, als das *Volterrasche Exklusionsprinzip.*

Was geschieht mit der zweiten Population ?

Fig. 4.6 nimmt die Antwort schon voraus. Es gilt:

$$\lim_{t \to \infty} x_1(t) = \varepsilon_1/(\delta_1 s_1) \, , \tag{4.11}$$

und dieses Ergebnis ist nach Abschnitt 4.3 auch nicht sehr überraschend, denn $K_1 = \varepsilon_1/(\delta_1 s_1)$ ist die Kapazität des Lebensraumes für die Population x_1. Dennoch müssen wir (4.11) beweisen.

Setzen wir in (4.1) $\dot{x}_1 = 0$ und $\dot{x}_2 = 0$, so erhalten wir die Gleichgewichtspunkte des Systems:

$$(0,0) \, , \, (0, \varepsilon_2/(\delta_2 s_2)) \, , \, (\varepsilon_1/(\delta_1 s_1), 0) \, .$$

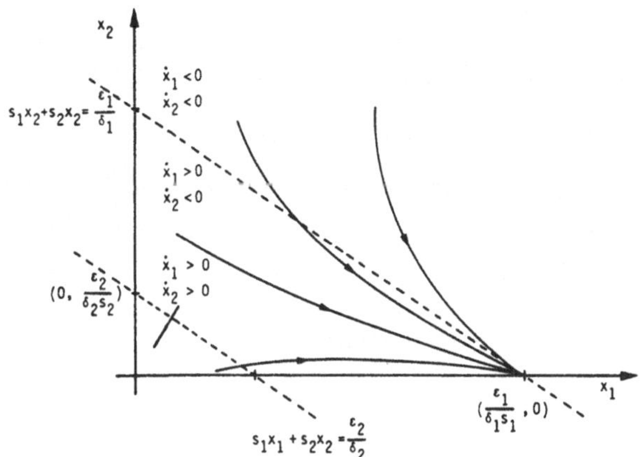

Fig. 4.6: Volterrasches Exklusionsprinzip

In Fig. 4.6 ist der 1. Quadrant der Phasenebene entsprechend den Vorzeichen von $\dot{x}_1$ und $\dot{x}_2$ in drei Bereiche aufgeteilt. Aus der Vorzeichenbetrachtung ergibt sich, daß jede Trajektorie, egal wo sie zum Zeitpunkt 0 im Innern des 1. Quadranten startet, immer in den mittleren Bereich ($\dot{x}_1 > 0$, $\dot{x}_2 < 0$) hineinläuft und dort verbleibt.

Im mittleren Bereich ist x_1 monoton wachsend ($\dot{x}_1 > 0$) und nach Hilfssatz 4.2 nach oben beschränkt, also konvergiert $x_1(t)$ (ebenso wie $x_2(t)$) für $t \to \infty$.

Nach Satz 3.7 kommt als Grenzwert nur ein Gleichgewichtspunkt in Frage. Der Punkt $(0, \varepsilon_2/(\delta_2 s_2))$ scheidet aus wegen (4.10), der Ursprung $(0,0)$ aufgrund von Vorzeichenbetrachtungen, d.h.

$$\lim_{t \to \infty} (x_1(t), x_2(t)) = (\varepsilon_1/(\delta_1 s_1), 0) \ . \tag{4.12}$$

4.5 Verallgemeinerung des Exklusionsprinzips

In der Verallgemeinerung (s. Nöbauer u. Timischl [24], S. 108 ff) konkurrieren $n \geq 2$ Arten um m Nahrungsquellen ($1 \leq m \leq n$) und besitzen außer diesen keine eigenen Nahrungsquellen mehr.
Es wird sich zeigen, daß in diesem Fall auf Dauer höchstens so viele Arten koexistieren können, wie verschiedene Nahrungsquellen vorhanden sind, d.h.
n – m Arten sterben aus.

Sei x_i wiederum die Individuenanzahl der i-ten Population und ε_i die entsprechende ideale Wachstumsrate.

Von der j-ten Nahrungsquelle sollen pro Zeiteinheit von allen Arten insgesamt $M_j(x_1,\ldots,x_n)$ Mengeneinheiten verbraucht werden, wobei wir uns unter M_j wie im letzten Abschnitt eine Linearkombination der x_i vorstellen können.

Die Wirkung der daraus resultierenden Wachstumshemmung aufgrund von Nahrungsverknappung wird durch Abzug der proportionalen Terme $\delta_{ij}M_j$ ($\delta_{ij} > 0$) von ε_i ausgedrückt.

Wir erhalten folgendes Differentialgleichungssystem:

$$\dot{x}_i = \left[\varepsilon_i - \sum_{j=1}^{m} \delta_{ij}M_j(x_1,\ldots,x_n) \right] x_i \qquad (4.13)$$

$$i = 1,\ldots,n \ .$$

Wiederum läßt sich mit $x_i(0) > 0$ ($i = 1,\ldots,n$) für jedes i zeigen: $x_i(t) > 0$ für alle $t \geq 0$ und x_i beschränkt. Wir wollen nun wieder die x_i in Abhängigkeit von den x_k ($k \neq i$) darstellen. Dazu gehen wir folgendermaßen vor:

Mit der Transformation $x_i = y_i^{\varepsilon_i}$ gehen wir zu neuen Variablen y_i über. Damit transformiert sich (4.13) in

$$\dot{y}_i = y_i \sum_{j=0}^{m} d_{ij}M_j \qquad (4.14)$$

wobei $M_0 = 1$; $d_{i0} = 1$, $d_{ij} = -\delta_{ij}/\varepsilon_i$, $j = 1,\ldots,m$, $i = 1,\ldots,n$.

Die ersten m + 1 Gleichungen von (4.14) können wir als lineares Gleichungssystem für die M_j ($j = 0,\ldots,m$) auffassen und erhalten, indem wir die *Cramersche Regel* (Lingenberg [29], S. 110) anwenden, für M_0 die Darstellung

$$M_0 = 1 = \frac{1}{\Delta} \begin{vmatrix} \dfrac{\dot{y}_1}{y_1} & d_{11} & \cdots & d_{1m} \\[2ex] \dfrac{\dot{y}_2}{y_2} & d_{21} & \cdots & d_{2m} \\[1ex] \vdots & & & \vdots \\[1ex] \dfrac{\dot{y}_{m+1}}{y_{m+1}} & d_{m+1,1} & \cdots & d_{m+1,m} \end{vmatrix} \ , \qquad (4.15)$$

sofern die Koeffizientendeterminante

$$\Delta = \begin{vmatrix} 1 & d_{11} & \ldots & d_{1m} \\ 1 & d_{21} & \ldots & d_{2m} \\ \vdots & \vdots & & \vdots \\ 1 & d_{m+1,1} & \ldots & d_{m+1,m} \end{vmatrix}$$

von Null verschieden ist. Dies ist im folgenden vorausgesetzt. Man beachte, daß diese Voraussetzung im Falle $m = 1$, $n = 2$ der Bedingung $d_{11} \neq d_{21}$, d.h. $\varepsilon_2 \delta_{11} \neq \varepsilon_1 \delta_{21}$ entspricht, also der Ausklammerung des im letzten Abschnitt behandelten Sonderfalls.

Entwickelt man in (4.15) die rechts stehende Determinante nach der ersten Spalte, so erhält man, wenn das zum Element $\dot{y}_i / y_i$ gehörende algebraische Komplement mit Δ_i bezeichnet wird, die Differentialgleichung

$$\sum_{i=1}^{m+1} \frac{\dot{y}_i}{y_i} \Delta_i = \Delta \ ,$$

die sofort integriert werden kann, wodurch man die Beziehung

$$\prod_{i=1}^{m+1} \left[\frac{x_i}{x_i(0)} \right]^{\frac{\Delta_i}{\varepsilon_i}} = \prod_{i=1}^{m+1} \left[\frac{y_i}{y_i(0)} \right]^{\Delta_i} = e^{t\Delta}$$

erhält. Daraus ergibt sich, daß das links stehende Produkt mit wachsendem t gegen Null bzw. gegen Unendlich strebt, je nachdem, ob $\Delta < 0$ bzw. $\Delta > 0$ ist. Somit muß es wenigstens einen Index $i = k$ geben, für den $\lim_{t \to \infty} x_k(t) = 0$ ist und $\Delta_k > 0$ bzw. $\Delta_k < 0$ gilt.

Streicht man nun in (4.14) die zu y_k gehörende Gleichung und benutzt von den verbleibenden $n - 1$ Gleichungen wieder die ersten $m + 1$, vorausgesetzt, daß es noch soviele gibt, so führt eine analoge Überlegung wie die vorhin angestellte zu dem Ergebnis, daß wieder eines der $x_i (1 \leqslant i \leqslant m + 2, i \neq k)$ mit wachsendem t gegen Null gehen muß. So fortfahrend kommt man zu dem Schluß, daß wenigstens $n - m$ Arten aussterben müssen, denn man kann die Prozedur $(n-m)$-mal durchführen (Nöbauer u. Timischl [24]).

5 STABILITÄT AUTONOMER SYSTEME

Die Gleichgewichtspunkte (singulären Punkte) des Systems $\dot{x} = f(x)$, $f \in C^1(D)$, ausgeschrieben

$$\dot{x}_1 = f_1(x_1,x_2)$$
$$\dot{x}_2 = f_2(x_1,x_2) \ , \tag{5.1}$$

sind nach Satz 3.6 alle Punkte $(\overline{x}_1,\overline{x}_2) \in D$, für die $x_1(t) \equiv \overline{x}_1$, $x_2(t) \equiv \overline{x}_2$ eine Lösung von $\dot{x} = f(x)$ ist, oder – laut Definition – für die

$$f_1(\overline{x}_1,\overline{x}_2) = f_2(\overline{x}_1,\overline{x}_2) = 0 \tag{5.2}$$

gilt. Gleichgewichtspunkte entsprechen den konstanten Lösungen des Systems $\dot{x} = f(x)$, sie heißen deshalb auch *Ruhelagen*. Wird das System aus einer Ruhelage heraus gestört, so kann es entweder in diese zurückkehren: die Ruhelage ist *stabil*, oder es kann sich immer weiter davon entfernen: die Ruhelage ist *instabil*.

Als Beispiel können wir uns einen Stab vorstellen, zunächst vertikal aufgehängt (stabil) und dann vertikal auf den Boden gestellt (instabil).

5.1 Stabilitätsbegriffe

Im folgenden sei $\overline{x} = (\overline{x}_1,\overline{x}_2)$ immer ein *isolierter Gleichgewichtspunkt*, d.h. es gibt eine Umgebung $U_\rho = \{x \in \mathbb{R}^2 \mid \|x - \overline{x}\| < \rho\}$, die keinen weiteren Gleichgewichtspunkt von (5.1) enthält.

Wir schließen damit zum Beispiel den Sonderfall $\varepsilon_1/\varepsilon_2 = \delta_1/\delta_2$ bei der Behandlung des Volterraschen Exklusionsprinzips aus, in dem alle Punkte der Geraden $\{(x_1,x_2) \mid s_1x_1 + s_2x_2 = \varepsilon_1/\delta_1 = \varepsilon_2/\delta_2\}$ die Bedingung (5.2) erfüllen.

Im Normalfall $\varepsilon_1/\varepsilon_2 \neq \delta_1/\delta_2$ gibt es dort, wie wir wissen, genau die drei Gleichgewichtspunkte $(0,0)$, $(0,\varepsilon_2/(\delta_2 s_2))$, $(\varepsilon_1/(\delta_1 s_1),0)$; sie sind selbstverständlich isoliert.

Ist $\overline{x} = (\overline{x}_1,\overline{x}_2)$ ein isolierter Gleichgewichtspunkt von (5.1), so kann man durch die Transformation

$$y_1 = x_1 - \overline{x}_1 \ , \ y_2 = x_2 - \overline{x}_2 \ ,$$

d.h. durch Übergang zum System

$$\dot{y}_1 = g_1(y_1,y_2) = f_1(y_1 + \bar{x}_1 \, , \, y_2 + \bar{x}_2)$$

$$\dot{y}_2 = g_2(y_1,y_2) = f_2(y_1 + \bar{x}_1 \, , \, y_2 + \bar{x}_2) \tag{5.1'}$$

stets erreichen, daß der betrachtete Gleichgewichtspunkt der Nullpunkt (0,0) der Phasenebene ist. (5.1') ist mindestens auf einer Umgebung U_ρ des Ursprungs definiert.

Ist $x(t) = (x_1(t),x_2(t))$ eine Lösung von (5.1), so ist nun $y(t) = (y_1(t),y_2(t))$ $= (x_1(t) - \bar{x}_1, x_2(t) - \bar{x}_2)$ eine Lösung von (5.1') und umgekehrt. Und jeder Abschätzung für $\|y(t)\|$ entspricht eine Abschätzung derselben Art für $\|x(t) - \bar{x}\|$ und umgekehrt.

Bevor wir zur Definition der *Stabilität eines Gleichgewichtspunktes* kommen, wollen wir uns noch einmal an eine wichtige Aussage über die Existenz der Lösungen von (5.1) erinnern; aus Satz 3.3 folgt nämlich:

Gilt für eine Lösung $x(t) = (x_1(t),x_2(t))$, $x : I_{max} \to D$, und $t_0 \in I_{max}$, daß die Menge $\{(x_1(t),x_2(t)) \mid t_0 \leq t < t^+\}$ in einer abgeschlossenen, beschränkten Teilmenge von D enthalten ist, dann ist $t^+ = \infty$, d.h. die Lösung existiert für alle $t \geq t_0$.

Wir formulieren die Stabilitätsdefinition für Ruhelage $x(t) \equiv 0$. Mit (5.1') übertragen sich die Definitionen auf beliebige Gleichgewichtspunkte $\bar{x}$ von (5.1).

Definition: $\bar{x} = (0,0)$ sei ein isolierter Gleichgewichtspunkt von (5.1). Er heißt

    (1) *stabil,* wenn zu jedem $\varepsilon > 0$ ein $\delta > 0$ existiert, so daß für jede Lösung $x(t)$ von (5.1) mit $\|x(t_0)\| < \delta$ für ein $t_0 \in \mathbb{R}$ gilt: $x(t)$ existiert für alle $t \geq t_0$, und es ist $\|x(t)\| < \varepsilon$ für $t_0 \leq t < \infty$,

    (2) *instabil,* wenn er nicht stabil ist, und

    (3) *asymptotisch stabil,* wenn er stabil ist und wenn (zusätzlich) ein $\eta > 0$ existiert mit der Eigenschaft: Jede Lösung $x(t)$ von (5.1) mit $\|x(t_0)\| < \eta$ für ein $t_0 \in \mathbb{R}$ existiert für alle $t \geq t_0$, und es gilt $\lim_{t \to \infty} x(t) = 0$.

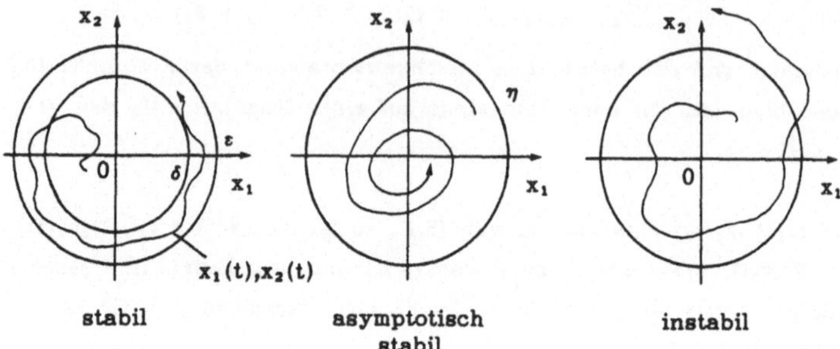

stabil   asymptotisch   instabil
              stabil

Fig 5.1: Stabilität der Ruhelage x(t) ∎ 0

Umgangssprachlich bedeutet die Stabilität eines Gleichgewichtspunktes:

Kommt eine Trajektorie einmal sehr nahe an einen Gleichgewichtspunkt heran, dann bleibt sie für immer in seiner Nähe.

Oder wie bereits zu Beginn des Kapitels formuliert:

Wird ein System (z.B. Pendel) zum Zeitpunkt t_0 aus einer Ruhelage heraus gestört, so kann es entweder in diese zurückkehren (stabil bzw. asymptotisch stabil) oder sich immer weiter davon entfernen (instabil).

Gilt für die Ruhelage x(t) ∎ 0 allein die zusätzliche Bedingung in (3), so nennt man sie attraktiv:

Die Ruhelage x(t) ∎ 0 heißt also

(4) **attraktiv,** wenn ein $\eta > 0$ existiert mit der Eigenschaft:
Jede Lösung x(t) von (5.1) mit $\|x(t_0)\| < \eta$ für ein $t_0 \in \mathbb{R}$ existiert für alle $t \geq t_0$, und es gilt $\lim_{t \to \infty} x(t) = 0$.

Die Begriffe "attraktiv" und "stabil" sind voneinander unabhängig. Wir werden im nächsten Abschnitt sehen, daß schon bei linearen autonomen Systemen eine stabile Ruhelage nicht attraktiv sein muß. Der umgekehrte Fall ist nicht so leicht zu zeigen, ein Beispiel dafür findet sich bei Hahn [30]. Das Differentialgleichungssystem des Beispiels dort lautet:

$$\dot{x}_1 = \frac{(x_1{}^2(x_2 - x_1) + x_2{}^5)}{(x_1{}^2 + x_2{}^2)(1 + (x_1{}^2 + x_2{}^2)^2)}$$

$$\dot{x}_2 = \frac{(x_2{}^2(x_2 - 2x_1))}{(x_1{}^2 + x_2{}^2)(1 + (x_1{}^2 + x_2{}^2)^2)}$$

Keine Sorge, niemand verlangt von Ihnen, daß sie sich nun sofort für ein solch künstliches Beispiel auch noch den Verlauf der Trajektorien selbst ausmalen.

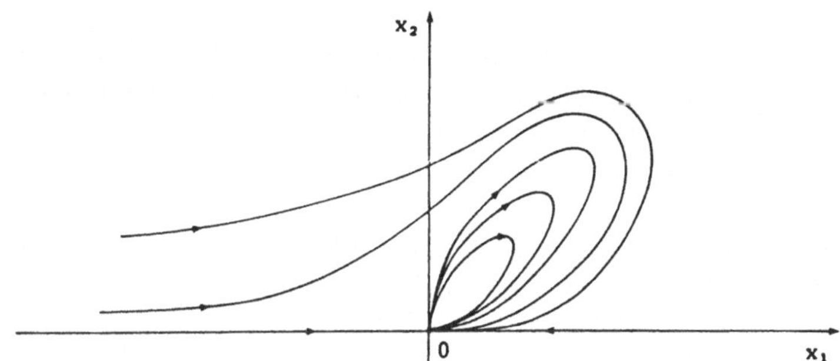

Fig. 5.2: Verlauf der Trajektorie von (5.2). x(t) ▪ 0 ist eine attraktive, aber instabile Ruhelage

5.2 Stabilität linearer Systeme

Im Abschnitt 5.4 werden wir die Gleichgewichtspunkte eines (nichtlinearen) Systems (5.1) aufgrund des Verhaltens der Trajektorien in ihrer unmittelbaren Nähe charkaterisieren.

Dazu behandeln wir in diesem und im nächsten Abschnitt zunächst *lineare autonome Systeme*. Es wird sich zeigen, daß ihre Verhaltensmöglichkeiten erschöpfend abgehandelt werden können.

Der Grund liegt darin, daß das Systemverhalten durch die Eigenwerte des Systems bestimmt wird und daß nur entweder reelle oder konjugiert komplexe Eigenwerte auftreten können. Diese wiederum können nur zu auf- oder abklingendem, schwingendem oder nichtschwingendem Verhalten führen. Die Lage der Eigenwerte in der komplexen Ebene bestimmt damit auch die Stabilität des Systems. Beim linearen System geben die Eigenwerte vollständige Auskunft über das Systemverhalten.
Im Abschnitt 5.4 werden wir dann (5.1) um seine Gleichgewichtspunkte *linearisieren*, d.h. die rechten Seiten von (5.1) in einer Umgebung der Gleichgewichtspunkte durch die linearen Anteile ihrer dortigen Taylorentwicklung ersetzen. Wir werden festellen, daß sich dabei im allgemeinen das geometrische Verhalten der Trajektorien nicht ändert.

Die Eigenwerte des linearisierten Systems geben allerdings lediglich Auskunft über das Verhalten des zugehörigen nichtlinearen Systems in der unmittelbaren Nähe des Gleichgewichtspunktes, um den linearisiert wurde.

Bei nichtlinearen Systemen ist es schwierig, Aussagen zur Stabiltät "außerhalb von Gleichgewichtspunkten" zu machen, es sei denn, es läßt sich eine Potentialfunktion (*Ljapunov-Funktion*) finden, deren Minimierung das System mit fortlaufender Zeit anstrebt (vgl. Kap. 7).

Wir betrachten nun das *lineare Differentialgleichungssystem 1. Ordnung mit konstanten Koeffizienten:*

$$\dot{x} = Ax \ , \tag{5.3}$$

ausgeschrieben

$$\begin{bmatrix} \dot{x}_1 \\ \dot{x}_2 \end{bmatrix} = \begin{bmatrix} a_{11} & a_{12} \\ a_{21} & a_{22} \end{bmatrix} \begin{bmatrix} x_1 \\ x_2 \end{bmatrix}$$

bzw.

$$\dot{x}_1 = a_{11}x_1 + a_{12}x_2$$
$$\dot{x}_2 = a_{21}x_1 + a_{22}x_2 \ .$$

(0,0) ist ein Gleichgewichtspunkt von (5.3).

Satz 5.3: Für $q = \det A = a_{11}a_{22} - a_{21}a_{12} \neq 0$ ist (0,0) der einzige Gleichgewichtspunkt von (5.3). [1]

  Beweis: Ist A regulär, d.h. $\det A \neq 0$, dann ist die triviale Lösung (0,0) die einzige Lösung des linearen Gleichungssystems $Ax = 0$.

Trivialerweise ist für $q \neq 0$ der einzige Gleichgewichtspunkt (0,0) isoliert. Im Fall $q = 0$ sind alle Punkte der Geraden $a_{11}x_1 + a_{12}x_2 = 0$ bzw. (derselben Geraden $a_{21}x_1 + a_{22}x_2 = 0$) Gleichgewichtspunkte von (5.3).

Uns interessieren lediglich isolierte singuläre Punkte. Nur in der Umgebung solcher linearisieren wir und schließen vom linearisierten auf das nichtlineare System zurück. Also setzen wir ein für allemal voraus,

$$q = \det A = a_{11}a_{22} - a_{21}a_{12} \neq 0 \tag{5.4}$$

---

[1] det A: Determinante von A

Die Lösungen von (5.3) können explizit ausgerechnet werden. Im einfachsten Fall $a_{12} = a_{21} = 0$ ist das System *entkoppelt,* und jedes Paar

$$(x_1(0) \ e^{a_{11}t} \ , \ x_2(0) \ e^{a_{22}t}) \tag{5.5}$$

ist eine Lösung von (5.3).

Sonst (falls a_{12} oder a_{21} ungleich 0 ist) geht man mittels einer affinen Koordinatentransformation

$$x = C \ \tilde{x} \ , \tag{5.6}$$

ausgeschrieben

$$\begin{bmatrix} x_1 \\ x_2 \end{bmatrix} = \begin{bmatrix} c_{11} & c_{12} \\ c_{21} & c_{22} \end{bmatrix} \begin{bmatrix} \tilde{x}_1 \\ \tilde{x}_2 \end{bmatrix} ,$$

wobei $\det C \neq 0$ ist, über zu neuen Varablen $\tilde{x}_1$ und $\tilde{x}_2$.

Man erhält durch Einsetzen in (5.3)

$$C \ \dot{\tilde{x}} = A \ C \ \tilde{x}$$

und, da C regulär ist, das transformierte System

$$\dot{\tilde{x}} = C^{-1} A \ C \ \tilde{x} \ . \tag{5.7}$$

Wir werden zeigen (Hilfss. 5.2), daß es in der Regel möglich ist, C so geschickt zu wählen, daß

$$C^{-1} A \ C = \begin{bmatrix} \lambda_1 & 0 \\ 0 & \lambda_2 \end{bmatrix} \tag{5.8}$$

mit geeigneten $\lambda_1, \lambda_2 \in \mathbb{C}$ gilt. Das bedeutet für das transformierte System, es ist entkoppelt und alle seine Lösungen $(\tilde{x}_1(t), \tilde{x}_2(t))$ haben die Gestalt

$$(c_1 e^{\lambda_1 t}, \ c_2 e^{\lambda_2 t}) \ , \tag{5.9}$$

wobei die Konstanten $c_i = \tilde{x}_i(0)$ vom Anfangswert $(x_1(0), x_2(0))$ und von der Matrix C abhängen. Der folgende Hilfssatz gibt Auskunft über λ_1 und λ_2.

78

Hilfssatz 5.1: Gibt es eine reguläre 2×2 - Matric C, so daß (5.8) gilt, dann sind die Zahlen λ_1 und λ_2 gerade die Lösungen der *charakteristischen Gleichung*

$$\lambda^2 + p\lambda + q = 0 \tag{5.10}$$

mit $p = - (a_{11} + a_{22})$ und $q = a_{11}a_{22} - a_{12}a_{21}$.

Beweis: Aus $\lambda^2 + p\lambda + q = \det (A - \lambda I)$

$$= \det (C^{-1}(A - \lambda I) C)$$

$$= \det (C^{-1}A C - \lambda I)$$

$$= \det \begin{bmatrix} \lambda_1 - \lambda & 0 \\ 0 & \lambda_2 - \lambda \end{bmatrix}$$

$$= (\lambda_1 - \lambda)(\lambda_2 - \lambda)$$

folgt die Behauptung.

Hilfssatz 5.2: Gilt $\lambda_1 \neq \lambda_2$ für die Lösungen von (5.10), dann läßt sich (5.3) entkoppeln.

Beweis: Im Falle $a_{12} = a_{21} = 0$ ist (5.3) bereits entkoppelt. Sei daher o.B.d.A. $a_{12} \neq 0$. Mit dem Ansatz

$$x_1 = \tilde{x}_1 + \tilde{x}_2 \ , \ x_2 = \alpha\tilde{x}_1 + \beta\tilde{x}_2$$

für die Transformation (5.6), d.h. mit

$$C = \begin{bmatrix} 1 & 1 \\ \alpha & \beta \end{bmatrix} \ , \quad \alpha \neq \beta \ ,$$

erhalten wir nach Einsetzen in (5.3) und Auflösen nach $\overset{\centerdot}{\tilde{x}}_1$ bzw. $\overset{\centerdot}{\tilde{x}}_2$:

$$(\alpha-\beta)\overset{\centerdot}{\tilde{x}}_1 = \tilde{x}_1(a_{21}+a_{22}\alpha-a_{11}\beta-a_{12}\alpha\beta) + \tilde{x}_2(a_{21}+a_{22}\beta-a_{11}\beta-a_{12}\beta^2)$$
$$(\alpha-\beta)\overset{\centerdot}{\tilde{x}}_2 = \tilde{x}_1(a_{11}\alpha+a_{12}\alpha^2-a_{21}-a_{22}\alpha) + \tilde{x}_2(a_{11}\alpha+a_{12}\alpha\beta-a_{21}-a_{22}\beta). \tag{5.11}$$

Um (5.11) zu entkoppeln, muß in der ersten Gleichung der Koeffizient von $\tilde{x}_2$ und in der zweiten Gleichung der von $\tilde{x}_1$ verschwinden.

Dies können wir erreichen, wenn wir α und β in C so wählen, daß sie voneinander verschieden und Lösungen der quadratischen Gleichung

$$r^2 - \frac{a_{22} - a_{11}}{2\,a_{12}}\, r - \frac{a_{21}}{a_{12}} = 0 \qquad\qquad (5.12)$$

sind. (5.12) besitzt die Lösungen (p,q aus Hilfss. 5.1)

$$r_1 = \frac{1}{2a_{12}}\,(a_{22} - a_{11} + \sqrt{p^2 - 4q}\,)\,,$$

$$r_2 = \frac{1}{2a_{12}}\,(a_{22} - a_{11} - \sqrt{p^2 - 4q}\,)\,.$$

(5.12) hat somit dieselbe Diskriminante wie die
charakteristische Gleichung (5.10). Nach Voraussetzung soll
(5.10) keine Doppelwurzel besitzen, d.h. die Diskriminante
ist ungleich 0 und r_1 ist ungleich r_2. Wir können daher α =
r_1 und $\beta = r_2$ wählen und sind fertig.

Wir fassen die Resultate beider Hilfssätze zusammen:

Satz 5.2: Gilt $\lambda_1 \neq \lambda_2$ für die beiden Lösung λ_1,λ_2 der charakteristischen
Gleichung

$$\lambda^2 + p\lambda + q = 0\,,$$

mit $p = -(a_{11} + a_{22})$ und $q = a_{11}a_{22} - a_{12}a_{21}$,

dann haben alle Lösungen $(x_1(t),x_2(t))$ von (5.3) die Form

$$(c_1 e^{\lambda_1 t} + c_2 e^{\lambda_2 t}\,,\ r_1 c_1 e^{\lambda_1 t} + r_2 c_2 e^{\lambda_2 t}) \qquad\qquad (5.13)$$

mit $r_1 \neq r_2$ aus Hilfss. 5.2. Die Konstanten c_i sind abhängig
vom Anfangswert $(x_1(0),x_2(0))$ und von $r_1\,,\ r_2$ (vgl. (5.9)).

Offen ist noch der Fall $\lambda_1 = \lambda_2 = \lambda$, d.h. die charakteristische Gleichung besitzt
eine Doppelwurzel. Dann gilt für die Lösungen von (5.12)

$$r_1 = r_2 = r = \frac{a_{22} - a_{11}}{2a_{12}}\,.$$

Also läßt sich (5.3) nicht völlig entkoppeln.

Wir wählen nun die Transformation

$$C = \begin{bmatrix} 1 & 1 \\ r & r+1 \end{bmatrix},$$

d.h. $x_1 = \tilde{x}_1 + \tilde{x}_2\,,\ x_2 = r\tilde{x}_1 + (r + 1)\,\tilde{x}_2\,.$

Einsetzen in (5.3) und Auflösen nach $\tilde{x}_1$, $\tilde{x}_2$ führt zu dem teilweise entkoppelten System

$$\dot{\tilde{x}}_1 = \lambda\ \tilde{x}_1 + a_{12}\tilde{x}_2$$
$$\dot{\tilde{x}}_2 = \lambda\ \tilde{x}_2 \ . \tag{5.14}$$

Mit der Lösung

$$\tilde{x}_2(t) = c_2 e^{\lambda t}$$

für die zweite Gleichung von (5.14) lautet die erste

$$\dot{\tilde{x}}_1 = \lambda\ \tilde{x}_1 + a_{12}c_2 e^{\lambda t} \ .$$

Sie hat die Lösung

$$\tilde{x}_1(t) = c_1 e^{\lambda t} + a_{12}c_2 t\ e^{\lambda t} \ .$$

Anstelle von (5.9) erhalten wir für das transformierte System somit die Lösungen

$$(\tilde{x}_1(t)\ ,\ \tilde{x}_2(t)) = (c_1 e^{\lambda t} + a_{12}c_2 t\ e^{\lambda t}\ ,\ c_2 e^{\lambda t})\ , \tag{5.15}$$

Aus (5.14) folgt zunächst durch Rücktransformation für die Konstanten $c_1 = \tilde{x}_1(0) = (r + 1)\ x_1(0) - x_2(0)$ und $c_2 = \tilde{x}_2(0) = x_2(0) - r\ x_1(0)$. Und weiterhin durch Einsetzen von (5.15) - nach einer länglichen Rechnung - als Lösung des Anfangswertproblems zu (5.3)

$$(x_1(t)\ ,\ x_2(t)) = (x_1(0)\ e^{\lambda t} + (x_2(0) - x_1(0)\ r)\ a_{12}t\ e^{\lambda t}\ ,$$
$$x_2(0)\ e^{\lambda t} + r\ (x_2(0) - x_1(0)\ r)\ a_{12}t\ e^{\lambda t})\ . \tag{5.16}$$

Wir benötigen im Falle $\lambda_1 = \lambda_2 = \lambda$ an späterer Stelle die Lösung (leider) in dieser Ausführlichkeit.

Fassen wir zusammen: Bei einem linearen Differentialgleichungssystem $\dot{x}$ = Ax mit konstanten Koeffizienten ist die Struktur der Lösungen vollständig festgelegt durch die beiden im allgemeinen komplexen Wurzeln λ_1 , λ_2 der charakteristischen Gleichung

$$\det\ (A - \lambda\ I) = \lambda^2 + p\lambda + q = 0$$

mit $p = -(a_{12} + a_{22})$, $q = a_{11}a_{22} - a_{12}a_{21}$. Man nennt λ_1 und λ_2 die **Eigenwerte** der Systemmatrix A.

Besitzt A zwei verschiedene Eigenwerte $\lambda_1 \neq \lambda_2$, so gilt für jede Lösung $(x_1(t), x_2(t))$ des Systems (5.3):

$$x_1(t) = A\ e^{\lambda_1 t} + B\ e^{\lambda_2 t}$$
$$x_2(t) = C\ e^{\lambda_1 t} + D\ e^{\lambda_2 t} \tag{5.17}$$

mit geeigneten Koeffizienten A,...,D (vgl. (5.13)).

Gilt $\lambda_1 = \lambda_2 = \lambda$, dann treten in (5.17) $e^{\lambda t}$ und $t\,e^{\lambda t}$ an die Stelle von $e^{\lambda_1 t}$ und $e^{\lambda_2 t}$ (vgl. (5.16)).

Aus der Lösungsstruktur (5.17) können wir unmittelbar auf die Stabilitätseigenschaft des Nullpunktes, des einzigen Gleichgewichtspunktes von (5.3), schließen.

Wir formulieren dazu einen Satz, der diesen Abschnitt unter dem uns eigentlich interessierenden Gesichtspunkt "Stabilität" abschließt.

Satz 5.3: Gegeben sei das lineare Differentialgleichungssystem

$$\dot{x} = Ax\ ,$$

ausgeschrieben

$$\begin{bmatrix} \dot{x}_1 \\ \dot{x}_2 \end{bmatrix} = \begin{bmatrix} a_{11} & a_{12} \\ a_{21} & a_{22} \end{bmatrix} \begin{bmatrix} x_1 \\ x_2 \end{bmatrix}$$

mit $a_{ij} \in \mathbb{R}$ und det $A \neq 0$, sodaß der Nullpunkt $(0,0)$ der einzige Gleichgewichtspunkt des Systems ist.

λ_1, λ_2 ($\lambda_1 = \lambda_2 = \lambda$ zugelassen) seien die Lösungen der charakteristischen Gleichung

$$\lambda^2 - (a_{11} + a_{22})\,\lambda + (a_{11}a_{22} - a_{12}a_{21}) = 0\ .$$

Dann ist der Nullpunkt

(a) asymptotisch stabil, wenn $\operatorname{Re}(\lambda_1) < 0$ und $\operatorname{Re}(\lambda_2) < 0$ ist, [1]

(b) stabil, aber nicht asymptotisch stabil, wenn $\operatorname{Re}(\lambda_1) = \operatorname{Re}(\lambda_2) = 0$, d.h. wenn λ_1 und λ_2 rein imaginär sind,

(c) instabil, wenn wenigstens ein Realteil größer als 0 ist, d.h. wenn $\operatorname{Re}(\lambda_1) > 0$ oder $\operatorname{Re}(\lambda_2) > 0$ gilt.

In Satz 5.3 sind alle möglichen Fälle (für λ_1, λ_2) erfaßt. Sein Beweis ist trivial, wenn man in (5.17) berücksichtigt, daß für jede komplexe Zahl $\lambda = a + ib$ gilt:

$$e^{\lambda t} = e^{at} \cdot e^{ibt} \quad \text{mit} \quad |e^{ibt}| = |\cos bt + i \sin bt| = 1\ .$$

Die Aussage ergibt sich aber ebenfalls aus dem folgenden Abschnitt, in dem wir noch genauer die möglichen Typen von Gleichgewichtspunkten in Abhängigkeit von λ_1 und λ_2 klassifizieren wollen.

---

[1] $\lambda = a + ib : a = \operatorname{Re}(\lambda)$, $b = \operatorname{Im}(\lambda)$

5.3 Klassifikation der Gleichgewichtspunkte bei linearen Systemen

Wir klassifizieren die Gleichgewichtspunkte von linearen Systemen

$$\dot{x} = Ax$$

aufgrund der Lage der Eigenwerte

$$\lambda_{1,2} = \frac{1}{2} \left(-p \pm \sqrt{p^2 - 4q}\,\right)$$

$(p = -(a_{11} + a_{22})$, $q = \det A)$ von A in der komplexen Ebene. Wegen $q \neq 0$ kann $\lambda = 0$ kein Eigenwert von A sein. Außerdem sind entweder beide Eigenwerte λ_1 und λ_2 reell $(p^2 > 4q)$ oder sie sind konjugiert komplex.

Dies berücksichtigen wir bei der folgenden (vollständigen) Fallunterscheidung:

(a) $\lambda_1 \neq \lambda_2$, beide reell mit verschiedenen Vorzeichen,	d.h. $q < 0$	[1]
(b) $\lambda_1 \neq \lambda_2$, beide reell mit gleichen Vorzeichen	$q > 0$, $p^2 > 4q$	
(c) λ_1 , λ_2 konjugiert komplex, $\mathrm{Re}(\lambda_i) \neq 0$	$q > 0$, $p^2 < 4q$ und $p \neq 0$	
(d) λ_1 , λ_2 konjugiert komplex, $\mathrm{Re}(\lambda_i) = 0$	$q > 0$, $p = 0$	
(e) $\lambda_1 = \lambda_2 = \lambda$ (Doppelwurzel) , $a_{12} = a_{21} = 0$	$p^2 = 4q$	
(f) $\lambda_1 = \lambda_2 = \lambda$ (Doppelwurzel) , sonst [2]		

Um den Verlauf der Lösungskurven $(x_1(t),x_2(t))$ des Systems $\dot{x} = Ax$ in der Umgebung des Gleichgewichtspunktes $(0,0)$ für die einzelnen Fälle (a) bis (e) herauszufinden, betrachten wir die viel einfacheren Lösungen (5.9) bzw. (5.15) des zugehörigen transformierten Systems. Die affinen Transformationen des vorhergehenden Abschnitts sind ja gerade so gewählt worden, daß die Lösungen des transformierten Systems so einfach wie möglich aussehen.

Die Rücktransformation von $(\tilde{x}_1(t),\tilde{x}_2(t))$ bedeutet lediglich eine affine Verzerrung (Drehstreckung) der Lösungskurven und ändert nichts an ihrem prinzipiellen Verlauf in der Umgebung des Gleichgewichtspunktes.

---

[1] Beachte: $\lambda_1 \cdot \lambda_2 = q$, $\lambda_1 + \lambda_2 = -p$ (Wurzelsatz von Vieta).

[2] (e) ist äquivalent zu $\mathrm{rg}\,(A - \lambda I) = 0$,

  (f) zu $\mathrm{rg}\,(A - \lambda I) = 1$ (vgl. Hurewicz [31], S. 76)

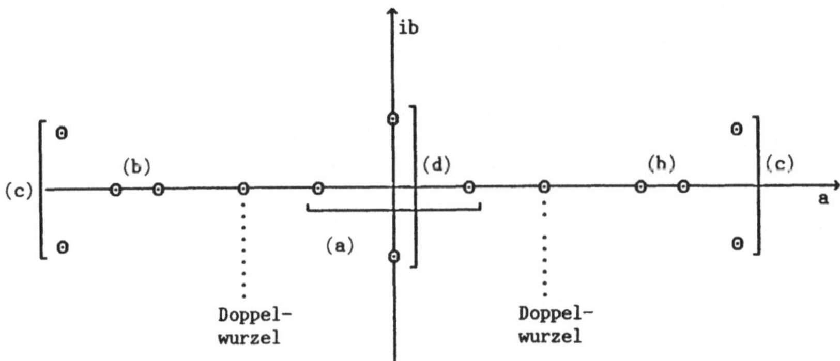

Fig. 5.3: Mögliche Lage der Eigenwerte λ = a + ib in der komplexen Ebene

Wir werden im folgenden die *Phasenportraits* für die einzelnen Fälle (a) bis (e) im transformierten $(\tilde{x}_1,\tilde{x}_2)$-Koordinatensystem (linkes Bild) und rechts daneben im (x_1,x_2)-Koordinatensystem angeben.

Für einige Fälle wird deren Herleitung angesprochen, sonst sei noch einmal auf das Büchlein von Hurewicz [31], S. 75 - 84, verwiesen.

Fall (a): $q < 0 : \lambda_1 \neq \lambda_2$, beide reell mit verschiedenen Vorzeichen.

O.B.d.A. gelte für die Lösungen $\tilde{x}_1(t) = c_1 e^{\lambda_1 t}$, $\tilde{x}_2(t) = c_2 e^{\lambda_2 t}$ des transformierten Systems: $\lambda_2 < 0 < \lambda_1$.

Für $c_1 = \tilde{x}_1(0) = 0$ oder $c_2 = \tilde{x}_2(0) = 0$ erhält man die vier Halbachsen des $(\tilde{x}_1,\tilde{x}_2)$-Koordinatensystems als Lösungskurven, orientiert wie in Fig. 5.4 (a). Startet eine Lösungskurve im 1. Quadranten (z.B. für $c_1 = c_2 = 1$), so ergibt sich:

$$\begin{cases} \text{für } t \to \ \infty : \tilde{x}_1 \to \infty \ , \ \tilde{x}_2 \to 0 \ , \\ \text{für } t \to -\infty : \tilde{x}_1 \to 0 \ , \ \tilde{x}_2 \to \infty \ . \end{cases}$$

Die drei restlichen Quadranten "füllt man entsprechend aus" und erhält das linke Bild von Fig. 5.4 (a). Das rechte zeigt die zurücktrans-
formierten Lösungskurven für den Fall $\lambda_1 < 0 < \lambda_2$.

Besitzt ein Gleichgewichtspunkt (im linearen Fall der Ursprung) diese Charakteristik, so nennt man ihn einen *Sattelpunkt*; er ist instabil.

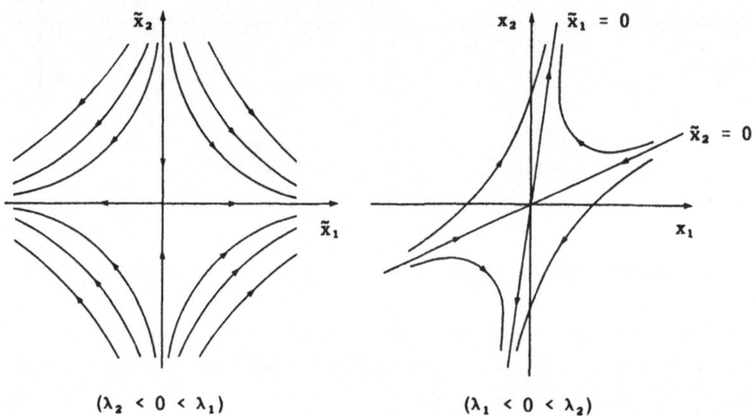

Fig. 5.4 (a): Sattelpunkt (instabil)

Fall (b): $q > 0$, $p^2 > 4q$: $\lambda_1 \neq \lambda_2$, beide reell mit gleichen Vorzeichen.

Sei $\lambda_1 < \lambda_2 < 0$. Von irgendeinem Punkt $\tilde{x}_1(0) \neq \tilde{x}_2(0) \neq 0$ ausgehend,
streben $\tilde{x}_1(t) = \tilde{x}_1(0)\, e^{\lambda_1 t}$ und $\tilde{x}_2(t) = \tilde{x}_2(0)\, e^{\lambda_2 t}$ für $t \to \infty$ beide
gegen 0. Darüber hinaus gilt

$$(*) \quad \lim_{t \to \infty} \frac{\tilde{x}_2(t)}{\tilde{x}_1(t)} = \frac{\tilde{x}_2(0)}{\tilde{x}_2(0)} \cdot e^{(\lambda_2 - \lambda_1)t} = \infty \, ,$$

d.h. im Ursprung bildet die x_2-Achse eine Tangente für die Lösungskurven (vgl. Fig. 5.4 (b)). Die Halbachsen selbst bilden ebenfalls wieder Lösungskurven. Im Falle $0 < \lambda_1 < \lambda_2$ "kehrt sich die Orientierung
um", $(*)$ bleibt jedoch gültig.

Man nennt einen derartigen Gleichgewichtspunkt einen *Knoten*. Er ist entweder
asymptotisch stabil ($\lambda_1 < \lambda_2 < 0$) oder instabil ($0 < \lambda_1 < \lambda_2$). λ_1 und λ_2 können
ihre Rollen tauschen, dann wäre die $\tilde{x}_1$-Achse im Ursprung Tangente an die Lö-
sungskurven.

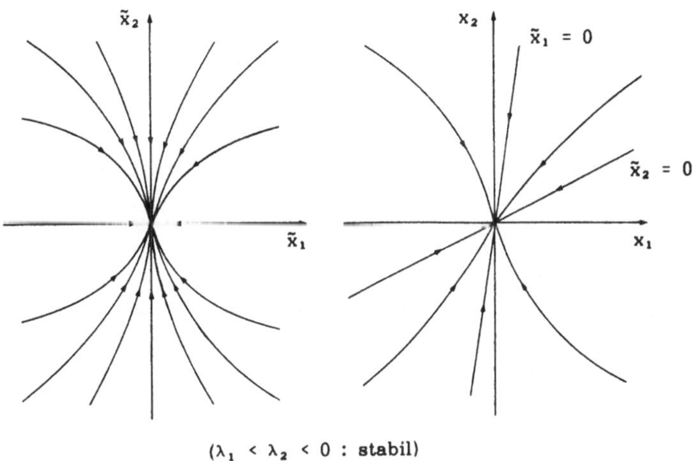

$(\lambda_1 < \lambda_2 < 0 : \text{stabil})$

Fig. 5.4 (b): Knoten (asymptotisch stabil oder instabil), hier: stabil

Wir stellen die beiden konjugiert komplexen Fälle kurz zurück und betrachten zunächst mit (e) und (f) zwei Fälle, die vornehmlich unter mathematischen Gesichtspunkten (Doppelwurzel) und weniger vom Standpunkt der ökologischen Modellierung interessieren.

Fall (e): $p^2 = 4q$ (d.h. $\lambda_1 = \lambda_2 = \lambda$) und $a_{12} = a_{21} = 0$.

Aus det $(A - \lambda I) = 0$ folgt $a_{11} - a_{22} = \lambda$, d.h. $x_1(t) = x_1(0)\, e^{\lambda t}$ und $x_2(t) = x_2(0)\, e^{\lambda t}$. Für $\lambda = 0$ ergibt sich Fig. 5.4 (e), für $\lambda > 0$ erhalten wir das gleiche Bild mit umgekehrten Orientierungen.

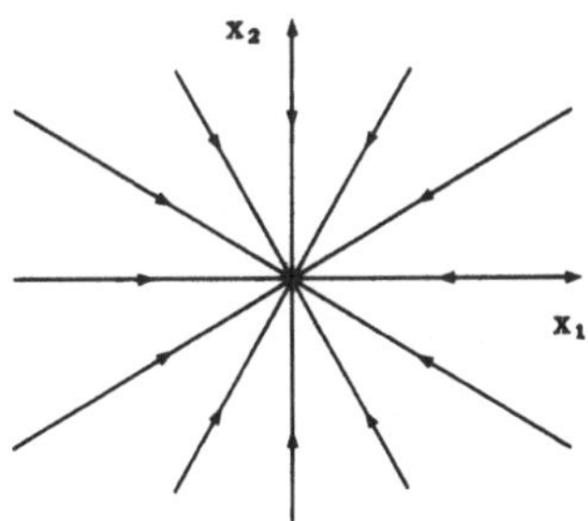

Fig. 5.4 (e): Entarteter (singulärer) Knoten (stabil oder instabil), hier: stabil

Fall (f): $p^2 = 4q$ $(\lambda_1 = \lambda_2 = \lambda)$ und (o.B.d.A.) $a_{12} \neq 0$.

Nach (5.16) erhält man als Lösung des Anfangswertproblems

$$
\begin{bmatrix} x_1(t) \\ x_2(t) \end{bmatrix} = \begin{bmatrix} x_1(0) \\ x_2(0) \end{bmatrix} e^{\lambda t} + \begin{bmatrix} 1 \\ r \end{bmatrix} (x_2(0) - x_1(0)\, r)\, a_{12} t\, e^{\lambda t} \qquad (5.17)
$$

mit $r = (a_{22} - a_{11}) / 2\, a_{12}$.

Für Anfangswerte $x_2(0) = x_1(0)$ erhält man Lösungskurven
$(x_1(0)\, e^{\lambda t}$, $r\, x_1(0)\, e^{\lambda t})$ auf der Geraden $x_2 = r\, x_1$.
Für $\lambda < 0$ folgt aus (5.17) mit den Abkürzungen a,b und c

$$
\lim_{t \to \infty} \frac{x_2(t)}{x_1(t)} = \lim_{t \to \infty} \frac{a\, e^{\lambda t} + rct\, e^{\lambda t}}{b\, e^{\lambda t} + ct\, e^{\lambda t}}
$$

$$
= \lim_{t \to \infty} \frac{a}{b + ct} + \lim_{t \to \infty} \frac{rct\, e^{\lambda t}}{b\, e^{\lambda t} + ct\, e^{\lambda t}} = r \ ,
$$

d.h. die Gerade $x_2 = r\, x_1$ ist in der Umgebung des Ursprungs Tangente an die Lösungskurven.

Für große Werte von t überwiegt der zweite Summand in (5.17), d.h.
je nach dem, ob der Anfangswert unter- oder oberhalb der Geraden
$x_2 = r\, x_1$ liegt, d.h. ob $x_2(0) < x_1(0)\, r$ oder $x_2(0) > x_1(0)\, r$ ist, haben
die Lösungskurven in der Umgebung des Ursprungs alle die gleiche
oder alle die entgegengesetzte Richtung wie der Vektor (1,r).

Für $\lambda < 0$ ergibt sich dann aus Symmetriegründen Fig. 5.4 (f), für
$\lambda > 0$ erhalten wir die gleiche Figur mit umgekehrten Pfeilspitzen.

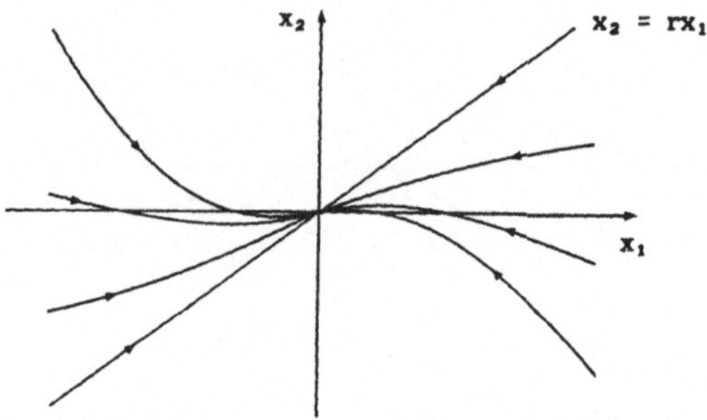

Fig. 5.4 (f): Entarteter Knoten (stabil oder instabil), hier: stabil.

Fall (c): λ_1 , λ_2 konjugiert komplex ($\lambda_2 = \bar{\lambda}_1$), aber nicht rein imaginär.

Nach dem Beweis von Hilfss. 5.2 sind dann r_1 , r_2 in (5.13) ebenfalls konjugiert komplex ($r_2 = \bar{r}_1$) und

$$\begin{bmatrix} x_1(t) \\ x_2(t) \end{bmatrix} = \frac{1}{2} \left(c_1 \begin{bmatrix} 1 \\ r_1 \end{bmatrix} e^{\lambda_1 t} + \bar{c}_1 \begin{bmatrix} 1 \\ \bar{r}_1 \end{bmatrix} e^{\bar{\lambda}_1 t} \right)$$

mit $c_1 = (x_2(0) - x_1(0) \, \bar{r}_1) / i \, \text{Im}(r_1))$; vgl. (5.13) u. Nöbauer/ Timischl [24], S. 101. Daraus folgt für die Lösung des Anfangswertproblems wegen $\overline{c^{\lambda t}} = \bar{c} \, e^{\bar{\lambda} t}$ (und $\text{Re}(z) = 1/2 \, (z + \bar{z})$)

$$\begin{bmatrix} x_1(t) \\ x_2(t) \end{bmatrix} = \text{Re}\left(c_1 \begin{bmatrix} 1 \\ r_1 \end{bmatrix} e^{\lambda_1 t} \right) \quad ,$$

und mit $\lambda_1 = a + ib$ und $c_1 \begin{bmatrix} 1 \\ r_1 \end{bmatrix} = \begin{bmatrix} u_1 \\ u_2 \end{bmatrix} + i \begin{bmatrix} v_1 \\ v_2 \end{bmatrix}$ schließlich

$$\begin{bmatrix} x_1(t) \\ x_2(t) \end{bmatrix} = \begin{bmatrix} u_1 & -v_1 \\ u_2 & -v_2 \end{bmatrix} \begin{bmatrix} \tilde{x}_1(t) \\ \tilde{x}_2(t) \end{bmatrix}$$

mit

$$\begin{bmatrix} \tilde{x}_1(t) \\ \tilde{x}_2(t) \end{bmatrix} = e^{at} \cdot \begin{bmatrix} \cos bt \\ \sin bt \end{bmatrix} \quad .$$

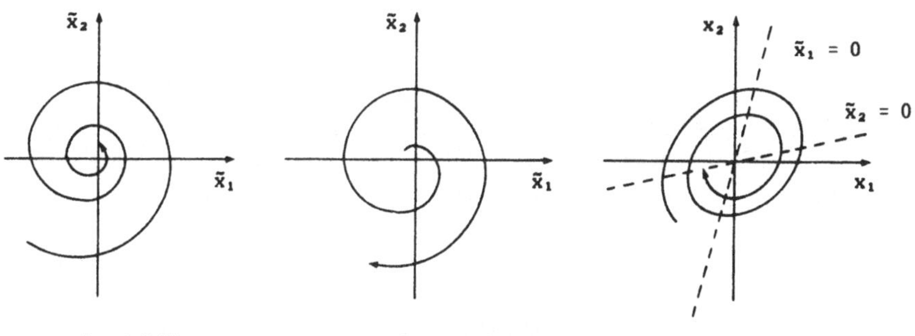

a < 0: stabil   a > 0: instabil

Fig. 5.4 (c): Strudelpunkt (asymptotisch stabil oder instabil)

Die Lösungskurve ist eine Spirale um den Ursprung durch $(x_1(0),x_2(0))$. Man nennt einen derartigen Gleichgewichtspunkt *Strudelpunkt* oder *Fokus*. Für $a < 0$ ist er asymptotisch stabil, für $a > 0$ instabil.

Fall (d): λ_1 , λ_2 konjugiert komplex und rein imaginär.

Wir erhalten die Lösungskurve durch den Anfangswert $(x_1(0),x_2(0))$ wie im Fall (c), indem wir dort $a = 0$ setzen.

$(\tilde{x}_1(t),\tilde{x}_2(t))$ repräsentiert nun einen Kreis um den Ursprung, und im ursprünglichen (x_1,x_2)-Koordinatensystem bilden die Lösungskurven eine Familie von Ellipsen um den Ursprung.

Der Gleichgewichtspunkt heißt *Wirbelpunkt* oder *Zentrum*, er ist stabil, aber nicht asymptotisch stabil.

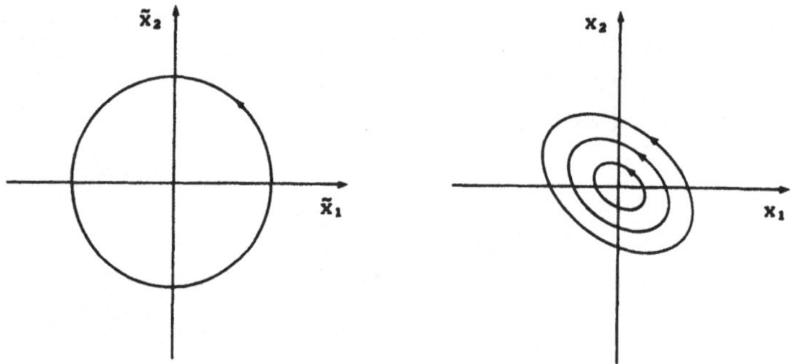

Fig 5.4 (d): Wirbelpunkt (stabil)

Damit sind alle möglichen Typen von Gleichgewichtspunkten mit Hilfe der Lösungen der charakteristischen Gleichung beschrieben; in der komplexen Zahlenebene (vgl. Fig. 5.3) sieht das so aus:

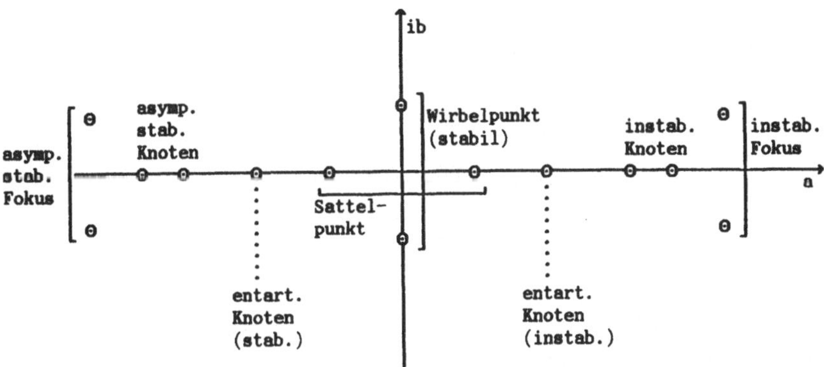

Fig. 5.5: Mögliche Typen von Gleichgewichtspunkten

In einer Tabelle fassen wir die Ergebnisse auch noch einmal zusammen:

λ_1 , λ_2 in der komplexen Ebene	Typ des Gleichgewichtspunktes
$\lambda_1 \neq \lambda_2$, reell ; sgn $\lambda_1 \neq$ sgn λ_2	Sattelpunkt (instabil)
$\lambda_1 \neq \lambda_2$, reell ; λ_1 , $\lambda_2 < 0$	asymptotisch stabiler Knoten
$\lambda_1 \neq \lambda_2$, reell ; λ_1 , $\lambda_2 > 0$	instabiler Knoten
$\lambda_1 = \lambda_2 = \lambda < 0$	stabiler } entarteter Knoten
$\lambda_1 = \lambda_2 = \lambda > 0$	instabiler }
konjugiert komplex und rein imaginär	Wirbelpunkt (stabil)
konjugiert komplex, Re < 0	asymptotisch stabiler Fokus
konjugiert komplex, Re > 0	instabiler Fokus

Äquivalent [1]) zu diesen Darstellungen ist das folgende p-q-Diagramm
($p = -(a_{11} + a_{12})$, $q = \det A = a_{11}a_{22} - a_{12}a_{12}$) aus Nöbauer/Timischl [24], S.
105.

---

[1]) Vgl. das Eingangsschema zu diesem Abschnitt

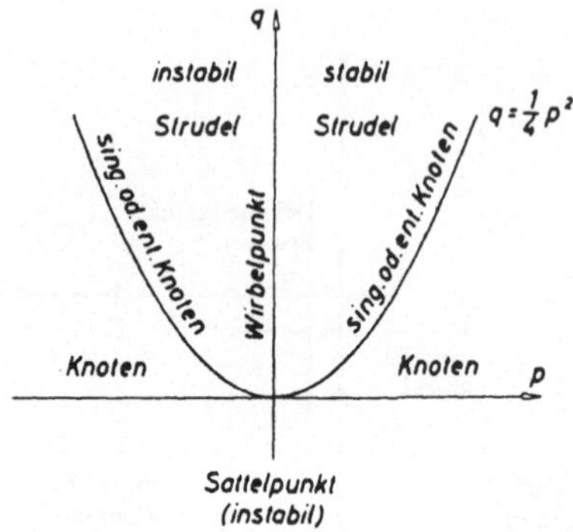

Fig. 5.6: p-q-Stabilitätsdiagramm

N. Finizio und G. Ladas [32], ist dazu eine ungleich gefälligere Visualisierung gelungen.

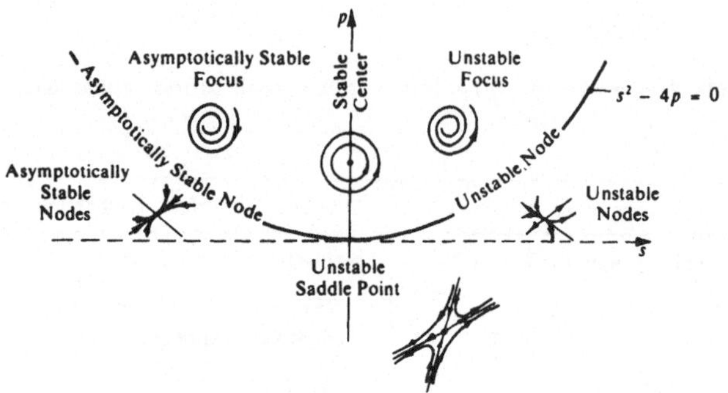

Fig. 5.7: Alle Phasenportraits auf einmal

$$(p = \det A = \lambda_1 \cdot \lambda_2 \; , \; s = (a_{11} + a_{22}) = \lambda_1 + \lambda_2 \; !)$$

Aus dem p-q-Diagramm von Fig. 5.6 erkennen wir: Bei kleinen Änderungen der Systemparameter a_{ij} gehen Strudel-, Knoten- und Sattelpunkte wieder in ebensolche über. Dies gilt nicht mehr für Gleichgewichtspunkte, die durch die "Grenzkurven" (q = 1/4 p² bzw. p = 0) repräsentiert werden, darunter fallen z.B. Wirbelpunkte.

Zusammenfassend können wir am Schluß dieses Abschnitts feststellen:

Ist die Systemmatrix eines linearen Systems $\dot{x}$ = Ax nicht singulär (d.h. det A ≠ 0), dann ist der Ursprung (0,0) der einzige Gleichgewichtspunkt des Systems. Seine Charakteristik entspricht (genau) einem der 4 Fälle:

(1) Sattel: instabil

(2) Knoten: asymptotisch stabil oder instabil

(3) Strudel: asymptotisch stabil oder instabil

(4) Wirbel: stabil

und beschreibt den Verlauf sämtlicher Phasenkurven in der (x_1,x_2)-Phasenebene (vollständige Klassifikation der möglichen Phasenkurven).

Für eine beliebig Lösung $x(t) = (x_1(t),x_2(t))$ von $\dot{x} = Ax$ kommt daher genau eine der folgenden vier Verhaltensweisen in Betracht:

(i) $x(t)$ zeitlich **konstant**

(ii) $x(t)$ ist eine **periodische** Funktion der Zeit

(iii) $x(t)$ ist **unbeschränkt** für $t \to \infty$

(iv) $x(t)$ nähert sich für $t \to \infty$ einem **Gleichgewichtspunkt**.

Damit ist das sogen. *Langzeitverhalten linearer Systeme* vollständig aufgeklärt.

5.4 Stabilität nichtlinearer Systeme: Linearisierung

Wir betrachten nun wieder das (nichtlineare) autonome System

$$
\begin{aligned}
\dot{x}_1 &= f_1(x_1,x_2) \\
\dot{x}_2 &= f_2(x_1,x_2)
\end{aligned}
\tag{5.18}
$$

mit f_1 , $f_2 \in C^1(D)$; der Ursprung $(0,0)$ liege in D.

$(0,0)$ sei ein Gleichgewichtspunkt von (5.18), also $f_1(0,0) = f_2(0,0) = 0$. Dann folgt aus der Differenzierbarkeit von f_1 bzw. f_2 im Punkt $(0,0)$

$$
\begin{aligned}
f_1(x_1,x_2) &= a_{11}x_1 + a_{12}x_2 + \varepsilon_1(x_1,x_2) \\
f_2(x_1,x_2) &= a_{21}x_1 + a_{22}x_2 + \varepsilon_2(x_1,x_2)
\end{aligned}
\tag{5.19}
$$

mit

$$
\lim_{\substack{x_1 \to 0 \\ x_2 \to 0}} \frac{\varepsilon_i(x_1,x_2)}{\sqrt{x_1^2 + x_2^2}} = 0 \ , \qquad i = 1 , 2
\tag{5.20}
$$

und

$$
a_{ij} = \frac{\partial f_i(0,0)}{\partial x_j} \ , \qquad i , j \in \{1 , 2\} \ .
\tag{5.21}
$$

(5.19) gilt in einer Umgebung des Punktes $(0,0)$.

Wir nehmen an, daß $a_{11}a_{22} - a_{12}a_{21} \neq 0$ ist. Dann folgt aus (5.20), daß (0,0) auch ein isolierter Gleichgewichtspunkt des Systems (5.18), ist (vgl. Hurewicz [31], S. 87).

Man nennt das lineare System

$$\dot{x}_1 = a_{11}x_1 + a_{12}x_2$$
$$\dot{x}_2 = a_{21}x_1 + a_{22}x_2 \qquad (5.22)$$

mit den Koeffizienten aus (5.21) und $a_{11}a_{22} - a_{12}a_{21} \neq 0$ die *Linearisierung* des Systems (5.18) in der Nähe des Gleichgewichtspunktes (0,0).

Ist $(\bar{x}_1,\bar{x}_2)$ ein beliebige Gleichgewichtspunkt von (5.18), so lautet die Linearisierung um $(\bar{x}_1,\bar{x}_2)$ wegen $f_1(\bar{x}_1,\bar{x}_2) = f_2(\bar{x}_1,\bar{x}_2) = 0$:

$$\dot{u}_1 = a_{11}u_1 + a_{12}u_2$$
$$\dot{u}_2 = a_{21}u_1 + a_{22}u_2 \qquad (5.22')$$

mit $a_{ij} = \partial f_i(\bar{x}_1,\bar{x}_2)/\partial x_j$.

Man erhält dieselbe Linearisierung auch dadurch, daß man zuerst in den Ursprung tranformiert, d.h. mit $u_i = x_i - \bar{x}_i$ $(i = 1 , 2)$

$$g_1(u_1,u_2) = f_1(u_1 + \bar{x}_1 , u_2 + \bar{x}_2)$$
$$g_2(u_1,u_2) = f_2(u_1 + \bar{x}_1 , u_2 + \bar{x}_2) ,$$

und dann linearisiert $(g_1(0,0) = g_2(0,0) = 0)$:

$$g_1(u_1,u_2) = a_{11}u_1 + a_{12}u_2 + \ldots$$
$$g_2(u_1,u_2) = a_{21}u_1 + a_{22}u_2 + \ldots ,$$

denn es gilt $a_{ij} = \partial g_i(0,0)/\partial u_j = \partial f_i(\bar{x}_1,\bar{x}_2)/\partial x_j$.

Sei $(\bar{x}_1,\bar{x}_2) \in D$ ein Gleichgewichtspunkt des Systems (5.18)

$$\dot{x}_1 = f_1(x_1,x_2)$$
$$\dot{x}_2 = f_2(x_1,x_2)$$

und sei (5.22')

$$\dot{u}_1 = a_{11}u_1 + a_{12}u_2$$
$$\dot{u}_2 = a_{21}u_1 + a_{22}u_2$$

mit $a_{ij} = \partial f_i(\bar{x}_1,\bar{x}_2)/\partial x_j$ die zugehörige Linearisierung um $(\bar{x}_1,\bar{x}_2)$. Dann gilt unter der Voraussetzung $a_{11}a_{22} - a_{12}a_{21} \neq 0$ folgender

Satz 5.4: 1. Der Gleichgewichtspunkt $(\overline{x}_1,\overline{x}_2)$ des nichtlinearen Systems (5.18)
ist asymptotisch stabil oder instabil, wenn das gleiche für den Null-
punkt (0,0) des zugehörigen linearisierten Systems (5.22') zutrifft.

2. Ist der Nullpunkt für das linearisierte System (5.22') ein Knoten,
Fokus oder ein Sattelpunkt, so ist der Punkt $(\overline{x}_1\overline{x}_2)$ des ursprüngli-
chen nichtlinearen Systems (5.18) ein singulärer Punkt vom selben
Typ.

Die Aussage von Satz 5.4 wird als das *Prinzip der ersten Näherung* oder als die
indirekte Methode von Ljapunov bezeichnet. Das Prinzip besagt, daß in fast allen Fällen vom Stabilitätstyp der Ruhelage x = 0 der Linearisierung zurückge-
schlossen werden kann auf den Typ des Gleichgewichtspunkts $\overline{x} = (\overline{x}_1,\overline{x}_2)$ des
ursprünglichen nichtlinearen Systems, um den linearisiert wurde, d.h. auf die
Gestalt der Lösungskurven in der unmittelbaren Umgebung von $\overline{x}$.

Eine wichtige Ausnahme von diesem Prinzip bildet der Wirbelpunkt, Hurewicz
[31] gibt auf S. 98 - 101 Beispiele dafür an. Den 1. Teil des Satzes findet man
bei Walter [14], S. 218; Hurewicz behandelt das "Prinzip der ersten Näherung"
sehr ausführlich auf den Seiten 86 bis 90 seines schon mehrfach gelobten Büch-
leins. Dort bzw. bei Walter finden wir den Beweis für Satz 5.4.

5.5 Anwendung auf das Volterra-Exklusionsprinzip

Der vorausgegangene Abschnitt gibt uns folgenes "Rezept" zur Bestimmung des
Stabilitätstyps eines Gleichgewichtspunktes $\overline{x}$ eines ebenen nichtlinearen Systems
$\dot{x} = f(x)$, $f \in C^1(D)$, an die Hand:

1. Berechne die Jacobische Funktionalmatrix

$$
A = \begin{bmatrix} \partial f_1(\overline{x})/\partial x_1 & \partial f_1(\overline{x})/\partial x_2 \\ \partial f_2(\overline{x})/\partial x_1 & \partial f_2(\overline{x})/\partial x_2 \end{bmatrix} , \tag{5.23}
$$

d.h. die Systemmatrix der Linearisierung von $\dot{x} = f(x)$ um $\overline{x}$.

2. Falls det A ≠ 0 (isolierte Singularität): Bestimme beide Eigenwerte von A; aus
ihrer Lage in der komplexen Ebene folgt nach Satz 5.4 der Stabilitätstyp von
$\overline{x}$. Greift Satz 5.4 nicht, ist also z.B. der Realteil eines Eigenwertes von A
gleich 0, dann kann man keine Aussage machen.

Wir wollen nun die Gleichgewichtspunkte des Volterra-Systems

$$\dot{x}_1 = (\varepsilon_1 - \delta_1 s_1 x_1 - \delta_1 s_2 x_2)\, x_1$$
$$\dot{x}_2 = (\varepsilon_2 - \delta_2 s_1 x_1 - \delta_2 s_2 x_2)\, x_2$$

(5.24)

durch Linearisierung charakterisieren. Aus Abschnitt 4.4 kennen wir im "Normalfall" $\varepsilon_1/\varepsilon_2 \neq \delta_1/\delta_2$ alle Gleichgewichtspunkte des Systems:

$$(0,0)\ ,\ (0,\varepsilon_2/(\delta_2 s_2))\ ,\ (\varepsilon_1/(\delta_1 s_1),0)\ .$$

Wir hatten dort (z.T. heuristisch) festgestellt, daß für $\varepsilon_1/\varepsilon_2 > \delta_1/\delta_2$ die Trajektorien in den dritten Gleichgewichtspunkt $(\varepsilon_1/(\delta_1 s_1),0)$ "hineinlaufen".

Wir nehmen uns also zunächst diesen Gleichgewichtspunkt vor und transformieren das System mittels

$$u_1 = x_1 - \varepsilon_1/(\delta_1 s_1)$$
$$u_2 = x_2\ ,$$

so daß der Gleichgewichtspunkt $(\varepsilon_1/(\delta_1 s_1),0)$ in den Ursprung zu liegen kommt. Nach der Transformation lautet (5.24)

$$\dot{u}_1 = -\varepsilon_1 u_1 - \varepsilon_1 \frac{s_2}{s_1} u_2 - \delta_1 s_1 u_1{}^2 - \delta_1 s_2 u_1 u_2$$

$$\dot{u}_2 = (\varepsilon_2 - \varepsilon_1 \frac{\delta_2}{\delta_1})\, u_2 - \delta_2 s_1 u_1 u_2 - \delta_2 s_2 u_2{}^2\ .$$

Linearisieren um $(0,0)$ bedeutet nun einfach Weglassen aller nichtlinearen Terme, d.h. das linearisierte System lautet

$$\begin{bmatrix} \dot{u}_1 \\[4pt] \dot{u}_2 \end{bmatrix} = \begin{bmatrix} -\varepsilon_1 & -\varepsilon_1 s_2/s_1 \\[4pt] 0 & \varepsilon_2 - \varepsilon_1 \delta_2/\delta_1 \end{bmatrix} \begin{bmatrix} u_1 \\[4pt] u_2 \end{bmatrix}$$

Offensichtlich ist die Determinante der Systemmatrix ungleich 0.

Die Wurzeln λ_1, λ_2 der charakteristischen Gleichung $\det(A - \lambda I) = 0$ können wir in diesem Fall direkt aus (5.25) ablesen, sie lauten

$$\lambda_1 = -\varepsilon_1\ ,\ \lambda_2 = \varepsilon_2 - \varepsilon_1 \delta_2/\delta_1\ .$$

Unter der Voraussetzung $\varepsilon_1/\varepsilon_2 > \delta_1/\delta_2$ und der zusätzlichen Annahme $\varepsilon_1(\delta_2 - \delta_1) \neq \varepsilon_2 \delta_1$ folgt:

$$\lambda_1 \neq \lambda_2\ ,\ \text{beide reell und kleiner als } 0\ .$$

Der Ursprung ist ein stabiler Knoten für das linearisierte System (5.25). Nach Satz 5.4 ist damit der Gleichgewichtspunkt $(0,\ \varepsilon_1/(\delta_1 s_1))$ ein stabiler Knoten für das System (5.24).

Im Falle $\varepsilon_1(\delta_2 - \delta_1) = \varepsilon_2\delta_1$ gilt $\lambda_1 = \lambda_2$, d.h. der Ursprung ist ein entarteter stabiler Knoten für das linearisierte System (5.25). Hier greift jedoch Satz 5.4 nicht voll [1]), und wir haben deshalb diesem Fall durch eine zusätzliche Annahme ausgeschlossen.

Die Untersuchung der beiden restlichen Gleichgewichtspunkte wollen wir ebenfalls kurz ansprechen:

Für (0,0) lautet das linearisierte System

$$\dot{x}_1 = \varepsilon_1 x_1$$
$$\dot{x}_2 = \varepsilon_2 x_2 \, ,$$

d.h. $\lambda_1 = \varepsilon_1 > 0$ und $\lambda_2 = \varepsilon_2 > 0$ sind die beiden Eigenwerte. Also liegt ein instabiler Knoten vor. Für $(0, \varepsilon_2/(\delta_2 s_2))$ erhält man ganz analog zur Herleitung von (5.25) die "gespiegelte Systemmatrix"

$$\begin{bmatrix} \varepsilon_1 - \varepsilon_2\delta_1/\delta_2 & 0 \\ -\varepsilon_2 s_1/s_2 & -\varepsilon_2 \end{bmatrix} ,$$

bei der wegen der Bedingung $\varepsilon_1/\varepsilon_2 > \delta_1/\delta_2$ der Eigenwert $\varepsilon_1 - \varepsilon_2\delta_1/\delta_2$ größer als 0 ist, d.h. der Gleichgewichtspunkt $(0, \varepsilon_2/(\delta_2 s_2))$ ist ein Sattelpunkt.

Die Situation kann sich natürlich ändern, wenn die Systemparameter modifiziert werden. Nehmen wir z.B. an, daß zwei Fischpopulationen vorliegen, deren Konkurrenz um eine gemeinsame Nahrungsquelle durch die Modellgleichung (5.24) mit $\varepsilon_1/\varepsilon_2 > \delta_1/\delta_2$ beschrieben werden kann. Ab einem bestimmten Zeitpunkt möge nun die dominierende Fischart (Index 1) mit einer Fangrate $h = E\, x_1$ (E konstant) ausgebeutet werden. Dies bedeutet, daß in der ersten Gleichung von (5.24) ε_1 durch $\varepsilon_1' = \varepsilon_1 - E$ zu ersetzen ist. Wenn E gerade so groß ist, daß zwar noch $\varepsilon_1' > 0$, aber nunmehr $\varepsilon_1'/\varepsilon_2 < \delta_1/\delta_2$ gilt, dann geht der für $E = 0$ stabile Gleichgwichtspunkt $x_1 = \varepsilon_1/(\delta_1 s_1)$, $x_2 = 0$ in den instabilen Punkt $x_1 = \varepsilon_1'/(\delta_1 s_1)$, $x_2 = 0$ über, während der vorher instabile Punkt $x_1 = 0$, $x_2 = \varepsilon_2/(\delta_2 s_2)$ nunmehr stabil ist. Die Folge ist, daß die ausgebeutete Art im Laufe der Zeit aussterben wird. Tatsächlich erklärt man sich auf diese Art den Rückgang der Sardinenfischerei im Pazifik um 1950 und das gleichzeitige Aufkommen einer mit den Sardinen konkurrierenden Sardellenart.

---

[1]) Die Stabilität von $(0, \varepsilon_1/(\delta_1 s_1))$ können wir auch hier herleiten (Satz 5.4, 1. Teil), aber wir können nichts zum Typ des Gleichgwichtspunktes sagen.

6 Räuber-Beute-Systeme

Als klassisches Beispiel für eine *Räuber-Beute-Beziehung* werden die Populationszyklen des Luchses und seiner Hauptbeute, des Schneehasen, in Kanada herange-
zogen. Dort lieferten die Pelzjäger ihre erjagten Felle an die Hudson Bay Compa-
ny ab, die anhand der gelieferten Pelze folgendes Diagramm aufzeichnete:

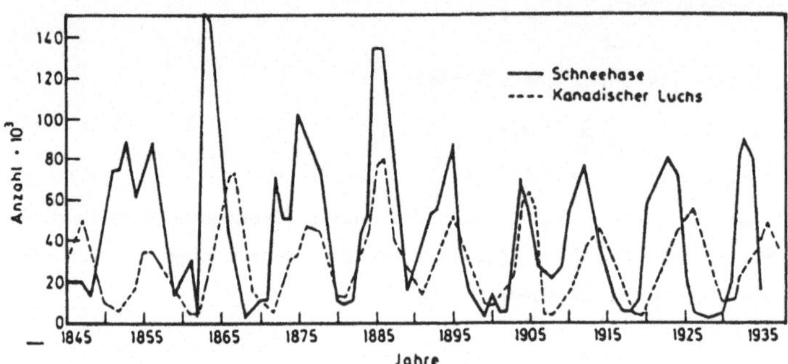

Fig. 6.1: Populationszyklen von Schneehase und Luchs in Nordamerika. Die Ordinate gibt die Anzahl von Fellen an, die an die Hudson Bay Gesellschaft verkauft wurden. (Aus: Wilson u. Bossert [33])

Auffallend an diesem Diagramm ist die Tatsache, daß sowohl die Räuber- als
auch die Beutepopulation im Laufe der Zeit oszillieren. Die Oszillationen haben
die Form von *Populationszyklen,* d.h. die Anzahlen der Individuen beider Populationen steigen und sinken in regelmäßigen Abständen.

V. Volterra (1926) und A.J. Lotka (1925) modellierten als erste – unabhängig voneinander – Räuber-Beute-Verhältnisse als autonome Differentialgleichungssysteme
(*Lotka-Volterra-Differentialgleichungen*).

Perfekte Lotka-Volterra-Systeme, d.h. solche, die ihren Gleichungen folgen, werden wir in der Natur nicht finden, dazu sind die Differentialgleichungen viel zu
stark vereinfacht. Dennoch erklären die Lotka-Volterra-Differentialgleichungen
vom Prinzip her das Zustandekommen von Populationszyklen (vgl. Fig 6.1) zweier Populationen, die in einem Räuber-Beute-Verhältnis leben.

6.1 Das klassische Räuber-Beute-Modell

Wir haben bereits im zweiten Kapitel als Übungsbeispiel für das DYSS-Verfahren
ein Räuber-Beute-Verhältnis modelliert. Es handelt sich dort um eine erste Variante (berücksichtigt wird die ökologische Tragfähigkeit des Weidegebietes der

Beute) des sog. *klassischen Räuber-Beute-Modells* von Lotka und Volterra. Dessen Beschreibung lautet:

Zwei Populationen mögen einen gemeinsamen - von der Außenwelt isolierten - Lebensraum besitzen. Die eine Population (Räuber) beziehe ihre Nahrung ausschließlich von der anderen, der Beute-Population, die sich wiederum ausschließlich von der dort vorhandenen Vegetation ernährt (z.B. Fuchs und Hase).

Dies führt zu folgenden **Modellannahmen**:

Die Anzahl der Individuen in der Beutepopulation benennen wir mit x_1 und die Anzahl in der Räuberpopulation mit x_2.

(1) Die Beute besitze unbegrenzte Nahrungsquellen, d.h. bei Abwesenheit der Räuber wächst die Anzahl der Beutetiere exponentiell mit einer Rate a > 0.

(2) Ebenso soll die Räuberpopulation exponentiell mit einer Rate -b (b > 0) abnehmen, wenn keine Beute vorhanden ist.

(3) Wir nehmen weiter an, daß mehr Beutetiere gefressen werden, wenn zum einen mehr Räuber vorhanden sind oder zum anderen mehr Beute verfügbar ist. Das heißt, wir modellieren den Vorgang des "Fressens" bzw. "Gefressenwerdens" jeweils proportional zur Individuenanzahl in beiden Populationen, d.h. proportional zu $x_1 \cdot x_2$.

Berücksichtigen wir noch, daß die Abnahmerate -c (c > 0) der Beute durch das Gefressenwerden im allgemeinen eine andere ist als die Zuwachsrate d > 0 des Räubers durch das Fressen der Beute, so ergibt sich mit den Beispielparametern

$$x_1(0) = 300 , \quad x_2(0) = 80 \quad \text{sowie}$$
$$a = 0.1 , \quad b = 0.05 , \quad c = 0.001 , d = 0.0001 ,$$

das folgende quantifizierte Systemdiagramm (x_1 : HAS , x_2 : FUX) :

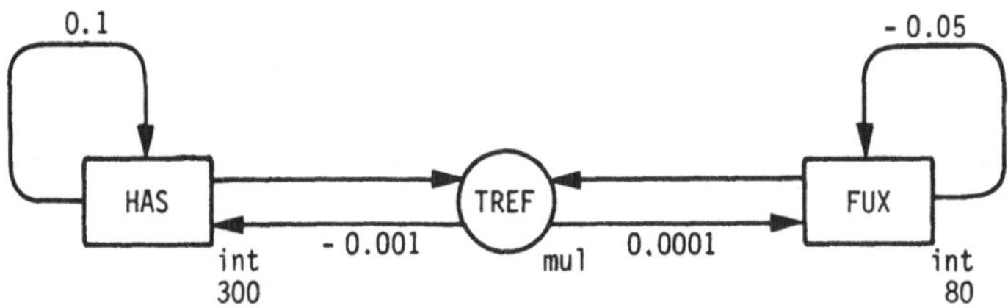

Fig. 6.2: Simulationsdiagramm eines klassischen Räuber-Beute-Systems

Dem quantifizierten Systemdiagramm entsprechen die Modellgleichungen

$$\dot{x}_1 = a\,x_1 - c\,x_1 x_2$$

$$\dot{x}_2 = -b\,x_2 + d\,x_1 x_2 \tag{6.1}$$

mit $a > 0$, $b > 0$, $c > 0$, $d > 0$.

Man nennt (6.1) die Lotka-Volterra-Differentialgleichungen.

Wilson und Bossert ([33], S. 118) modellieren (6.1) durch Unterscheidung der individuellen Geburts- und Sterberaten beider Populationen. Folgen wir ihnen kurz:

Die individuelle Geburtsrate der Beute ist eine Konstante $a > 0$. Die Sterberate steht in engem Zusammenhang mit dem zahlenmäßigen Auftreten des Räubers und wird in der einfachsten Form durch $c\,x_2$ beschrieben. Damit erhalten wir für das Wachstum der Beutepopulation

$$\dot{x}_1 = \text{(individuelle Geburtsrate minus individuelle Sterberate)} \cdot x_1$$

$$= (a - c\,x_2)\,x_1$$

$$= a\,x_1 - c\,x_1 x_2\ .$$

Die individuelle Geburtsrate eines der Räuber hängt von der vorhandenen Nahrungsmenge ab, die wiederum von der Dichte der Beutepopulation abhängig ist, d.h. in der einfachsten Form, die individuelle Geburtsrate eines Räubers ist gleich $d\,x_1$. Die individuelle Sterberate des Räubers ist eine Konstante $b > 0$, sie ist nicht von der Beute abhängig. Damit erhalten wir

$$\dot{x}_2 = (d\,x_1 - b)\,x_2$$

$$= -b\,x_2 + d\,x_1 x_2\ .$$

Wilson und Bossert [33] argumentieren weiter:

Die Vorstellung, daß die Wachstumsraten abhängig sind von dem Produkt der Organismenzahl, entspricht ziemlich genau dem Massenwirkungsgesetz der Chemie, welches besagt, daß die Reaktionsgeschwindigkeit in demselben Maße steigt wie das Produkt der Molekülkonzentrationen, die an der Reaktion beteiligt sind. Möglichst einfach ausgedrückt heißt das, die Reaktionsgeschwindigkeit ist unmittelbar von der Häufigkeit abhängig, mit der die Moleküle aufeinander stoßen, und dies ist wiederum eine Funktion des Produktes der Konzentrationen. In gleicher Weise können wir argumentieren, daß die Beute in dem Maße von den Räubern gefressen wird, in dem die beiden aufeinanderstoßen. Warum hängt dies vom Produkt ihrer Anzahl ab? Stellen wir uns die folgende Situation vor: In einem gegebenen Areal soll ein Beutetier leben, das bei seinem Tod schnell durch ein anderes ersetzt wird. Während eines bestimmten Zeitraumes soll durchschnittlich ein Räuber das gesamte Gebiet absuchen. Ergebnis: eine Räube-Beute-Wechselbeziehung. Nehmen wir nun an, in demselben Zeitraum, aber zu verschiedenen Zeitpunkten, bejagten zwei Räuber das Gebiet, und zwar so, daß die vom ersten Räuber gefressenen Beute rechtzeitig durch eine zweite Beute ersetzt werden kann, die dann von dem zweiten Räuber gefunden wird. Resultat: zwei Räuber-Beute-Wechselbeziehungen. Als nächstes sollen drei Räuber und drei Beutetiere vorhanden sein. Ergebnis: neun Räuber-Beute-Wechselbeziehungen. Führen wir diese Gedankenexperiment weiter, so wird uns deutlicher, wie nützlich es ist, Produkte in die Populationsmodelle einzuführen.

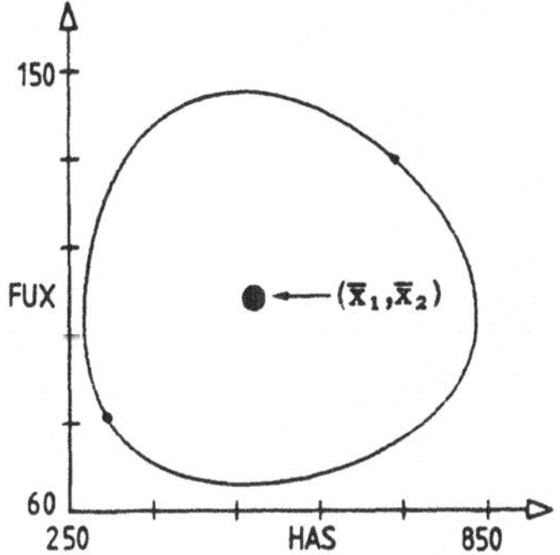

Fig. 6.3: Phasendiagramm einer DYSS-Simulation von (6.1) mit den Parametern aus Fig. 6.2

Aufgrund der Simulationsergebnisse kann man erwarten, daß zu jedem beliebigen Anfangswert $(x_1(0),x_2(0))$ aus dem 1. Quadranten der Phasenebene eine geschlossene Lösungskurve $(x_1(t),x_2(t))$ um den Punkt $(\overline{x}_1,\overline{x}_2)$ = (b/d,a/c) existiert, die je nach Laufzeit der Simulation einmal oder mehrmals durchlaufen wird. Für verschiedene Anfangswerte ergibt sich eine Schar solcher geschlossenen Bahnen um $(\overline{x}_1,\overline{x}_2)$.

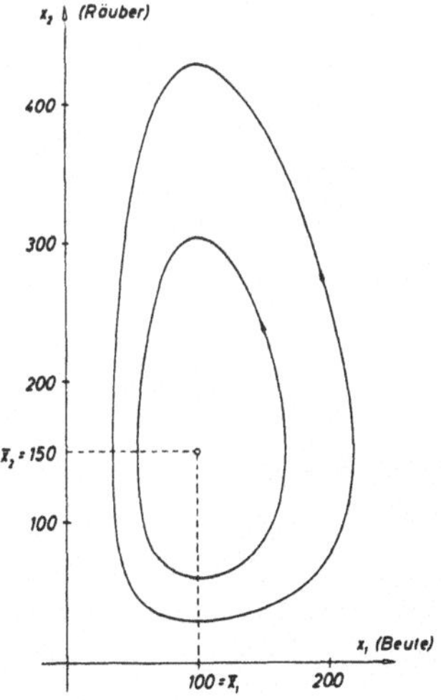

Fig. 6.4 a: Prinzipieller Verlauf der Lösungskurven eines klassischen Räuber-Beute-Systems in der Phasenebene (aus [24])

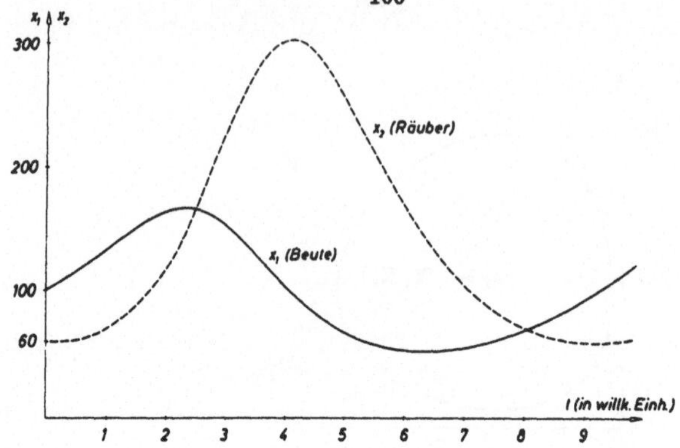

Fig. 6.4 b: x_1 und x_2 als Funktionen der Zeit (prinzipieller Verlauf)

In Fig. 6.4 b erkennen wir im Prinzip die Populationszyklen von Schneehase und Luchs aus Fig. 6.1 wieder. Deutlicher werden sie im folgenden "Langplot" der Simulation.

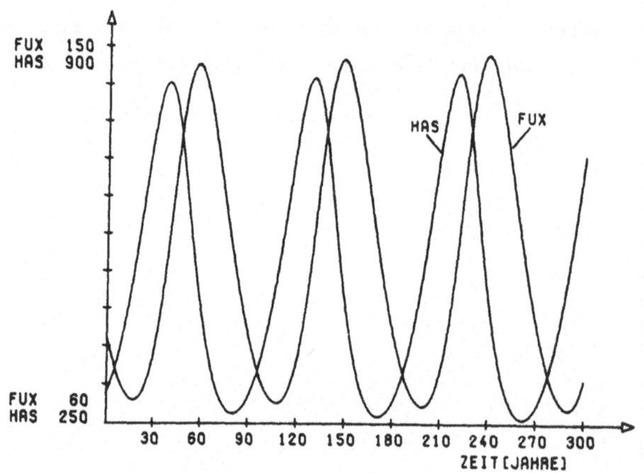

Fig. 6.5: Simulationsergebnisse für das Räuber-Beute-System (6.1) als Funktion der Zeit (Daten aus Fig. 6.2)

Verändert man irgendwann ein bestehendes Räuber-Beute-Verhältnis, beispielsweise durch Bejagung der Beutetiere, so wird fortan eine andere Lösungskurve in der Phasenebene durchlaufen. Dies bedeutet in der Zukunft größere Schwankungen um den gleichen Mittelwert (vgl. Fig. 6.3).

Im folgenden Abschnitt werden wir diese bisher lediglich experimentellen Resultate durch eine Stabilitätsanalyse des Systems (6.1) untermauern. Volterra ging davon aus, daß die Variablen x_1 und x_2 in (6.1) für die Anzahlen der Individuen in der Beute- bzw. Räuberpopulation stehen. Der Biologe rechnet dagegen in Gewicht pro Flächeneinheit des Lebensraumes (kg Biomasse / km²) bzw. in Energieeinheiten, die in der Biomasse gebunden sind (vgl. Odum [22], S. 126).

6.2 Verbesserungen des klassischen Modells

Die Annahme, daß sich die Beute ohne den Räuber unbegrenzt vermehren kann, und daß die Biomasse des Räubers bei genügendem Beutevorat jeden beliebig großen Wert annehmen kann, ist sicher biologisch nicht sinnvoll. So wird beispielsweise die *Tragfähigkeit* des nordamerikanischen Insel-Nationalparks "Isle Royal" für Elche mit 300 kg Biomasse pro km² und für den entsprechenden Räuber mit 1 Wolf pro 25 km² angegeben.

Deshalb hatte schon Volterra 1931 sein Modell so erweitert, daß auch *innerspezifische Konkurrenz* bei Räuber- und Beutepopulation berücksichtigt wird:

$$\dot{x}_1 = a\,x_1 - c\,x_1 x_2 - e\,x_1^2$$
$$\dot{x}_2 = -b\,x_2 + d\,x_1 x_2 - f\,x_2^2 \tag{6.2}$$

Hier wird für die Beutepopulation bei Abwesenheit des Räubers ein logistisches Wachstum (anstatt des exponentiellen) vorausgesetzt. Und andererseits wird die Konkurrenz unter den Räubern um die gemeinsame Beute durch einen analogen Zusatzterm $-f\,x_2^2$ berücksichtigt.

Beide hinzugefügten quadratischen Terme dämpfen den Zuwachs der jeweiligen Art, verursacht durch die begrenzte Tragfähigkeit des Lebensraumes.

Das Systemverhalten von (6.2) ist gänzlich verschieden von dem eines klassischen Räuber-Beute-Modells. Im Falle $b/d < a/e$ (dies ist für die Gewichte von Fig. 6.6 erfüllt) besitzt (6.2) einen asymptotisch stabilen Gleichgewichtspunkt (Fokus oder Knoten) im Innern des 1. Quadranten (Fig. 6.7).

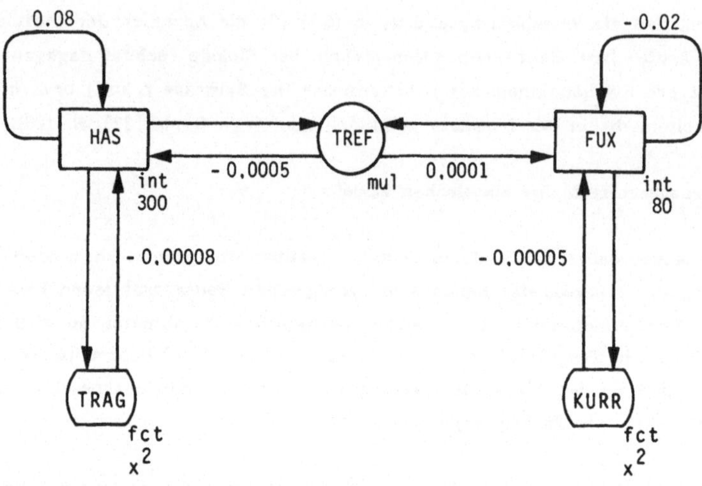

Fig. 6.6: DYSS-Simulationsdiagramm für (6.2) mit x_1 = HAS , x_2 = FUX

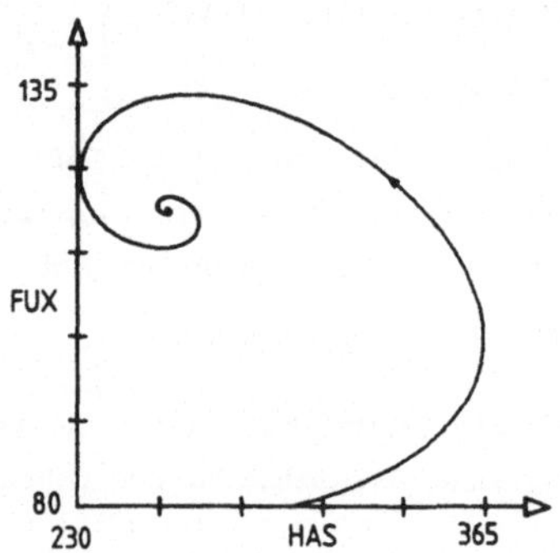

Fig. 6.7: Phasendiagramm zu (6.2), b/d < a/e; Parameter aus Fig. 6.6

Gilt b/d > a/e, dann ist (a/e,0) eine asymptotisch stabile Gleichgewichtslösung, d.h. der Räuber stirbt aus.

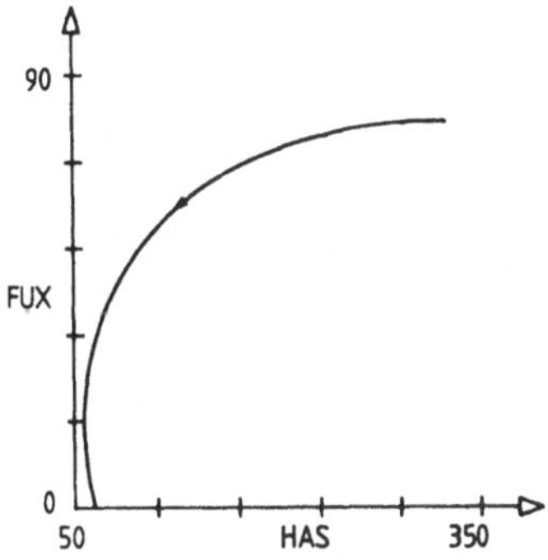

Fig. 6.8: b/d > a/e; geänderte Parameter

Das Übungsbeispiel von Kap. 2 (vgl. Fig. 2.2) entspricht dem Spezialfall $f = 0$ in (6.2).

Bazykin ([34], 1976) kritisierte, daß das Modell (6.1) unfähig ist, nach Störungen (z.B. durch Bejagen) zu den ursprünglichen Schwankungen zurückzukehren: Die Reaktion des Systems (6.1) auf eine Störung besteht einfach in einem Übergang von einem ungedämpft-periodischen Zustand in einen anderen. Deshalb ist dieses Modell nicht in der Lage, eine Räuber-Beute-Dynamik zu beschreiben, bei der auch nach Störungen ein Einschwingen in einen sog. *Grenzzyklus* mit konstanter Amplitude und Frequenz beobachtet wird. (6.1) macht eigentlich nur eine Eigenschaft realer Räuber-Beute-System deutlich: das Auftreten von Oszillationen. (6.2) berücksichtigt dagegen bereits Dämpfung.

In beiden Systemen wird jedoch von einer zu x_1 proportionalen Beute pro Einzelräuber ausgegangen, d.h. die Raubrate wird proportional zur jeweils vorhandenen Gesamtbiomasse der Beute (also gleich $c\,x_1$) angenommen, was sicherlich nur für kleine x_1 richtig ist.

Die *Sättigung* des Räubers geht in dieses Modell nicht ein. Demgegenüber beobachten wir in der Natur, wie z.B. ein satter Löwe am Rande einer Zebraherde entlangtrottet, ohne bei dieser Begegnung ein Beutetier zu erlegen.

Für die von einem Räuber gemachte Beute schlagen Nöbauer u. Timischl ([24], S. 117) den Term

$$s(x_1) = \frac{c\,x_1}{1 + v\,x_1} \quad (v > 0)$$

vor; s ist eine beschränkte Funktion von x_1. Dies geht zurück auf Bazykin: er interpretiert, ausgehend von der Michaelis-Menton-Gleichung, $s(x_1)^{-1}$ als die Beutekonzentration, bei der die Hälfte der Räuber permanent hungrig wäre.

Das folgende System (6.3) berücksichtigt über (6.1) hinaus sowohl die Tragfähigkeit des Lebensraumes (logistisches Wachstum von x_1, innerspezifische Konkurrenz bei x_2) als auch das Sättigungsverhalten der Räuber:

$$\dot{x}_1 = a\,x_1 - \frac{c\,x_1 x_2}{1 + v\,x_1} - e\,x_1{}^2$$

$$\dot{x}_2 = -b\,x_2 + \frac{d\,x_1 x_2}{1 + v\,x_1} - f\,x_2{}^2$$

$$(6.3)$$

Mit Hilfe des Simulationsdiagramms aus Fig. 6.9 können wir bei Veränderung der Parameter numerische Experimente mit (6.2) durchführen. Das Systemverhalten ist je nach den gewählten Systemparametern sehr unterschiedlich und kann an dieser Stelle nicht ausführlich diskutiert werden (vgl. Metzler u. Wischniewsky [35]).

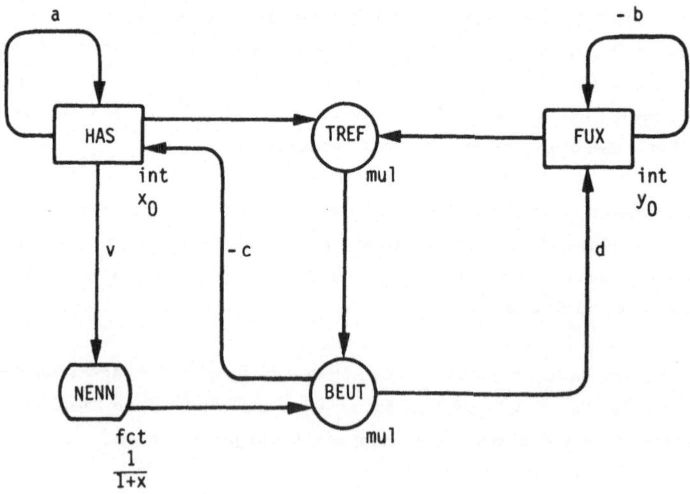

Fig. 6.9: Simulationsdiagramm für das Bazykin-System (6.3) ohne Berücksichtigung der ökologischen Tragfähigkeit

6.3 Lösung der Lotka-Volterra-Differentialgleichungen

Die Modellgleichungen (6.1) für das klassische Räuber-Beute-System lauten
(a,b,c,d alle größer als 0)

$$\dot{x}_1 = a\,x_1 - c\,x_1 x_2 = (a - c\,x_2)\,x_1$$

$$\dot{x}_2 = -b\,x_2 + d\,x_1 x_2 = (-b + d\,x_1)\,x_2.$$

Die "rechten Seiten" von (6.1)

$$f_1(x_1,x_2) = (a - c\,x_2)\,x_1$$

$$f_2(x_1,x_2) = (-b + d\,x_1)\,x_2$$

sind auf $D = \mathbb{R}^2$ definiert und dort beliebig oft nach x_1 und x_2 differenzierbar,
d.h. $f_i \in C^1(\mathbb{R}^2)$.

Offensichtlich ist $x_1(t) \equiv 0$, $x_2(t) \equiv 0$ eine Lösung von (6.1), doch sie interessiert überhaupt nicht. Wir setzen $x_i(0) > 0$ für $i = 1$, 2 voraus und möchten
wissen, wie sich die Mitgliederzahlen $x_i(t)$ beider Populationen für $t \geq 0$ verhalten.

Nach Satz 3.3 existiert zu jedem Anfangswert $(x_1(0),x_2(0))$ eine eindeutig bestimmte Lösung $(x_1(t),x_2(t))$ von (6.1) auf dem (nach rechts) maximalen Existenzintervall $[0,t^+)$, $0 < t^+ \leq \infty$. Eine solche Lösung mit $x_1(0) > 0$ und $x_2(0) > 0$ wollen wir nun betrachten. Zunächst gilt

Hilfssatz 6.1: $x_i(t) > 0$ ($i = 1$, 2) für $t \in [0,t^+)$.

Beweis: Für $t \in [0,t^+)$ gilt nach Satz 3.3

$$x_1(t) = x_1(0)\, e^{\int_0^t (a - c\,x_2(\tau))\,d\tau}$$

und

$$x_2(t) = x_2(0)\, e^{\int_0^t (-b + d\,x_1(\tau))\,d\tau} ,$$

wie man durch Ableiten der rechten Seiten leicht bestätigt.
Daraus folgt die Behauptung.

Hilfssatz 6.2: $t^+ = \infty$, d.h. die Lösung $(x_1(t), x_2(t))$ existiert für alle $t \geqslant 0$.

Beweis: Sei $t \in [0, t^+)$, dann gilt mit Hilfss. 6.1

$$\int_0^t (a - c\, x_2(\tau))\; d\tau = at - \int_0^t c\, x_2(\tau)\; d\tau \leqslant a\, t < a\, t^+ \; ,$$

d.h.

$$x_1(t) < x_1(0)\; e^{at} \; . \qquad\qquad (6.4)$$

Daraus folgt für $t^+ < \infty$ unmittelbar

$$\lim_{t \to t^+ - 0} x_1(t) < \infty \; ,$$

und wenn wir $x_1(\tau)$ unter dem Integral in

$$x_2(t) = x_2(0)\; e^{\displaystyle\int_0^t (-b + d\, x_1(\tau))\; d\tau}$$

mit Hilfe von (6.4) abschätzen, auch

$$\lim_{t \to t^+ - 0} x_2(t) < \infty \qquad \text{für } t^+ < \infty \; .$$

Nach Satz 3.3 ist daher $t^+ = \infty$.

Wie beim Volterra-Exklusionsprinzip (4.1) verlaufen also die Lösungskurven von (6.1) bei positiven Anfangswerten $x_1(0) > 0$ und $x_2(0) > 0$ für alle Zeiten $t \geqslant 0$ innerhalb des 1. Quadranten der Phasenebene. Das folgt übrigens aus der speziellen Gestalt

$$\dot{x}_1 = x_1 \cdot g_1(x_1, x_2)$$
$$\dot{x}_2 = x_2 \cdot g_2(x_1, x_2)$$

von (6.1) bzw. (4.1), und man beweist diese Aussage analog zur 2. Beweisvariante von Hilfss. 4.1.

Aus

$$x_1(a - c\, x_2) = 0$$
$$x_2(-b + d\, x_1) = 0$$

folgt, daß (6.1) genau die beiden Gleichgewichtspunkte

$$G_1 = (0,0) \quad \text{und} \quad G_2 = (b/d, a/c)$$

besitzt. Mittels Linearisierung wollen wir ihre Stabilitätseigenschaften untersuchen.

Zunächst zu $G_1 = (0,0)$: Die Linearisierung um G_1 lautet einfach

$$x_1 = a\, x_1$$
$$x_2 = -b\, x_2 \; .$$

Aus der charakteristischen Gleichung

$$\det \begin{bmatrix} a - \lambda & 0 \\ 0 & -b - \lambda \end{bmatrix} = 0$$

lesen wir die Eigenwerte $\lambda_1 = a$ und $\lambda_2 = -b$ unmittelbar ab, d.h. G_1 ist ein (instabiler) Sattelpunkt für die Linearisierung und nach dem Prinzip der 1. Näherung (Satz 5.3) auch für (6.1) selbst.

Zu $G_2 = (\bar{x}_1, \bar{x}_2) = (b/d, a/c)$: Mittels $u_1 = x_1 - \bar{x}_1$, $u_2 = x_2 - \bar{x}_2$ verschieben wir G_2 in den Ursprung und erhalten durch Einsetzen das transformierte System

$$
\begin{aligned}
\dot{u}_1 &= a\, (u_1 + \bar{x}_1) - c\, (u_1 + \bar{x}_1)\,(u_2 + \bar{x}_2) \\
&= a\, u_1 + a\, \bar{x}_1 - c\, u_1 u_2 - c\, u_1 \bar{x}_2 - c\, \bar{x}_1 u_2 - c\, \bar{x}_1 \bar{x}_2 \\
&= a\, u_1 + a\, b/d - c\, u_1 u_2 - c\, a\, u_1/c - c\, \bar{x}_1 u_2 - c\, b\, a/(d\, c) \\
&= -c\, u_1 u_2 - c\, \bar{x}_1 u_2
\end{aligned}
$$

und analog

$$\dot{u}_2 = d\, u_1 u_2 + d\, \bar{x}_2 u_1 \; .$$

Die Linearisierung von (6.1) um $(\bar{x}_1, \bar{x}_2)$ lautet also

$$
\begin{aligned}
\dot{u}_1 &= -\, \frac{c\, b}{d}\, u_2 \\
\dot{u}_2 &= \frac{d\, a}{c}\, u_1 \; .
\end{aligned}
\qquad (6.5)
$$

Wir hätten (6.5) auch ohne die Transformation direkt aus

$$\frac{\partial f_1}{\partial x_1}\, (\bar{x}_1, \bar{x}_2) = a - c\, \bar{x}_2 = 0 \qquad\qquad \frac{\partial f_1}{\partial x_2}\, (\bar{x}_1, \bar{x}_2) = -c\, \bar{x}_1 = -\, \frac{c\, b}{d}$$

$$\frac{\partial f_2}{\partial x_1}\, (\bar{x}_1, \bar{x}_2) = \frac{d\, a}{c} \qquad\qquad\qquad \frac{\partial f_2}{\partial x_2}\, (\bar{x}_1, \bar{x}_2) = -b + d\, \bar{x}_1 = 0$$

erhalten können.

Aus der charakteristischen Gleichung

$$\det \begin{bmatrix} -\lambda & -cb/d \\ da/c & -\lambda \end{bmatrix} = \lambda^2 + a\, b = 0$$

folgt $\lambda_{1,2} = \pm i \sqrt{a\,b}$, d.h. die Eigenwerte von (6.5) sind rein imaginär, und G_2 ist demnach ein stabiler Wirbelpunkt des linearisierten Systems (6.5).

Aber wir können das Prinzip der ersten Näherung auf G_2 nicht anwenden, d.h. wir wissen noch immer nichts über den Verlauf der Trajektorien von (6.1) in der Umgebung von G_2 und damit eigentlich auch nichts über ihren Verlauf im Innern des 1. Quadranten.

Wir gehen nun einen völlig anderen Weg als im 3. Kapitel, um Aussagen über die Stabilität des zweiten Gleichgewichtspunktes $G_2 = (\overline{x}_1,\overline{x}_2) = (b/d,a/c)$ und über den Verlauf der Lösungskurven von (6.1) im Innern des 1. Quadranten herleiten zu können.

Wir multiplizieren dazu die erste Gleichung von (6.1) mit $\dot{x}_2$, die zweite mit $\dot{x}_1$ und erhalten

$$\dot{x}_1 \, (-b + d\, x_1)\, x_2 = \dot{x}_1 \dot{x}_2 = \dot{x}_2 (a - c\, x_2)\, x_1 \ .$$

Division durch x_1 und x_2 (vgl. Hilfss. 6.1) ergibt

$$-b\, \frac{\dot{x}_1}{x_1} + d\, \dot{x}_1 = a\, \frac{\dot{x}_2}{x_2} - c\, \dot{x}_2$$

bzw.

$$d\, \dot{x}_1 + c\, \dot{x}_2 - b\, \frac{\dot{x}_1}{x_1} - a\, \frac{\dot{x}_2}{x_2} = 0 \ ,$$

und Integration nach t schließlich

$$d\, x_1 + c\, x_2 - b\, \ln x_1 - a\, \ln x_2 = const \ . \tag{6.6}$$

Wir definieren eine Abbildung

$$V : \mathbb{R}^+ \times \mathbb{R}^+ \to \mathbb{R}$$

durch

$$V(x_1,x_2) = d\, x_1 + c\, x_2 - b\, \ln x_1 - a\, \ln x_2 \ . \tag{6.7}$$

Dann genügt die durch $(x_1(0),x_2(0))$ verlaufende Lösungskurve von (6.1) – aufgrund der obigen Herleitung von (6.6) – für alle $t \geq 0$ der Gleichung

$$V(x_1(t),x_2(t)) = V(x_1(0),x_2(0)) \ . \tag{6.8}$$

Verschaffen wir uns zunächst einmal ein Bild von der Funktion V. Ihr Graph ist

$$F_V = \big\{(x_1,x_2,x_3) \mid x_1 > 0 \ , \ x_2 > 0 \ , \ x_3 = V(x_1,x_2)\big\} \ . \tag{6.9}$$

Auf der Höhenlinie

$$S = \{(x_1,x_2) \mid V(x_1,x_2) = V(x_1(0),x_2(0))\} \tag{6.10}$$

des Funktionsgraphen F_V verläuft wegen (6.8) die durch $(x_1(0),x_2(0))$ gehende Lösungskurve von (6.1), d.h. ihre Spur ist eine Teilmenge von S.

Wir werden zeigen, daß die Spur der Lösungskurve durch $(x_1(0),x_2(0))$ gleich S ist und daß sie für $(x_1(0),x_2(0)) \neq (\overline{x}_1,\overline{x}_2)$ eine den Gleichgewichtspunkt $(\overline{x}_1,\overline{x}_2)$ umlaufende geschlossene konvexe Kurve darstellt. Die besondere Rolle, die der Gleichgewichtspunkt $(\overline{x}_1,\overline{x}_2)$ für V spielt, wird im folgenden Satz deutlich.

Satz 6.1: Die Abbildung V besitzt in $(\overline{x}_1,\overline{x}_2)$ ihr einziges (relatives) Minimum.

Beweis: $0 = \dfrac{\partial V}{\partial x_1} = d - \dfrac{b}{x_1}$, d.h. $x_1 = \dfrac{b}{d}$

und

$0 = \dfrac{\partial V}{\partial x_2} = c - \dfrac{a}{x_2}$, d.h. $x_2 = \dfrac{a}{c}$,

also ist $(\overline{x}_1,\overline{x}_2) = (b/d, a/c)$ der einzige "Kandidat" für ein relatives Minimum von V in $\mathbb{R}^+ \times \mathbb{R}^+$.

Dafür, daß V an der Stelle $(\overline{x}_1,\overline{x}_2)$ ein (relatives) Minimum hat, ist hinreichend, daß die Matrix

$$A(\overline{x}_1,\overline{x}_2) = \begin{bmatrix} \dfrac{\partial V^2(\overline{x}_1,\overline{x}_2)}{\partial x_1 x_1} & \dfrac{\partial V^2(\overline{x}_1,\overline{x}_2)}{\partial x_1 x_2} \\[3mm] \dfrac{\partial V^2(\overline{x}_1,\overline{x}_2)}{\partial x_2 x_1} & \dfrac{\partial V^2(\overline{x}_1,\overline{x}_2)}{\partial x_2 x_2} \end{bmatrix} = \begin{bmatrix} \dfrac{b}{\overline{x}_1^{\,2}} & 0 \\[3mm] 0 & \dfrac{a}{\overline{x}_2^{\,2}} \end{bmatrix}$$

positiv definit ist (vgl. z.B. Endl u. Luh [36], S. 218). Dies ist mit $A(\overline{x}_1,\overline{x}_2) = [a_{ik}(\overline{x}_1,\overline{x}_2)]$ wegen

$$Q_{A(\overline{x}_1,\overline{x}_2)}(y) = \sum_{i,k=1}^{2} a_{ik}(\overline{x}_1,\overline{x}_2)\, y_i y_k$$

$$= \dfrac{b}{\overline{x}_1^{\,2}}\, y_1^{\,2} + \dfrac{a}{\overline{x}_2^{\,2}}\, y_2^{\,2} > 0 \quad \text{für} \quad (y_1,y_2) \neq (0,0)$$

erfüllt.

$V(x_1,x_2)$ wird sich im 7. Kapitel als sogenannte *Ljapunov-Funktion* für das Räuber-Beute-System (6.1) auf $\mathbb{R}^+ \times \mathbb{R}^+$ herausstellen, und aus Satz 6.1 folgern wir dort, daß $(\overline{x}_1,\overline{x}_2)$ ein stabiler Gleichgewichtspunkt von (6.1) ist.

Trotz Satz 6.1 können wir uns noch immer kein Bild von der Funktion V machen; das wird sich nun ändern, wenn wir die Fläche F_V , den Funktionsgraphen von V, mit beliebigen, durch $(\overline{x}_1,\overline{x}_2)$ gehenden und zu x_3 parallelen Ebenen schneiden.

Durch die Abbildung

$$\tau \to (x_1(\tau),x_2(\tau)) = (\overline{x}_1 + \alpha\ \tau,\overline{x}_2 + \beta\ \tau)\ ,\quad \tau \in \mathbb{R} \tag{6.11}$$

erhalten wir für $(\alpha,\beta) \neq (0,0)$ alle möglichen Geraden durch $(\overline{x}_1,\overline{x}_2)$ in der Phasenebene ("ausreichend" sind z.B. bereits die Punkte (α,β) mit $\alpha^2 + \beta^2 = 1$, $\alpha \geq 0$, $\beta \in \mathbb{R}$). Durch jede dieser Geraden geht eine zu x_3 parallele (τ,x_3)-Ebene (vgl. Fig. 6.10).

Satz 6.2: Der Schnitt jeder (τ,x_3)-Ebene mit F_V bildet eine (streng) konvexe Kurve mit dem Minimum in $\tau = 0$.

Beweis: Die Gleichung der Schnittkurve erhalten wir durch Einsetzen von (6.11):

$$x_3(\tau) = V(x_1(\tau),x_2(\tau)) \tag{6.12}$$
$$= d\ \overline{x}_1 + d\ \alpha\ \tau + c\ \overline{x}_2 + c\ \beta\ \tau - b\ \ln(\overline{x}_1 + \alpha\ \tau) - a\ \ln(\overline{x}_2 + \beta\ \tau)$$
$$= \tau\ (d\ \alpha + c\ \beta) - b\ \ln(\overline{x}_1 + \alpha\ \tau) - a\ \ln(\overline{x}_2 + \beta\ \tau) + d\ \overline{x}_1 + c\ \overline{x}_1\ .$$

$x_3(\tau)$ ist definiert für alle τ aus einem geeigneten Intervall (τ_1,τ_2), welches sich aus den Bedingungen ergibt:
$x_1(\tau) = \overline{x}_1 + \alpha\ \tau > 0$ und $x_2(\tau) = \overline{x}_2 + \beta\ \tau > 0$ für $\tau \in (\tau_1,\tau_2)$.
Die erste Ableitung lautet

$$\frac{dx_3}{d\tau} = d\ \alpha + c\ \beta - \frac{b\ \alpha}{\overline{x}_1 + \alpha\ \tau} - \frac{a\ \beta}{\overline{x}_2 + \beta\ \tau}\ ;$$

sie verschwindet genau dann, wenn $\tau = 0$ ist (vgl. auch Satz 6.1). Wegen

$$\frac{d^2x_3}{d\tau^2} = -\ \frac{d}{d\tau}\ \frac{b\ \alpha}{\overline{x}_1 + \alpha\ \tau} - \frac{d}{d\tau}\ \frac{a\ \beta}{\overline{x}_2 + \beta\ \tau}$$

$$= \frac{b\ \alpha^2}{(\overline{x}_1 + \alpha\ \tau)^2} + \frac{a\ \beta^2}{(\overline{x}_2 + \beta\ \tau)^2} > 0 \quad \text{für } (\alpha,\beta) \neq (0,0)$$

ist jede Schnittkurve $x_3(\tau)$ konvex mit dem (einzigen) Minimum in $\tau = 0$.

Für $\dot{x}_3(\tau) = \dfrac{dx_3}{d\tau}$ bzw. $x_3(\tau)$ bedeutet dies also:

$\tau_1 < \tau < 0 : \dot{x}_3(\tau) < 0 \to x_3(\tau)$ streng monoton fallend,
$\tau\ \ = 0 \qquad : \dot{x}_3(\tau) = 0 \to x_3(\tau)$ im Minimum,
$0\ = \tau < \tau_2 : \dot{x}_3(\tau) > 0 \to x_3(\tau)$ streng monoton wachsend.

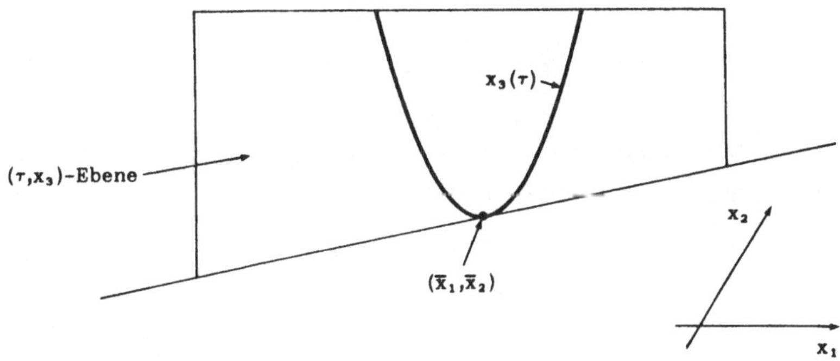

Fig. 6.10: Schnittkurve $x_3(\tau)$

Aus Gleichung (6.12) für die Schnittkurve $x_3(\tau)$ ergibt sich

$$x_3(\tau) \to \infty \quad \text{für} \quad \tau \to \tau_1 \quad \text{und} \quad x_3(\tau) \to \infty \quad \text{für} \quad \tau \to \tau_2 \ .$$

Aufgrund der Stetigkeit existieren somit zu jeder "Höhe" $c > x_3(0)$ zwei Punkte τ_c und τ_c' mit

$$\tau_1 < \tau_c < 0 < \tau_c' < \tau_2 \quad \text{und} \quad x_3(\tau_c) = x_3(\tau_c') = c \ . \tag{6.13}$$

Da $x_3(\tau)$ konvex ist, gibt es keine weiteren Punkte, d.h. genau zwei mit dieser Eigenschaft. Der Funktionsgraph F_V hat somit offensichtlich die Gestalt eines verzerrten, nach oben offenen Paraboloids mit dem Minimum im Gleichgewichtspunkt $(\bar{x}_1, \bar{x}_2)$, vgl. Fig. 6.11.

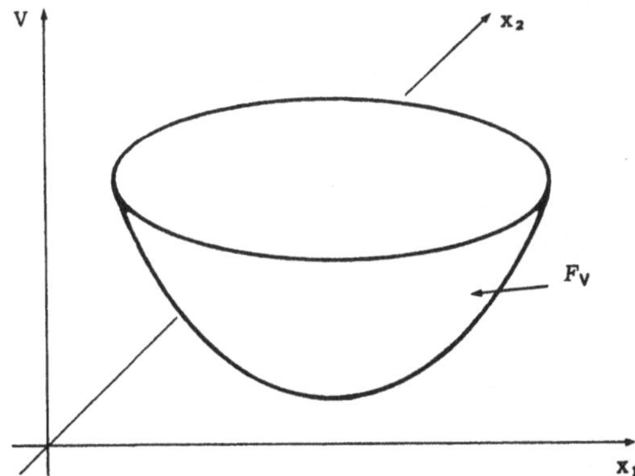

Fig. 6.11: Der Funktionsgraph F_V von $V(x_1, x_2) = d\, x_1 + c\, x_2 - b\, \ln x_1 - a\, \ln x_2$

Für unsere Aufgabenstellung, den Verlauf der Lösungskurven des Räuber-Beute-Systems (6.1) zu bestimmen, sind die Höhenlinien

$$S = \{(x_1,x_2) \mid V(x,x_2) = c\}$$

des Funktionsgraphen F_V von Bedeutung, denn auf ihnen verlaufen die Lösungskurven von (6.1). Um ihren Verlauf zu bestimmen, führt die folgende anschauliche – aber völlig exakte! – Argumentation schneller und klarer zum Ziel als umständliche Formeln.

Wir betrachten eine von $(\overline{x}_1.\overline{x}_2)$ ausgehende Halbgerade und drehen sie einmal im Kreis um $(\overline{x}_1,\overline{x}_2)$ herum (vgl. Fig. 6.12). Die Halbgerade schneidet dabei die Menge

$$S = \{(x_1,x_2) \mid x_1 > 0 \;\; , \;\; x_2 > 0 \;\; , \;\; V(x_1,x_2) = c\}$$

(c beliebig, fest) immer in genau einem Punkt, nämlich, falls die Halbgerade in der (τ,x_3)-Ebene von Fig. 6.10 liegt, wegen $x_3(\tau) = V(x_1(\tau),x_2(\tau))$ und (6.13) entweder im Punkt $(x_1(\tau_c),x_2(\tau_c))$ oder im Punkt $(x_1(\tau_c'),x_2(\tau_c'))$. S muß also die Form einer geschlossenen Linie um $(\overline{x}_1,\overline{x}_2)$ haben.

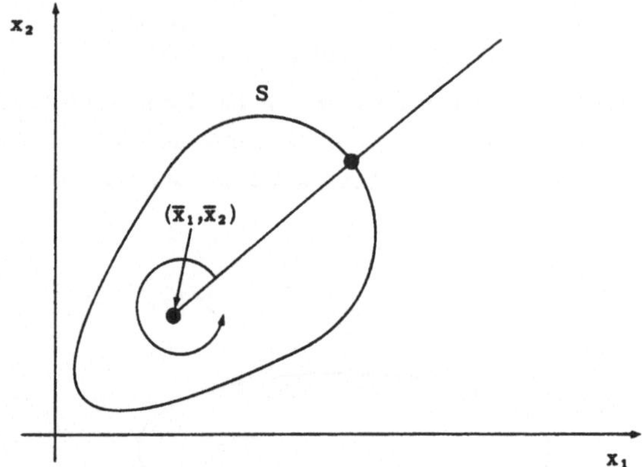

Fig. 6.12: Bestimmung der Höhenlinien $S = \{(x_1,x_2)\mid x_1 > 0 \;,\; x_2 > 0 \;,\; V(x_1,x_2) = c\}$

Wir formulieren dieses wichtige Zwischenresultat, das wir letztlich allein aus Satz 6.2 abgeleitet haben, daher als

Folgerung: Die Menge $S = \{(x_1,x_2) \mid x_1 > 0 \;,\; x_2 > 0 \;,\; V(x_1,x_2) = V(x_1(0),x_2(0))\}$ ist für $(x_1(0),x_2(0)) \neq (\overline{x}_1,\overline{x}_2)$ die Spur einer den Gleichgewichtspunkt $(\overline{x}_1,\overline{x}_2)$ umlaufenden geschlossenen Kurve.

Eine derartige Höhenlinie S ist z.B. der obere Rand des Paraboloiden in
Fig. 6.11, genauer: seine Projektion in die (x_1,x_2)-Phasenebene.

Aber mit Fig. 6.11 und 6.12 waren wir ein wenig vorschnell, beinhalten sie doch
über die Folgerung hinaus, daß die Höhenlinien S konvex sind, d.h. daß eine
Kurve wie z.B. in Fig. 6.13 nicht als Höhenlinie auftreten kann. Dies haben wir
bis jetzt noch nicht bewiesen, holen wir es nach:

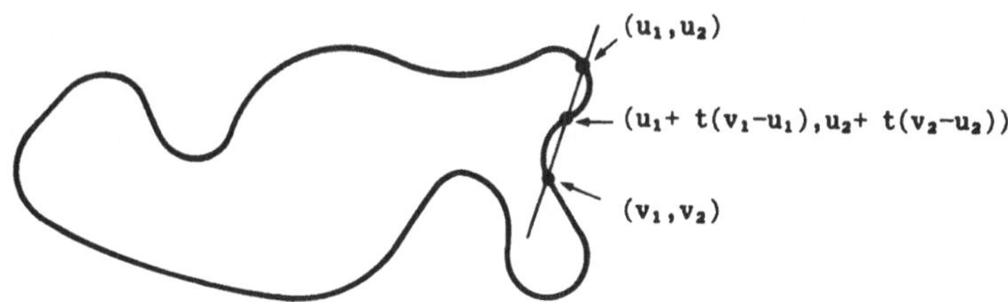

Fig. 6.13: Nichtkonvexe Kurve im $\mathbb{R}^2$

Hilfssatz 6.3: S ist konvex.

Beweis: Seien (u_1,u_2) und (v_1,v_2) ε S. Angenommen, es existiert ein t aus
dem Intervall (0,1) mit

$(u_1 + t (v_1 - u_1) , u_2 + t (v_2 - u_2))$ ε S (vgl. Fig. 6.13).

Wir betrachten die Funktion

$g(t) = V(u_1 + t (v_1 - u_1),u_2 + t (v_2 - u_2)) - V(u_1,u_2)$ für t ε [0,1].

Nach Voraussetzung ist $g(0) = g(1) = 0$. Mit (6.7) erhalten wir für
$g(t)$ die Darstellung

$$g(t) = d\, t\, (v_1-u_1) + c\, t\, (v_2-u_2) - b\, \ln(1+t\frac{v_1-u_1}{u_1}) - a\, \ln(1+t\frac{v_2-u_2}{u_2}).$$

Mit $\alpha := (v_1 - u_1)/u_1$ und $\beta := (v_2 - u_2)/u_2$ folgt daraus analog
zum Beweis von Satz 6.2

$$\frac{d^2 g(t)}{dt^2} = \frac{b\, \alpha^2}{(1 + \alpha\, t)^2} + \frac{a\, \beta^2}{(1 + \beta\, t)^2} > 0 \quad \text{für } t \text{ ε } (0,1) .$$

$g(t)$ ist also konvex. Da $t = 0$ und $t = 1$ Nullstellen von g sind,
können in (0,1) keine weiteren liegen. Daraus folgt ein Widerspruch
zur Annahme.

Auch eine Höhenlinie, die eine Asymptote besitzt, kann dann nicht vorkommen,
diesen Fall schließt aber bereits die Folgerung aus. Mit diesen Feinheiten wollen
wir uns nun aber nicht weiter beschäftigen.

Wir haben bereits festgestellt, daß jede durch $(x_1(0),x_2(0))$ verlaufende Lösungskurve von (6.1) ganz in S verläuft, und daß S für $(x_1(0),x_2(0)) \neq (\overline{x}_1,\overline{x}_2)$ die Spur einer geschlossenen, konvexen, um den Gleichgewichtspunkt $(\overline{x}_1,\overline{x}_2)$ herumlaufenden Kurve ist. Auf S selbst liegt kein Gleichgewichtspunkt von (6.1), deshalb durchläuft der Punkt $(x_1(t),x_2(t))$ mit wachsendem t ganz S, und zwar nicht nur einmal, sondern beliebig oft in gleicher Richtung mit nach unten begrenzter Geschwindigkeit.

Letzteres folgt aus

Hilfssatz 6.4: Für alle $t \geq 0$ existiert ein $\varepsilon > 0$ mit $|\dot{x}_1(t)| \geq \varepsilon$ oder $|\dot{x}_2(t)| \geq \varepsilon$.

Beweis: Angenommen, es existiert ein Zeitpunkt t_0, so daß für alle $\varepsilon > 0$ gilt:

$$|\dot{x}_1(t_0)| < \varepsilon \quad \text{und} \quad |\dot{x}_2(t_0)| < \varepsilon \; .$$

Dann folgt

$$\dot{x}_1(t_0) = \dot{x}_2(t_0) = 0$$

im Widerspruch dazu, daß auf S kein Gleichgewichtspunkt von (6.1) liegt.

Die Länge L_t des Weges, den der Kurvenpunkt $(x_1(t),x_2(t))$ bis zu einem Zeitpunkt $t \geq 0$ zurücklegt, genügt dann der Abschätzung

$$L_t = \int_0^t \sqrt{\dot{x}_1(t)^2 + \dot{x}_2(t)^2} \; \geq \varepsilon \, t \; ,$$

und somit wird S unendlich oft durchlaufen.

S wird in positiver Richtung (d.h. gegen den Uhrzeigersinn) durchlaufen, d.h., jede Abnahme der Beute zieht eine Abnahme der Räuber nach sich. Dies liest man aus den Vorzeichen von $\dot{u}_1$ (negativ) und $\dot{u}_2$ (positiv) des transformierten Systems im 1. Quadranten der (u_1,u_2)-Ebene ab.

Zusammenfassend erhalten wir also:

Zu jedem Anfangswert $(x_1(0),x_2(0)) \neq (\overline{x}_1,\overline{x}_2)$ mit $x_1(0) > 0$ und $x_2(0) > 0$ erhalten wir eine um den Gleichgewichtspunkt $(\overline{x}_1,\overline{x}_2)$ herumlaufende geschlossene Phasenkurve (vgl. Fig. 6.3). Der Punkt $(\overline{x}_1,\overline{x}_2)$ ist wie für das linearisierte System (6.5) ein Wirbelpunkt. Den geschlossenen Phasenkurven entsprechen *periodische Lösungen* $(x_1(t),x_2(t))$ von (6.1).

Sei $T > 0$ die Periode, d.h.

$$x_1(t) = x_1(t + T)$$
$$x_2(t) = x_2(t + T) \;,$$

dann gilt mit (6.1)

$$0 = \ln x_1(t + T) - \ln x_1(t) = \int_t^{t+T} \frac{\dot{x}_1(t)}{x_1(t)}\, dt$$

$$= \int_t^{t+T} (a - c\, x_2(t))\, dt$$

$$= a\,T - c \int_t^{t+T} x_2(t)\, dt$$

und mit $a/c = \overline{x}_2$ ist dann

$$\overline{x}_2 = \frac{1}{T} \int_t^{t+T} x_2(t)\, dt \; ; \qquad\qquad (6.14')$$

analog findet man mit Hilfe der zweiten Gleichung von (6.1)

$$\overline{x}_1 = \frac{1}{T} \int_t^{t+T} x_1(t)\, dt \;. \qquad\qquad (6.14'')$$

Die Mittelwerte der Populationsgrößen sind also gerade $\overline{x}_1$ und $\overline{x}_2$ und hängen daher nicht von den Anfangswerten $x_1(0)$ und $x_2(0)$ ab.

Nach diesem Modell ist also z.B. eine momentane Bekämpfung der Räuberpopulation zu einem Zeitpunkt $t = t_0$ auf Dauer gesehen sinnlos, denn dadurch springen wir lediglich auf eine neue Phasenkurve mit denselben Mittelwerten.

6.4 Biologische Konsequenzen: Das Volterra-Prinzip

Mitte der zwanziger Jahre erforschte der italienische Biologe Umberto D'Ancona den Wechsel der zahlenmäßigen Verteilung verschiedener Fischarten, die wechselseitig aufeinander einwirken. Im Verlauf seiner Nachforschungen stieß er auf Daten über den prozentualen Anteil mehrerer Fischarten am Gesamtfang, der in verschiedenen Häfen der Mittelmeerküste von Beginn bis Ende des 1. Weltkriegs eingebracht wurde. Im einzelnen gaben die Daten auch den Prozentsatz an Haien wieder (Haie und unterschiedlichste Arten von Rochen), die als Speisefisch ungenießbar sind.

Diese Zahlenangaben für den italienischen Seehafen Triest aus den Jahren 1914 bis 1923 sind nachstehend aufgeführt.

1914	1915	1916	1917	1918	1919	1920	1921	1922	1923
11,9 %	21,4 %	22,1 %	21,2 %	36,4 %	27,3 %	16,0 %	15,9 %	14,8 %	10,7 %

D'Ancona war verdutzt über den sehr stark wachsenden Prozentsatz an Haien
während der Kriegsjahre. Es erschien ihm plausibel, daß der prozentuale Anstieg an Haien damit zusammenhing, daß während der Kriegszeit weniger ge-
fischt wurde. Aber wie beeinflußt das Ausmaß des Fischfangs die anteilige Aus-
breitung der Fischarten? Die Beantwortung dieser Frage war für D'Ancona in
seiner Erforschung des Existenzkampfes konkurrierender Arten von großer Bedeutung. Desgleichen für die Fischindustrie, denn das Ergebnis würde ersichtli-
cherweise die Fischereimethoden beeinflußen.

Im Unterschied zu den Speisefischen sind ja die Haie Räuber. Die Speisefische
hingegen sind der Haie Beutetiere; das Überleben der Haie hängt davon ab, daß
Speisefische vorhanden sind. Zunächst dachte D'Ancona, dieser Umstand sei aus-
schlaggebend für die große Vermehrung der Haie im ersten Weltkrieg. Zumal ja
während dieser Zeitspanne die Fischerei stark eingeschränkt war, es folglich
mehr Beute für die Haie gab, die dadurch wuchsen und sich rasch vermehrten.
Allerdings ist diese Erklärung äußerst windig. Gab es doch zur selben Zeit auch
mehr Speisefisch. D'Anconas Theorie veranschaulicht nur den Umstand, daß es
mehr Haie gibt, wenn der Fischfang eingeschränkt wird. Sie erklärt aber nicht,
warum der Rückgang des Fischereibetriebs die Räuber mehr begünstigt als deren Beute.

Nachdem D'Ancona alle möglichen biologischen Erklärungen dieses Phänomens
durchgespielt hatte, wandte er sich an einen Kollegen, den berühmten italienischen Mathematiker Vito Volterra in der Hoffnung, daß Volterra ein mathematisches Modell für das Wachstum der beiden Fischpopulationen aufstellen könnte,
und daß dieses Modell die Beantwortung der Frage D'Anconas ermöglichen würde
(aus: Braun [25]).

Volterra modellierte das Wachstum beider Fischpopulationen (Speisefische bzw.
Haie) durch das Räuber-Beute-System (6.1). Die Auswirkungen des Fischfangs be-
rücksichtigte er im Modell dadurch, daß der Fischfang die Population $x_1(t)$ der
Speisefische mit einer Rate $\varepsilon \cdot x_1(t)$ und die der Haie $x_2(t)$ mit einer Rate $\varepsilon \cdot x_2(t)$
reduziert. Dies ergibt das modifizierte System

$$\dot{x}_1 = a\, x_1 - c\, x_1 x_2 - \varepsilon\, x_1 = (a - \varepsilon)\, x_1 - c\, x_1 x_2$$
$$\dot{x}_2 = -b\, x_2 + d\, x_1 x_2 - \varepsilon\, x_2 = -(b + \varepsilon)\, x_2 + d\, x_1 x_2 \; . \tag{6.15}$$

Vernünftigerweise gilt $a - \varepsilon > 0$, (6.15) ist daher wiederum ein Räuber-Beute-
System der Form (6.1) mit modifizierten Parametern und mit den neuen Mittelwerten (vgl. 6.14)

$$\overline{x}_1 = \frac{b + \varepsilon}{d} \quad \text{und} \quad \overline{x}_2 = \frac{a - \varepsilon}{c} \; ,$$

Wir folgern daraus, daß ein angemessener Fischereibetrieb ($\varepsilon < a$) tatsächlich
im Durchschnitt die Zahl der Speisefische steigert (!) und die Anzahl der Haie
reduziert. Umgekehrt führt verminderter Fischfang im Durchschnitt zu einem
zahlenmäßigen Anstieg der Haie.

Diese überraschende Wirkung der Lotka-Volterra-Gleichungen bezeichnet man als das *Volterra-Prinzip*, es besagt:

Werden zwei in einem Räuber-Beute-Verhältnis stehende Arten durch eine äußere Kraft, z.B. wahlloses Jagen oder die Verwendung von Pestiziden durch den Menschen, in ungefähr gleichem Maß reduziert, so wird die Beutepopulation wachsen, die Räuberpopulation dagegen entsprechend abnehmen.

Das Volterra-Prinzip erklärt auch D'Anconas Meßwerte, die ja in Wirklichkeit den Mittelwert der Räuberpopulation während jeweils eines Jahres darstellen.

Ein weiteres eindrucksvolles Anwendungsgebiet des Volterra-Prinzips ergibt sich für den Einsatz von Insektenvernichtungsmitteln, die sowohl die Insektenräuber als auch ihre Insektenbeute vernichten. Das Prinzip besagt, daß die Anwendung von Insektiziden tatsächlich das Wachstum solcher Insektenpopulationen fördert, die sonst durch andere räuberische Insekten unter Kontrolle gehalten würden.

Eine eindrucksvolle Bestätigung liefert das Baumwollschuppen-Insekt (Icerya Purchasi). Aus Australien 1868 zufällig importiert, drohte es, die amerikanische Zitrusfrüchte-Industrie zu vernichten. Man holte "Thereupon", seinen natürlichen Jäger aus Australien nach Amerika, ein Marienkäferchen (Novius Cardinalis), das die Schuppeninsekten bald auf einen niedrigen Level reduzierte. Als dann DDT als Insektenbekämpfungsmittel erfunden wurde, hofften die Obstbauern, die Schuppeninsekten damit weiterreduzieren zu können. Doch wo man es anwendete, gediehen und vermehrten sich diese - in Übereinstimmung mit dem Prinzip von Volterra - besser also zuvor(vgl. Braun [25], S. 479).

6.5 Zur Stabilität von Räuber-Beute-Systemen bei innerspezifischer Konkurrenz

Die Modellgleichungen (6.1) machen vor allem eine Eigenschaft realer Räuber-Beute-Systeme deutlich, nämlich das Auftreten von Oszillationen. Die Dynamik des Systems (6.1) ist aber aus biologischer Sicht unbefriedigend; diese Oszillationen sind nämlich nicht gedämpft, und es befindet sich unter ihnen kein *Grenzzyklus*, d.h. keine *isolierte periodische Lösung*. Die Reaktion des Systems auf eine Störung (z.B. Bejagung des Räubers oder Abfischen der Beute) besteht einfach in einem Übergang von einem ungedämpft periodischen Zustand in einen anderen (d.h. in einem Sprung von einer Höhenlinie S auf eine andere, vgl. Abschn. 6.4), was den realen Verhältnissen nicht entspricht. Vielmehr tendieren die meisten Räuber-Beute-Systeme mit der Zeit zu einem Gleichgewichtszustand: entweder zu einem Grenzzyklus oder zu einem stationären Gleichgewicht.

Ein Modell, das die realen Verhältnisse besser wiedergibt, erhält man, wenn man *innerspezifische Konkurrenz* (d.h. die begrenzte Tragfähigkeit des Lebensraumes) berücksichtigt wie in (6.2) geschehen; die dortigen Gleichungen lauten:

$$\dot{x}_1 = a\,x_1 - c\,x_1x_2 - e\,x_1{}^2$$
$$\dot{x}_2 = -b\,x_2 + d\,x_1x_2 - f\,x_2{}^2\;.$$

Hier setzt man für die Beute-Population x_1 bei Abwesenheit der Räuber ein logistisches Wachstum voraus und berücksichtigt auf Seiten des Räubers die Konkurrenz um die gemeinsame Beute durch den Zusatzterm $-f\,x_2{}^2$.

Die Lösungen von (6.2) sind im allgemeinen nicht mehr periodisch. Wir vermuten aufgrund der Simulationsergebnisse (Fig. 6.7 und Fig. 6.8), daß alle Lösungen $(x_1(t),x_2(t))$ mit positiven $x_1(0)$ und $x_2(0)$ sich entweder (falls $b/d > a/e$) dem Gleichgewichtspunkt $(a/e,0)$ nähern, d.h. die Räuber sterben aus, oder einen asymptotisch stabilen Gleichgewichtspunkt im Innern des 1. Quadranten besitzen (falls $b/d < a/e$). Grenzzyklen treten bei (6.2) im Gegensatz zum Bazykin-System (6.3) (vgl. [35]) nicht auf. Diese Vermutungen werden wir anschließend durch die Analyse bestätigen.

Hilfssatz 6.5: Das System (6.2) besitzt genau drei Gleichgewichtspunkte:

$$G_1 = (0,0)\;,\quad G_2 = (a/e,0)\;,\quad G_3 = (\overline{x}_1,\overline{x}_2) = \left(\frac{a\,f + b\,c}{e\,f + c\,d}\,,\;\frac{a\,d - b\,e}{e\,f + c\,d}\right),$$

Für $a\,d - b\,e > 0$ [1] sind G_1 und G_2 Sattelpunkte und G_3 ist asymptotisch stabil.

Beweis: Wie in Abschnitt 6.3 läßt sich zeigen, daß jede Lösung von (6.2) mit positiven Anfangswerten $x_1(0) > 0$ und $x_2(0) > 0$ für alle Zeiten innerhalb des 1. Quadranten der Phasenebene verläuft.

Trivialerweise (man kann x_1 in der ersten und x_2 in der zweiten Gleichung von (6.2) ausklammern) ist $G_1 = (0,0)$ ein Gleichgewichtspunkt. Wie beim klassischen Modell (6.1) handelt es sich um einen Sattelpunkt, denn die Linearisierung ist dieselbe wie dort.

Für $x_1 \neq 0$ und $x_2 = 0$ gilt $\dot{x}_2 = 0$ und

$$\dot{x}_1 = 0 \quad \text{genau dann, wenn}\quad x_1 = a/e\;,$$

d.h. $G_2 = (a/e,0)$ ist ein Gleichgewichtspunkt von (6.2).

---

[1] Gewährleistet, daß der stabile Gleichgewichtspunkt im Innern des 1. Quadranten liegt (vgl. Fig. 6.7) und nicht auf der Beute-Achse (Fig. 6.8)

Um seinen Typ zu bestimmen, transformieren wir (6.2) mittels

$$u_1 = x_1 - a/e$$
$$u_2 = x_2$$

und erhalten

$$\dot{u}_1 = a u_1 + a^2/e - c u_2(u_1 + a/e) - e (u_1 + a/e)^2$$
$$\dot{u}_2 = -b u_2 + d u_2 (u_1 + a/e) - f u_2^2 \; .$$

Linearisierung ergibt

$$\dot{u}_1 = a u_1 - (c a/e) u_2 - 2 a u_1$$
$$= -a u_1 - (c a/e) u_2$$
$$\dot{u}_2 = (-b + d a/e) u_2 \; .$$

Die charakteristische Gleichung

$$\det \begin{bmatrix} -a - \lambda & -c \, a/e \\ 0 & d \, a/e - b - \lambda \end{bmatrix} = 0$$

besitzt daher (ablesen!) die Wurzeln $\lambda_1 = -a$ und $\lambda_2 = d \, a/e - b$. Nach Voraussetzung ist $\lambda_2 > 0$, d.h., auch G_2 ist ein Sattelpunkt.

Da aus $x_1 = 0$ folgt, daß auch $x_2 = 0$ ist, steht lediglich noch der Fall $x_1 \neq 0$ und $x_2 \neq 0$ aus:

Aus

$$a x_1 - c x_1 x_2 - e x_1^2 = 0$$
$$-b x_2 + d x_1 x_2 - f x_2^2 = 0$$

folgt damit, wenn man die erste Gleichung durch x_1 und die zweite durch x_2 teilt:

$$a - c x_2 - e x_1 = 0$$
$$-b + d x_1 - f x_2 = 0 \; .$$

Wiederum ergibt die erste Gleichung

$$x_2 = - (e/c) x_1 + a/c$$

und die zweite

$$x_1 = (f/d) x_2 + b/d$$
$$= (f/d) (-(e/c) x_1 + a/c) + b/d$$
$$= (-f \, e/(d \, c)) x_1 + f \, a/(d \, c) + b/d \; .$$

Dies ist äquivalent zu

$$\frac{d\,c + f\,e}{d\,c}\,x_1 = \frac{f\,a}{d\,c} + \frac{b}{d}\ .$$

Daraus folgt

$$x_1 = \frac{f\,a}{d\,c + f\,e} + \frac{b\,c}{d\,c + f\,e} = \frac{f\,a + b\,c}{d\,c + f\,e}$$

und

$$x_2 = -\frac{e\,(f\,a + b\,c)}{c\,(d\,c + f\,e)} + \frac{a\,(d\,c + f\,e)}{c\,(d\,c + f\,e)}$$

$$= \frac{a\,d - b\,e}{d\,c + f\,e}$$

Einsetzen der Ausdrücke für x_1 und x_2 in (6.2) bestätigt den dritten Gleichgewichtspunkt $G_3 = (\bar{x}_1, \bar{x}_2)$. Seine Untersuchung ist jedoch etwas langwieriger.

Wir transformieren mittels

$$u_1 = x_1 - \bar{x}_1$$
$$u_2 = x_2 - \bar{x}_2$$

und erhalten aus (6.2):

$$\dot{u}_1 = a\,(u_1 + \bar{x}_1) - c\,(u_1 + \bar{x}_1)\,(u_2 + \bar{x}_2) - e\,(u_1 + \bar{x}_2)^2$$
$$\dot{u}_2 = -b\,(u_2 + \bar{x}_2) + d\,(u_1 + \bar{x}_1)\,(u_2 + \bar{x}_2) - f\,(u_2 + \bar{x}_2)^2\ .$$

Es gilt

$$e\,\bar{x}_1 + c\,\bar{x}_2 = \frac{e\,a\,f + e\,b\,c + c\,a\,d - c\,b\,e}{e\,f + c\,d} = a$$

und

$$d\,\bar{x}_1 - f\,\bar{x}_2 = b\ .$$

Damit erhalten wir nach einigen Umrechnungen

$$\dot{u}_1 = e\,\bar{x}_1 u_1 - c\,\bar{x}_1 u_2 - c\,u_1 u_2 - e\,u_1^2$$
$$\dot{u}_2 = -f\,\bar{x}_2 u_2 + d\,\bar{x}_2 u_1 + d\,u_1 u_2 - f\,u_2^2\ ,$$

und in erster Näherung die Linearisierung um G_3:

$$\dot{u}_1 = -e\,\bar{x}_1 u_1 - c\,\bar{x}_1 u_2$$
$$\dot{u}_2 = -f\,\bar{x}_2 u_2 + d\,\bar{x}_2 u_1\ .$$

Die charakteristische Gleichung lautet

$$\det \begin{bmatrix} -e\,\overline{X}_1 - \lambda & -c\,\overline{X}_1 \\ d\,\overline{X}_2 & -f\,\overline{X}_2 - \lambda \end{bmatrix}$$

$$= (-e\,\overline{X}_1 - \lambda)\,(-f\,\overline{X}_2 - \lambda) + c\,d\,\overline{X}_1\overline{X}_2$$
$$= \lambda^2 + \underbrace{(e\,\overline{X}_1 + f\,\overline{X}_2)}_{:= p}\,\lambda + \underbrace{(e\,\overline{X}_1 f\,\overline{X}_2 + c\,d\,\overline{X}_1\overline{X}_2)}_{:= q} = 0\ .$$

Wegen $p > 0$ und $q > 0$ ist G_3 nach Satz 5.3 asymptotisch stabil, und zwar ist G_3 ein Knotenpunkt (vgl. Fig. 5.4 (b)), falls $p^2 \geq 4\,q$, bzw. G_3 ist ein Strudelpunkt (vgl. Fig. 5.4 (c)), falls $p^2 < 4\,q$.

Diese Aussage läßt sich verschärfen:

Satz 6.3: Sei $(x_1(t),x_2(t))$ eine Lösung des erweiterten Räuber-Beute Modells (6.2) bei innerspezifischer Konkurrenz mit positiven Anfangswerten $x_1(t) > 0$ und $x_2(t) > 0$.

Dann gilt im Fall $b/d < a/e$ mit $G_3 = (\overline{X}_1,\overline{X}_2)$ aus Hilfssatz 6.5

$$\lim_{t\to\infty} x_1(t) = \overline{X}_1 \quad \text{und} \quad \lim_{t\to\infty} x_2(t) = \overline{X}_2\ ,$$

d.h. G_3 ist asymptotisch stabil mit $\mathbb{R}^+ \times \mathbb{R}^+$ als Einzugsbereich.

Bemerkung: Im Falle $b/d > a/e$ gilt für positiven Anfangswert $(x_1(0),x_2(0))$

$$\lim_{t\to\infty} x_1(t) = a/e \quad \text{und} \quad \lim_{t\to\infty} x_2(t) = 0$$

(vgl. Braun [25], S. 463).

Beweis: Wir substituieren (vgl. Nöbauer/Timischl [24], S. 116)

$$x_1(t) := e^{u_1(t)} \quad \text{und} \quad x_2(t) := e^{u_2(t)}$$

in (6.2) und erhalten

$$\begin{aligned}\dot{u}_1 &= a - c\,e^{u_2} - e\,e^{u_1} \\ \dot{u}_2 &= -b + d\,e^{u_1} - f\,e^{u_2}\ .\end{aligned} \tag{6.16}$$

Mit $a = e\,\overline{X}_1 + c\,\overline{X}_2$ und $b = d\,\overline{X}_1 - f\,\overline{X}_2$ lautet (6.16)

$$\begin{aligned}\dot{u}_1 &= e\,(\overline{X}_1 - e^{u_1}) + c\,(\overline{X}_2 - e^{u_2}) \\ \dot{u}_2 &= -d\,(\overline{X}_1 - e^{u_1}) + f\,(\overline{X}_2 - e^{u_2})\ .\end{aligned} \tag{6.17}$$

Multiplizieren wir die erste Gleichung von (6.17) mit $d\,(\overline{X}_1 - e^{u_1})$, die zweite mit c $(\overline{x}_2 - e^{u_2})$ und addieren anschließend beide Gleichungen, dann erhalten wir

$$d\,\dot{u}_1(\overline{x}_1 - e^{u_1}) + c\,\dot{u}_2(\overline{x}_2 - e^{u_2}) = \frac{d}{dt}\,(d\,(\overline{x}_1 u_1 - e^{u_1}) + c\,(\overline{x}_2 u_2 - e^{u_2}))$$

$$= d\,e\,(\overline{x}_1 - e^{u_1})^2 + c\,f\,(\overline{x}_2 - e^{u_2})^2 \ .$$

Jetzt kehren wir zu den alten Koordinaten x_1 und x_2 zurück:

$$\frac{d}{dt}\,(d\,(\overline{x}_1 \ln x_1 - x_1) + c\,(\overline{x}_2 \ln x_2 - x_2)) = d\,e\,(\overline{x}_1 - x_1)^2 + c\,f\,(\overline{x}_2 - x_2)^2 \ \cdot$$

Somit gilt für alle $t \geqslant 0$

$$d\,(\overline{x}_1\,\ln x_1(t) - x_1(t)) + c\,(\overline{x}_2\,\ln x_2(t) - x_2(t))$$

$$= \int_0^t (d\,e\,(\overline{x}_1 - x_1(\tau))^2 + c\,f\,(\overline{x}_2 - x_2(\tau))^2)\,d\tau + K \tag{6.18}$$

mit $K = d\,(\overline{x}_1\,\ln x_1(0) - x_1(0)) + c\,(\overline{x}_2\,\ln x_2(0) - x_2(0))$.

Die linke Seite der Gleichung (6.18) ist für $x_1(t) > 0$ und $x_2(t) > 0$ (vgl. den Beginn des Beweises von Hilfss. 6.5) nach oben beschränkt.

Denn aus

$$x_1 > e^{\overline{x}_1} > \overline{x}_1$$

folgt

$$\overline{x}_1\,\ln x_1 - x_1 < \overline{x}_1{}^2 - e^{\overline{x}_1} \ ,$$

und für

$$0 < x_1 < e^{\overline{x}_1}$$

besitzt $\overline{x}_1\,\ln x_1 - x_1$ ein Maximum. Also ist $\overline{x}_1\,\ln x_1(t) - x_1(t)$ nach oben beschränkt. Analog gilt dies auch für $\overline{x}_2\,\ln x_2(t) - x_2(t)$.

Da die linke Seite von (6.18) nach oben beschränkt ist, folgt aus (6.18)

$$\lim_{t \to \infty} \int_0^t (x_1(\tau) - \overline{x}_1)^2\,d\tau < \infty \quad \text{und} \quad \lim_{t \to \infty} \int_0^t (x_2(\tau) - \overline{x}_2)^2\,d\tau < \infty \ .$$

Außerdem ist $\dot{x}_1(t)$ nach oben beschränkt, denn aus der ersten Gleichung von (6.2) folgt

$$\dot{x}_1(t) < a\,x_1(t) - e\,(x_1(t))^2 \ .$$

Die Wachstumsgeschwindigkeit der logistischen Wachstumsgleichung

$$\dot{x} = a\,x - e\,x^2 \quad \text{(vgl. Abschn. 4.3)}$$

ist durch die Zahl $a^2/(4\,e) > 0$ (vgl. Fig. 4.3) nach oben beschränkt, also ist $\dot{x}_1(t)$ auf $[0,\infty)$ nach oben beschränkt.

Nun können wir den nachfolgenden Satz 6.4 mit $f(t) = x_1(t) - \overline{x}_1$ anwenden und erhalten daraus wie gewünscht

$$\lim_{t \to \infty} x_1(t) = \overline{x}_1 \; .$$

Insbesondere ist dann $x_1(t)$ nach oben durch eine Zahl $M > 0$ beschränkt, und aus der zweiten Gleichung von (6.2) folgt

$$\dot{x}_2(t) < -b\, x_2(t) + d\, M\, x_2(t) - f\, x_2^2(t) = (d\, M - b)\, x_2(t) - f\, x_2^2(t) \; .$$

Nun sei M so groß gewählt, daß $d\, M - b > 0$ gilt. Dann haben wir für $\dot{x}_2(t)$ eine analoge Abschätzung wie oben für $\dot{x}_1(t)$, und wir schließen daraus ganz analog

$$\lim_{t \to \infty} x_2(t) = \overline{x}_2 \; .$$

Kommen wir nun abschließend zu dem bereits angesprochenen

Satz 6.4: Sei $f\colon [0,\infty) \to \mathbb{R}$ differenzierbar und $\dfrac{df(t)}{dt} \leqslant M$ $(M > 0)$ für alle $t \in [0,\infty)$.

Existiert

$$\lim_{t \to \infty} \int\limits_0^t f^2(\tau)\; d\tau \; ,$$

dann gilt

$$\lim_{t \to \infty} f(t) = 0 \; .$$

Wir zeigen zunächst, daß f beschränkt ist.

Hilfssatz 6.6: Unter den Voraussetzungen von Satz 6.4 ist f beschränkt.

Beweis des Hilfssatzes:

Sei $A := \int\limits_0^\infty f^2(\tau)\; d\tau$, dann ist $\pi A = \pi \int\limits_0^\infty f^2(\tau)\; d\tau$ das Volumen des Rotationskörpers R, der durch Rotation von $|f|$ um die Halbachse $[0.\infty)$ entsteht (vgl. Mangoldt u. Knopp [37], S. 220).

Wir zeigen zunächst: f ist nach unten beschränkt. Es sei $f(t) < 0$. Dann beschreiben wir in den Rotationskörper einen Kegel ein (vgl. Fig. 6.14); sein Radius $|f(t)|$ an der Grundfläche verhalte sich zur Höhe h wie M, d.h., die Höhe h errechne sich aus

$$\frac{|f(t)|}{h} = M \; , \quad \text{also} \quad h = \frac{|f(t)|}{M} \; .$$

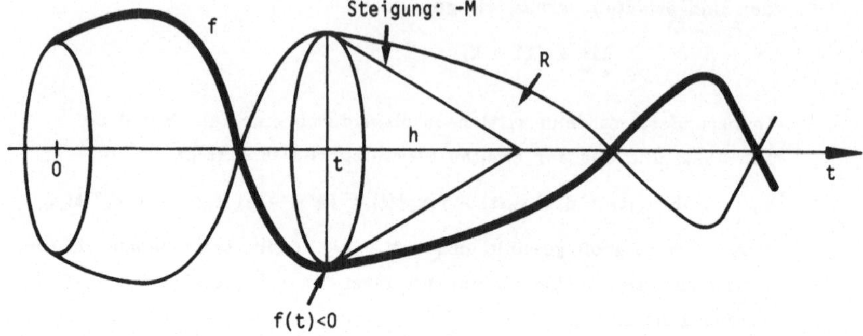

Fig. 6.14: Rotationskörper R mit einbeschriebenem Kegel für f(t) < 0 (der Kegel
liegt nach dem Mittelwertsatz in R)

Damit gilt für das Volumen V_t des Kegels

$$V_t = \frac{\pi}{3} \, |f(t)|^2 \, h = \frac{\pi}{3\,M} \, |f(t)|^3 \leq \pi \, A \, ,$$

also

$$-f(t) = |f(t)| \leq \sqrt[3]{3\,M\,A} \ , \quad \text{d.h.} \quad f(t) \geq \sqrt[3]{3\,M\,A} \ .$$

f ist auch nach oben beschränkt. Wir setzen dazu an den Rotationskörper links von t = 0 einen Kegel an, sein Volumen sei V_0.

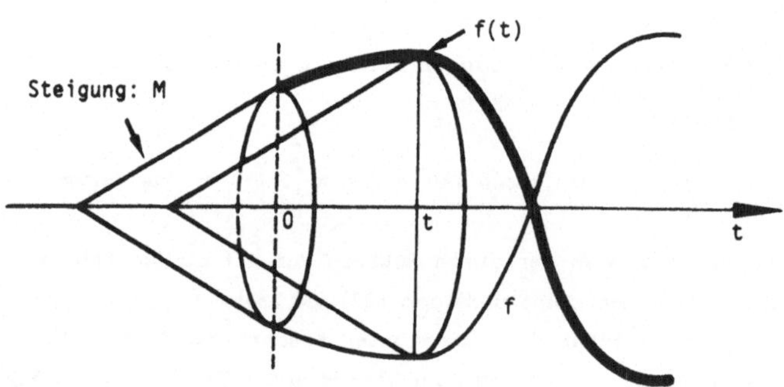

Fig. 6.15: Fall f(t) > 0

125

Sei f(t) > 0. Wieder wird ein Kegel einbeschrieben, wie Fig. 6.15 es zeigt. Seine Spitze weist nach links, sein Volumen ist

$$V_t = \frac{\pi}{3\,M}\ |f(t)|^3$$

wie oben. Damit folgt

$$V_t = \frac{\pi}{3}\ (f(t))^3 \leqslant \pi\,A + V_0\ ,\quad \text{d.h.}\quad f(t) \leqslant \sqrt[3]{3\,M\,A + 3\,M\,V_0/\pi}\ .$$

Damit ist der Hilfssatz bewiesen.

Beweis von Satz 6.4:

Er wird wieder mit einbeschriebenen Kegeln in den Rotationskörper R geführt.

Es sei ε > 0 beliebig und a > 0 so gewählt, daß

$$\int\limits_a^\infty f^2(\tau)\ d\tau < \varepsilon$$

gilt. Wir betrachten nun zu jedem t > a einen Kegel, dessen Grundkreis (mit Radius |f(t)|) im Punkt t senkrecht auf der Achse steht:

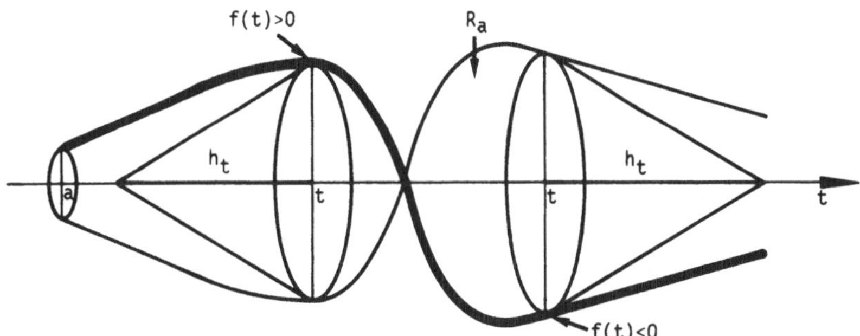

Fig. 6.16: Rotationskörper mit zwei einbeschriebenen Kegeln (für f(t) < 0 bzw. f(t) > 0, t > a)

Seine Höhe h_t errechne sich aus

$$\frac{|f(t)|}{h_t} = M\ ,\quad \text{also}\quad h_t = \frac{|f(t)|}{M}\ .$$

Sein Volumen V_t ist damit

$$V_t = \frac{\pi}{3}\ h_t\ |f(t)|^2 = \frac{\pi}{3\,M}\ |f(t)|^3\ .$$

Ist $f(t) > 0$, so zeige die Kegelspitze nach links; ist $f(t) < 0$, nach rechts. (Im Falle $f(t) = 0$ verkümmert der Kegel zu einem Punkt.)

Um zu erreichen, daß im Falle $f(t) > 0$ der Kegel ganz im Rotationskörper R_a (das ist der Anteil von R, der von a bis ∞ geht) liegt, verlangen wir mit $\|f\| := \sup \left\{ |f(t)| \mid t \in [a,\infty) \right\}$:

$$h_t = \frac{\|f\|}{M} < t - a \,, \quad \text{d.h.} \quad t > t_0 := a + \frac{\|f\|}{M} \,.$$

Damit gilt für das Kegelvolumen V_t in jedem Falle

$$V_t = \frac{\pi}{3\,M} \, |f(t)|^3 \leqslant \pi \underbrace{\int_a^\infty f^2(\tau) \; d\tau}_{\text{Volumen } R_a} < \pi\,\varepsilon \,,$$

also

$$|f(t)| < \sqrt[3]{3\,M\,\varepsilon} \quad \text{für alle} \quad t > t_0 := a + \frac{\|f\|}{M} \,.$$

Damit sind wir fertig mit dem Beweis.

7. LANGZEITVERHALTEN NICHTLINEARER SYSTEME

In Kapitel 5 haben wir für ebene dynamische Systeme Aussagen über die Stabilität der Gleichgewichtspunkte und über die Geometrie der Lösungskurven in deren unmittelbarer Umgebung dadurch erhalten, daß wir sie in der Nähe der
Gleichgewichtspunkte linearisiert haben. Wir wollen die damaligen Resultate kurz
wiederholen, uns dabei jedoch von dem Spezialfall n = 2 lösen.

Ist $\bar{x} = (\bar{x}_1,...,\bar{x}_n)$ ein Gleichgewichtspunkt des (nichtlinearen) dynamischen Systems

$$\dot{x} = f(x),$$

ausgeschrieben

$$\begin{aligned}
\dot{x}_1 &= f_1(x_1,\ldots,x_n) \\
&\quad\vdots \\
\dot{x}_n &= f_n(x_1,\ldots,x_n)
\end{aligned} \tag{7.1}$$

mit $f \in C^1(D)$, $D \subset \mathbb{R}^n$, so erhalten wir durch Linearisierung von (7.1) um den
Gleichgewichtspunkt $\bar{x}$ das zugehörige linearisierte System

$$\dot{x} = Ax , \tag{7.2}$$

ausgeschrieben

$$\begin{aligned}
\dot{x}_1 &= a_{11}x_1 + a_{12}x_2 + \ldots + a_{1n}x_n \\
&\quad\vdots \\
\dot{x}_n &= a_{n1}x_1 + a_{n2}x_2 + \ldots + a_{nn}x_n ,
\end{aligned}$$

mit $a_{ij} = \partial f_i(\bar{x}_1,...,\bar{x}_n)/\partial x_j$. Die Systemmatrix A ist die Jacobi-Funktionalmatrix an
der Stelle $\bar{x}$.

Im Falle det A $\neq$ 0 ist der Ursprung (0,...,0) der einzige Gleichgesichtspunkt von
(7.2), und $\bar{x}$ ist dann ein isolierter Gleichgewichtspunkt von (7.1).

Gilt det A $\neq$ 0, dann ist die Stabilität des linearen Systems (7.2) - analog zum
Fall n = 2 (vgl. Satz 5.3) - vollständig festgelegt durch die Lage der Eigenwerte der Matrix A in der komplexen Ebene.

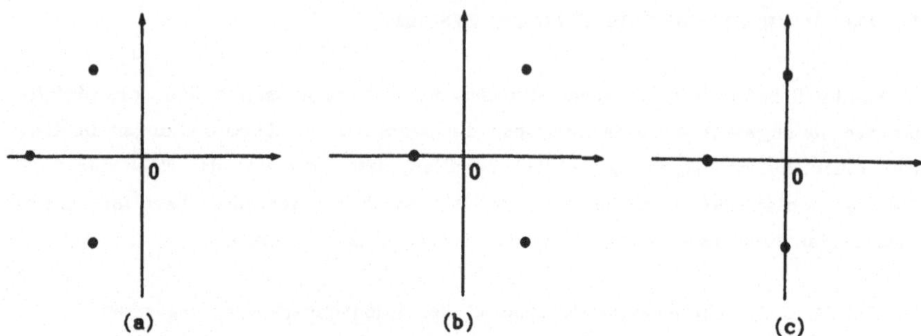

(a)   (b)   (c)

Fig. 7.1: Eigenwerte und Stabilität für n = 3 (aus: Luenberger [38], S. 158): (a) asymptotisch stabil, (b) instabil, (c) marginal (rand-) stabil, d.h. stabil und nicht asymptotisch stabil

Für das nichtlineare System (7.1) gilt in Verallgemeinerung des 1. Teils von Satz 5.4 folgender

Satz 7.1: $\overline{x}$ sei ein Gleichgewichtspunkt von (7.1) und A die Jacobi-Funktionalmatrix von f an der Stelle $\overline{x}$. Es sei det A $\neq$ 0, dann gilt:

1. Liegen alle Eigenwerte von A in der linken Hälfte der komplexen Ebene (ausgenommen die imaginäre Achse), dann ist $\overline{x}$ für das nichtlineare System asymptotisch stabil.

2. Besitzt wenigstens ein Eigenwert von A einen Realteil größer als 0, denn ist $\overline{x}$ instabil für das nichtlineare System.

3. Liegen alle Eigenwerte in der linken Hälfte der komplexen Ebene und hat mindestens einer einen verschwindenden Realteil, dann ist $\overline{x}$ entweder stabil, asymptotisch stabil oder instabil für das nichtlineare System (also keine Aussage !).

Wir finden diese Aussagen, zusammengefaßt in Satz 7.1, z.B. bei Luenberger [38], S. 157 ff. Der 2. Teil von Satz 5.4 enthält Aussagen über die Geometrie der Lösungskurven in der Nähe von Gleichgewichtspunkten ebener Systeme (vgl. Abschnitt 5.3), die sich augenscheinlich nicht auf beliebige Dimensionen übertragen lassen.

Wir haben in Abschnitt 5.4 diese Vorgehensweise, nämlich aus der Stabilitätseigenschaft der Linearisierung (7.2) zurückzuschließen auf die Stabilität des nichtlinearen Systems, bereits als die indirekte Methode von Ljapunov bezeichnet. Sie hat zwei Schwachstellen:

(a) "Grenzfälle" (Satz 7.1, 3. Teil: marginal stabil) werden nicht erfaßt;

(b) Aussagen über den Systemzustand von (7.1) sind nur in unmittelbarer Umgebung der Gleichgewichtspunkte von (7.1) gültig.

Ljapunov's direkte Methode, die wir nun kennlernen werden, arbeitet direkt mit dem nichtlinearen System anstelle der Linearisierung.

7.1 Ljapunov-Funktionen

Bereits beim klassischen Räuber-Beute-Modell (6.1)

$$\dot{x}_1 = a\, x_1 - c\, x_1 x_2$$
$$\dot{x}_2 = -b\, x_2 + d\, x_1 x_2$$

hat die indirekte Methode für $(\bar{x}_1, \bar{x}_2) = (b/d, a/c)$, den nichttrivialen der beiden Gleichgewichtspunkte, ein Wirbelpunkt im Innern des 1. Quadranten, versagt. Dort haben wir aus den Systemgleichungen die reellwertige Funktion

$$V(x_1, x_2) = d\, x_1 + c\, x_2 - b\, \ln x_1 - a\, \ln x_2$$

(vgl. (6.7)) hergeleitet, auf deren Höhenschichtlinien die Lösungskurven vom (6.1) verlaufen mußten. Auf diese Weise erhielten wir für beliebige Anfangswerte im 1. Quadranten - und nicht nur für Anfangswerte in einer kleinen Umgebung von $(\bar{x}_1, \bar{x}_2)$ - um den Gleichgewichtspunkt $(\bar{x}_1, \bar{x}_2)$ herumlaufende geschlossene Lösungskurven von (6.1).

Dieses von uns im Einzelfall der klassischen Lotka-Volterra-Gleichungen (6.1) benutzte Konzept hat der russische Mathematiker und Ingenieur A.M. Ljapunov bereits 1892 in seiner Dissertation als allgemeines Stabilitätskriterium entwickelt.

Ljapunov-Funktion: $\bar{x}$ sei ein Gleichgewichtspunkt des dynamischen Systems (7.1)

$$\dot{x} = f(x) , \quad f \in C^1(D) , \ D \subset \mathbb{R}^n.$$

Eine stetige Funktion

$$V : U \to \mathbb{R} , \quad U \subset D , \ \bar{x} \in U ,$$

die auf $U-\{\bar{x}\}$ stetig differenzierbar ist und für die gilt:

(a) $V(\bar{x}) = 0$ und $V(x) > 0$ für $x \neq \bar{x}$, und

(b) $\dot{V}(x) := \triangledown V(x) \cdot f(x) \leqslant 0$ für $x \in U-\{\bar{x}\}$, [1])

heißt Ljapunov-Funktion für $\bar{x}$.

---

[1]) $\triangledown V(x) = (\partial V(x)/\partial x_1, ..., \partial V(x)/\partial x_n)$ ist der Gradientenvektor

Eigenschaft (a) bedeutet, daß V ein eindeutiges globales Minimum in $\bar{x}$ besitzt. Und (b) besagt anschaulich, daß $V(x(t))$ entlang beliebiger Trajektorien $x(t)$ von (7.1) mit fortschreitender Zeit niemals anwächst (vgl. Fig. 7.2(a)).

Denn es gilt (o.B.d.A. für $n = 2$)

$$\dot{V}(x(t)) = \frac{\partial V(x(t))}{\partial x_1} \dot{x}_1(t) + \frac{\partial V(x(t))}{\partial x_2} \dot{x}_2(t)$$

$$= \frac{\partial V(x(t))}{\partial x_1} f_1(x(t)) + \frac{\partial V(x(t))}{\partial x_2} f_2(x(t))$$

$$= \nabla V(x(t)) \cdot f(x(t))$$

$$\leq 0 \quad \text{für} \quad x(t) \in U.$$

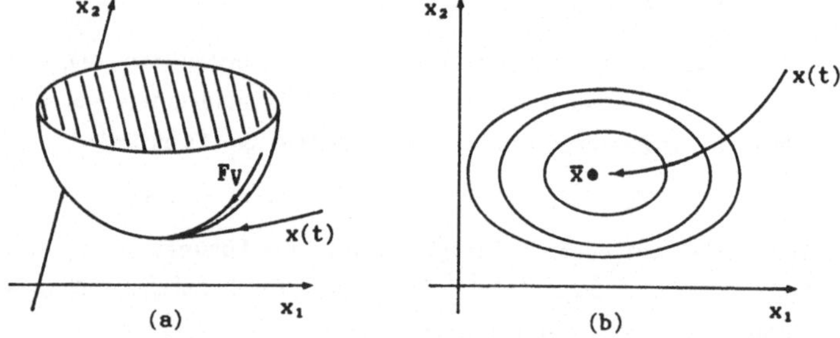

Fig. 7.2: Veranschaulichungen einer Ljapunov-Funktion (aus: Luenberger [38], S. 333)

Kurven auf dem Funktionsgraphen F_V, die zu Lösungskurven von (7.1) gehören, müssen demnach immer "bergab" laufen - niemals "bergauf" (Fig. 7.2 (a)).

Eine zweite Möglichkeit der Veranschaulichung einer Ljapunov-Funktion bieten im Fall $n = 2$ die Projektionen der Höhenschichtlinien von V in die Phasenebene (Fig. 7.2 (b)). V wächst, wenn man sich vom Gleichgewichtspunkt $\bar{x}$ zu immer weiter entfernten Höhenschichtlinien begibt. Die Bedingung (b) kann nun so interpretiert werden, daß die Trajektorien von (7.1) die Höhenschichtlinien immer in Richtung auf den Gleichgewichtspunkt $\bar{x}$ hin "kreuzen" müssen - niemals in umgekehrter Richtung.

Wie das zu Beginn dieses Abschnittes bereits angesprochene Beispiel der Funktion

$$V(x_1,x_2) = d\,x_1 + c\,x_2 - b\,\ln x_1 - a\,\ln x_2$$

jedoch zeigt, können die Trajektorien aber auch auf den Höhenschichtlinien von V verlaufen. Denn die Funktion

$$V(x_1, x_2) - V(\bar{x}_1, \bar{x}_2)$$

definiert eine Ljapunov-Funktion mit $U = \mathbb{R}^+ \times \mathbb{R}^+$ für den Gleichgewichtspunkt $(\bar{x}_1, \bar{x}_2) = (b/d \ , \ a/c)$ des Räuber-Beute-Modells (6.1). Eigenschaft (a) folgt nämlich aus Satz 6.1 und (b) aus

$$\begin{aligned}
\dot{V}(x_1, x_2) &= (d - b/x_1)(a\,x_1 - c\,x_1 x_2) + (c - a/x_2)(-b\,x_2 + d\,x_1 x_2) \\
&= da\,x_1 - ba - dc\,x_1 x_2 + bc\,x_2 - bc\,x_2 + ab + cd\,x_1 x_2 - ad\,x_1 \\
&= 0 \ (!) \ .
\end{aligned}$$

Satz 7.2: *(Direkte Methode von Ljapunov)*

$\bar{x}$ sei Gleichgewichtspunkt des Systems (7.1). Dann gilt:

1. Existiert eine Ljapunov-Funktion V für $\bar{x}$, dann ist $\bar{x}$ stabil.

2. Gilt für sie $\dot{V}(x) < 0$ in $U - \{\bar{x}\}$, dann ist $\bar{x}$ asymptotisch stabil.

Beweis: 1. Sei $\varepsilon > 0$ so gewählt, daß die abgeschlossene Vollkugel $U_\varepsilon(\bar{x})$ vollständig in U liegt. α sei das Minimum von V auf dem Rand von $U_\varepsilon(\bar{x})$, d.h. auf der n-Sphäre $S_\varepsilon(\bar{x})$. Aufgrund der Eigenschaft (a) der Ljapunov-Funktion V gilt $\alpha > 0$.

Sei $U_1 = \{x \in U \mid V(x) < \alpha\}$. Dann kann keine Lösungskurve $x(t)$, die zum Zeitpunkt 0 in U_1 startet, zu einem späteren Zeitpunkt $S_\varepsilon(\bar{x})$ treffen, da V wegen Eigenschaft (b) entlang Lösungskurven nicht anwächst, d.h.

$$V(x(t)) \leqslant V(x(0)) < \alpha \ , \quad t \geqslant 0 \ .$$

Daraus folgt für jede Lösung, die in U_1 startet, daß sie für alle $t \geqslant 0$ existiert und daß sie $U_\varepsilon(\bar{x})$ niemals verläßt. Damit ist $\bar{x}$ stabil.

2. Nun sei $\dot{V}(x) < 0$ in $U - \{\bar{x}\}$, d.h. für jede Lösung $x(t)$ gilt

$$V(x(t_2)) < V(x(t_1)) \quad \text{für} \quad t_1 < t_2 \ . \tag{7.3}$$

Sei $x(t)$ eine Lösung, die in $U_1 - \{\bar{x}\}$ startet, und (t_n) eine Folge mit $t_n \to \infty$. Aufgrund der Kompaktheit von $U_\varepsilon(\bar{x})$ gilt

$$x(t_n) \to z_0 \in U_\varepsilon(\bar{x}) \ .$$

Aus $V(t_n) \to V(z_0)$ (Stetigkeit von V) und aus (7.3) folgt

$$V(x(t)) > V(z_0) \quad \text{für alle } t \geqslant 0 \ . \tag{7.4}$$

Wir nehmen an, $z_0 \neq \bar{x}$, und betrachten die Lösung $z(t)$, die in z_0 startet. Für jedes $s > 0$ gilt wegen (7.3)

$$V(z(s)) < V(z_0) \ .$$

132

Aufgrund der stetigen Abhängigkeit der Lösungen vom Anfangswert und der Stetigkeit von V folgt daraus

$$V(y(s)) < V(z_0)$$

für jede Lösung $y(s)$, die hinreichend nahe bei z_0 startet. Setzen wir $y(0) = x(t_n)$ für hinreichend großes n, so gilt

$$V(x(t_n + s)) < V(z_0)$$

im Widerspruch zu (7.4). Also konvergiert jede Lösung $x(t)$, die in U_1 startet, gegen $\bar{x}$. Das heißt, $\bar{x}$ ist asymptotisch stabil.

Diesen Beweis von Ljapunov's Satz finden wir bei Hirsch u. Smale [15], S. 194.

Zur Anwendung des Satzes müssen wir die Lösungen des Systems (7.1) nicht kennen! Ljapunov-Funktionen sind definiert über dem Zustandsraum D, bzw. eine Teilmenge $U \subset D$, und nicht über die Bewegung des Systems.

Aber das Problem liegt darin, für ein vorgegebenes dynamisches System eine Ljapunov-Funktion zu finden, denn es gibt dafür kein generelles Konstruktionsverfahren. Im Falle mechanischer oder elektrischer Systeme definiert die Energie des Systems oft eine Ljapunov-Funktion.

Typische "innermathematische" Ljapunov-Funktionen sind positiv definite quadratische Formen $V(x) = x^T R x$ $(x = (x_1,...,x_n)$, R : symmetrische Matrix, x^T : x transponiert) wie im folgenden Beispiel.

Wir betrachten das System

$$\dot{x}_1 = x_2$$
$$\dot{x}_2 = -x_1 - x_2$$

mit dem Gleichgewichtspunkt (0,0) und definieren

$$V(x_1,x_2) = x_1{}^2 + x_2{}^2 .$$

V ist eine positiv definite quadratische Form. V ist stetig, besitzt stetige partielle Ableitungen, und es gilt

$$0 = V(0,0) \leq V(x_1,x_2) \quad \text{für} \quad (x_1,x_2) \neq (0,0) .$$

Außerdem gilt

$$\dot{V}(x_1,x_2) = 2\, x_1 x_2 + 2\, x_2(-x_1 - x_2)$$
$$= -2\, x_2{}^2 \leq 0 .$$

V ist also eine Ljapunov-Funktion für den Gleichgewichtspunkt (0,0), d.h. (0,0)
ist stabil.

Über asymptotische Stabilität können wir jedoch keine Aussage machen, denn
$\dot{V}(x_1,x_2) < 0$ gilt nicht für alle Punkte $(x_1,x_2) \neq (0,0)$!

Abschließend behandeln wir ein Beispiel aus der Physik. Es stammt aus dem
Buch von Luenberger und ist typisch für die Grundidee von Ljapunov's direk-
ter Methode, daß nämlich die Energie eines freien mechanischen Systems bei Reibung immerzu abnimmt, bis das System zur Ruhe kommt.

Das reibungsbehaftete Pendel: Ein Pendel (Fig. 7.3) hat seinen Gleichgewichtspunkt dort, wo es senkrecht herunterhängt. Dieser Punkt ist stabil, das ist intuitiv klar. Nehmen wir zusätzlich Reibung in der Aufhängung (Lager k, vgl.
Fig. 7.3) an, dann ist er asymptotisch stabil.

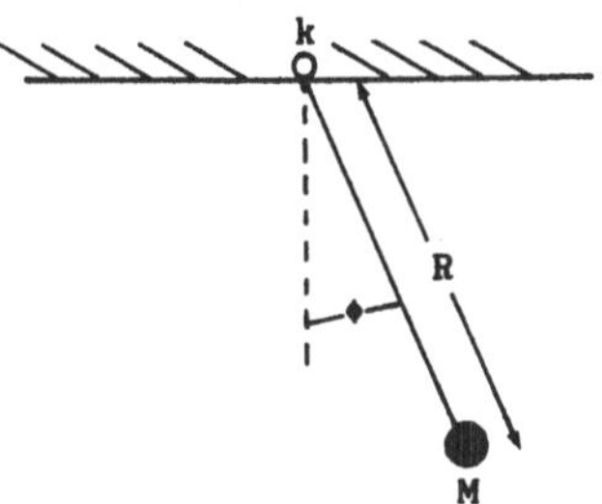

Fig. 7.3: Reibungsbehaftetes Pendel

Wir nehmen an, daß die Pendellänge gleich R ist, und daß die Pendelmasse
punktförmig am Pendelende konzentriert ist. Die Position des Pendels wird zu jeder Zeit durch die Auslenkung ϕ angegeben. Wir nehmen an, daß die Reibungs-
kraft proportional zur Geschwindigkeit des Pendels ist.

Mit der Gravitationskonstanten $g > 0$ und einem Reibungskoeffizienten $k > 0$ lautet dann die Bewegungsgleichung

$$M R \ddot{\phi}(t) = \underbrace{-M g \sin \phi(t)}_{\substack{\text{Gravitations-}\\\text{kraft}}} \underbrace{- M k \dot{\phi}(t)}_{\text{Reibung}} .$$

Sie ist äquivalent zu dem dynamischen System

$$\dot{\phi} = \omega$$

$$\dot{\omega} = -\frac{g}{R}\sin\phi - \frac{k}{R}\omega \ .$$

Die zweite Systemvariable ω ist die Winkelgeschwindigkeit des Systems.

Hier bietet sich an, wie oben bereits gesagt, die Energie des Systems, d.h. die Summe aus kinetischer und potentieller Energie, als Ljapunov-Funktion zu definieren.

$$V(\phi,\omega) = 1/2 \ M \ R^2\omega^2 + M \ g \ R \ (1 - \cos\phi) \ .$$

V ist stetig und besitzt stetige partielle Ableitungen. V ist überall positiv, ausser im Punkt $\phi = 0$, $\omega = 0$; dort verschwindet V. Endlich berechnen wir noch $\dot{V}$:

$$\begin{aligned}
\dot{V}(\phi,\omega) &= \ M \ R^2\omega \ \dot{\omega} + M \ g \ R \ \dot{\phi} \sin\phi \\
&= -M \ R \ g \ \omega \sin\phi - k \ M \ R \ \omega^2 + M \ g \ R \ \omega \sin\phi \\
&= -k \ M \ R \ \omega^2 \ \leqslant 0 \ .
\end{aligned}$$

Also ist V eine Ljapunov-Funktion, und der Gleichgewichtspunkt (0,0) ist nach Satz 7.2 stabil.

7.2 Grenzzyklen und der Satz von Poincaré-Bendixson

Die direkte Methode von Ljapunov (das Konzept der Ljapunov-Funktionen) kann in verschiedene Richtungen verallgemeinert werden. Eine wichtige Verallgemeinerung basiert auf der Idee sogenannter *invarianter Mengen*.

Sie führen z.B. in solchen Fällen weiter, in denen wir eine Ljapunov-Funktion $V(x)$ für einen Gleichgewichtspunkt $\bar{x}$ finden, die für einige Werte x aus einer Umgebung von $\bar{x}$ kleiner 0 ist, aber nicht für alle. Trotzdem kann man dann manchmal noch immer auf asymptotische Stabilität schließen.

Die zweite Situation, in der invariante Mengen hilfreich sind, liegt vor bei Systemen, die keine Gleichgewichtspunkte besitzen, aber deren Trajektorien mit fortschreitender Zeit eine ganz bestimmte feste Gestalt anstreben. Im $\mathbb{R}^2$ zum Beispiel können sich die Trajektorien einem sogenannten *Grenzzyklus* nähern (vgl. Fig. 7.4).

Invariante Menge: $G \subset D$ heißt invariante Menge für das System (7.1)

$$\dot{x} = f(x) \ , \ \text{mit } f \in C^1(D) \ , \ D \subset \mathbb{R}^n \ ,$$

falls für jede Lösung $x(t)$ mit $x(t_0) \in G$ für ein $t_0 \in \mathbb{R}$ gilt: $x(t)$ existiert für alle $t \geq t_0$ und $x(t) \in G$ für $t \geq t_0$.

Ein Gleichgewichtspunkt ist das einfachste Beispiel einer invarianten Menge. Besitzt ein dynamisches System mehrere Gleichgewichtspunkte, so ist deren Vereinigungsmenge ebenfalls eine invariante Menge. Doch nun ein ganz anderes Beispiel. Wir betrachten das ebene System

$$\begin{aligned}
\dot{x}_1 &= x_2 + x_1 \ (1 - x_1{}^2 - x_2{}^2) \\
\dot{x}_2 &= -x_1 + x_2 \ (1 - x_1{}^2 - x_2{}^2) \ .
\end{aligned} \tag{7.5}$$

Aus

$$\begin{aligned}
0 &= x_2 + x_1 \ (1 - x_1{}^2 - x_2{}^2) \\
0 &= -x_1 + x_2 \ (1 - x_1{}^2 - x_2{}^2)
\end{aligned} \tag{7.6}$$

folgt offensichtlich, daß (0,0) ein Gleichgewichtspunkt von (7.5) ist. Für $x_1 \neq 0$, $x_2 \neq 0$ erhalten wir aus (7.6)

$$\begin{aligned}
-x_2/x_1 &= 1 - x_1{}^2 - x_2{}^2 \\
x_1/x_2 &= 1 - x_1{}^2 - x_2{}^2 \ ,
\end{aligned}$$

woraus folgt

$$\begin{aligned}
-x_2/x_1 &= x_1/x_2 \quad \text{bzw.} \\
-x_2{}^2 &= x_1{}^2 \ ,
\end{aligned}$$

also existieren für $x_1 \neq 0$ und $x_2 \neq 0$ keine Gleichgewichtpunkte von (7.5).

Ist nur $x_1 \neq 0$ oder nur $x_2 \neq 0$, so ist mindestens eine der beiden Gleichungen (7.6) nicht erfüllt, woraus insgesamt folgt, daß (0,0) der einzige Gleichgewichtspunkt von (7.5) ist.

(7.5) lautet anders geschrieben

$$\begin{bmatrix} \dot{x}_1 \\ \dot{x}_2 \end{bmatrix} = \begin{bmatrix} 1 & 1 \\ -1 & 1 \end{bmatrix} \begin{bmatrix} x_1 \\ x_2 \end{bmatrix} + \begin{bmatrix} -x_1{}^3 - x_1 x_2{}^2 \\ -x_1{}^2 x_2 - x_2{}^3 \end{bmatrix} \ ,$$

d.h., die Linearisierung um (0,0) führt auf die charakteristische Gleichung

$$P(\lambda) = (1 - \lambda)^2 + 1 = \lambda^2 - 2\lambda + 2 = 0$$

mit den Eigenwerten $\lambda_1 = 1 + i$ und $\lambda_2 = 1 - i$. Also ist der Gleichgewichtspunkt instabil.

Befindet sich das System (7.5) jedoch zu einem Zeitpunkt t_0 auf dem Einheitskreis, d.h. gilt $x_1{}^2(t_0) + x_2{}^2(t_0) = 1$, dann verbleibt es dort für alle Zeiten
$t \geqslant t_0$. Der Einheitskreis ist ein invariante Menge für das System (7.5).

Um dies zu verifizieren, betrachten wir das innere Produkt

$$(x_1,x_2) \cdot (\dot{x}_1,\dot{x}_2) = x_1\dot{x}_1 + x_2\dot{x}_2 = (x_1{}^2 + x_2{}^2) (1 - x_1{}^2 - x_2{}^2) \ .$$

Es ist gleich 0 für $x_1{}^2 + x_2{}^2 = 1$, d.h, auf dem Einheitskreis steht der Geschwin-
digkeitsvektor $(\dot{x}_1,\dot{x}_2)$ immer senkrecht auf dem Zustandsvektor (x_1,x_2) des Systems (7.5). Daher ist der Einheitskreis eine invariante Menge.

Den Zusammenhang zu Ljapunov-Funktionen stellt der folgende Satz her:

Satz 7.3: V sei eine Ljapunov-Funktion von (7.1) auf $U \subset \mathbb{R}^n$.

$\Omega_s = \left\{x \in U \mid V(x) < s\right\}$, $s > 0$. M_{inv} bezeichne die maximale invariante Teilmenge von $S = \left\{x \in \Omega_s \mid \dot{V}(x) = 0\right\}$.

Dann gilt für jede Lösung $x(t)$ von (7.1) mit $x(t_0) \in \Omega_s$:
$x(t)$ existiert für alle $t \geqslant t_0$ und

$$\lim_{t \to \infty} \text{dist}(x(t),M_{inv}) = 0 \ {}^{1)}.$$

In dieser Formulierung finden wir den Satz bei Luenberger auf S. 346. Knobloch
u. Kappel [13], S. 141, beweisen eine etwas schwächere Aussage. Auf seinen Beweis müssen wir aber hier verzichten, stattdessen wollen wir schauen, was wir
mit dem Satz anfangen können.

Für das System (7.5) definieren wir

$$V(x_1,x_2) = (1 - x_1{}^2 - x_2{}^2)^2 \ ;$$

dann gilt

$$\dot{V}(x_1,x_2) = -2 (1 - x_1{}^2 - x_2{}^2) (2 x_1\dot{x}_1 + 2 x_2\dot{x}_2)$$
$$= -4 (x_1{}^2 + x_2{}^2) (1 - x_1{}^2 - x_2{}^2)^2 \ .$$

Also gilt immer $\dot{V}(x_1,x_2) \leqslant 0$, und die Menge $\left\{(x_1,x_2) \in \mathbb{R}^2 \mid \dot{V}(x_1,x_2) = 0\right\}$ besteht
offenbar aus dem Ursprung und dem Einheitskreis. Wegen $\Omega_1 = \mathbb{R}^2 - \left\{(0,0)\right\}$ nähert
sich jede Lösung nach Satz 7.3 dem Einheitskreis außer derjenigen, die im Ur-

---

${}^{1)}$ $\text{dist}(x,M) := \inf \left\{\|x - y\| \mid y \in M\right\}$, $M \subset \mathbb{R}^n$

sprung startet. Insbesondere ist also der Ursprung ein instabiler Gleichgewichtspunkt für das System (7.5), doch das wissen wir ja bereits aufgrund der Linearisierung.

Auch die erste Folgerung aus Satz 7.3, daß sich alle übrigen Lösungen von
(7.5) dem Einheitskreis nähern, wollen wir nun - völlig losgelöst von Satz 7.3 -
explizit herleiten.

Wir werden dazu das System (7.5) explizit lösen; zunächst führen wir Polarkoor-
dinaten ein:

$$x_1 = r \cos \phi$$
$$x_2 = r \sin \phi \, .$$

Einsetzen in (7.5) ergibt nach einigen Umformungen

$$\frac{dr}{dt} = r \, (1 - r^2)$$

$$\frac{d\phi}{dt} = -1 \, . \tag{7.7}$$

Dieses System läßt sich nun bequem durch Trennung der Variablen lösen, die
Lösungen lauten ($r_0 = r(0)$, $\phi_0 = \phi(0)$):

$$r(t) = \frac{1}{\sqrt{1 + ke^{-2t}}} \, , \tag{7.8}$$

$$\phi(t) = -(t - \phi_0) \qquad \text{mit} \qquad k = \frac{1^2 - r_0}{r_0{}^2} \, .$$

Rücktransformation ergibt schließlich (der Einfachheit halber wird $\phi_0 = 0$ gesetzt)

$$x_1(t) = \frac{\cos t}{\sqrt{1 + ke^{-2t}}} \, ,$$

$$x_2(t) = \frac{-\sin t}{\sqrt{1 + ke^{-2t}}} \, . \tag{7.9}$$

Für k = 0, d.h. für $r_0 = r(0) = 1$, lautet die Lösung (cos t , -sin t); sie ist
2π-periodisch, ihre Spur ist der Einheitskreis.

Ist $k \neq 0$ und $r_0 \neq 0$, dann folgt aus (7.8): $\lim\limits_{t \to \infty} r(t) = 1$.

138

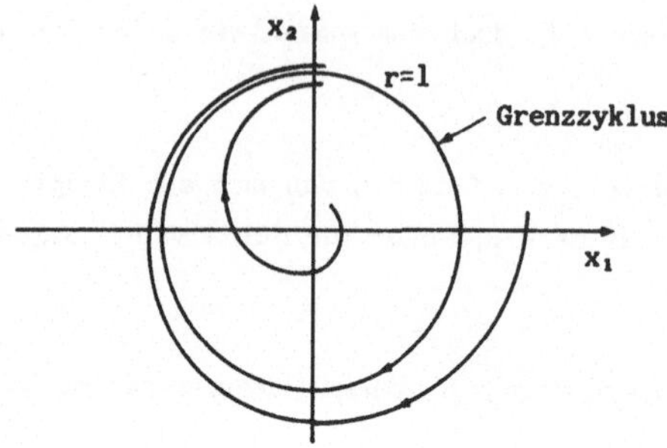

Fig. 7.4: Grenzzyklus für das System (7.5)

Ist $k = +c^2$, dann stellt (7.9) eine Spirale dar, die sich für $t \to -\infty$ dem Ursprung und für $t \to \infty$ von innen dem Einheitskreis nähert. Ist $k = -c^2$ ($c > 0$), dann konvergiert die Lösung für $t \to \ln c + 0$ gegen ∞ und nähert sich für $t \to +\infty$ von außen dem Einheitskreis.

Das System (7.5) besitzt also eine einzige *zyklische* (geschlossene) *Lösungskurve*, die zu einer periodischen Lösung gehört und der sich alle übrigen Lösungskurven (abgesehen von $x_1(t) \equiv 0$, $x_2(t) \equiv 0$) spiralig annähern. Solch eine zyklische Lösungskurve heißt nach Poincaré Grenzzyklus.

Dieses im Spezialfall des Systems (7.5) von uns hergeleitete Resultat über die Existenz eines Grenzzyklus entspricht der Aussage des klassischen *Satzes von Poincaré-Bendixson*. Er enthält eine sehr allgemeine Aussage über das Langzeitverhalten (für $t \to \infty$) von Lösungen ebener dynamischer Systeme.

Zu seiner Formulierung sind ein paar Vorbereitungen notwendig:

$C = \{(x_1(t) , x_2(t)) \mid t_0 \leqslant t \leqslant t^+\}$ sei eine positive Halbtrajektorie des Systems

$$\dot{x}_1 = f_1(x_1,x_2)$$
$$\dot{x}_2 = f_2(x_1,x_2) \tag{7.10}$$

$f_i \in C^1(D)$, $D \subset \mathbb{R}^2$. Wir nehmen für den Satz von Poincaré-Bendixson an, C liege in einer abgeschlossenen beschränkten Teilmenge R von D. Nach Satz 3.3 ist dann C für alle $t \geqslant t_0$ definiert: $t^+ = \infty$.

Wir nennen einen Punkt $(\tilde{x}_1,\tilde{x}_2)$ Grenzpunkt von C, falls eine Folge (t_n), $t_n \to \infty$, existiert mit

$$(x_1(t_n),x_2(t_n)) \to (\tilde{x}_1,\tilde{x}_2) \ .$$

C hat mindestens einen Grenzpunkt, denn die Folge $(x_1(t_0+n),x_2(t_0+n)) \subset R$ besitzt eine konvergent Teilfolge. Die Menge aller Grenzpunkte von C bezeichnen wir mit $\Omega(C)$: $\emptyset \neq \Omega(C) \subset R$.

Satz 7.4: (*Poincaré-Bendixson*)

Enthält $\Omega(C)$ keinen Gleichgewichtspunkt von (7.10), dann gilt entweder

(1) C ($= \Omega(C)$) ist selbst eine zyklische Lösungskurve (genauer: die Spur einer zyklischen Lösungskurve), d.h., C ist eine geschlossene Trajektorie, die zu einer nichttrivialen periodischen Lösung von (7.10) gehört, oder

(2) $\Omega(C)$ ist die Spur einer zyklischen Lösungskurve von (7.10), und C nähert sich dieser spiralig entweder von innen oder von außen.

Der Beweis verlangt einige technische Hilfsmittel, die wir nicht zur Verfügung haben; wir verweisen auf Hirsch u. Smale [15], S. 248, Knobloch u. Kappel [13], S. 191, und auf Hurewicz, [31], S. 109.

Aus dem Büchlein von Hurewicz stammt auch die Formulierung von Satz 7.4. Die Tragweite des Satzes hinsichtlich der Charakterisierung des Langzeitverhaltens ebener (autonomer) dynamischer Systeme wird in der folgenden Fassung besonders deutlich, einer unmittelbaren Folgerung aus Satz 7.4.

Folgerung aus Satz 7.4: Bleibt eine Lösung $(x_1(t),x_2(t))$ von (7.10) für alle Zeiten $t \geq 0$ in einem beschränkten Gebiet $R \subset D \subset \mathbb{R}^2$, dessen abgeschlossene Hülle $\bar{R}$ keine Gleichgewichtspunkte von (7.10) enthält, dann ist ihre Bahn entweder geschlossen, oder sie dreht sich spiralig in eine einfach geschlossene Kurve hinein, die selbst Bahn einer periodischen Lösung von (7.10) ist.

Der Satz von Poincaré-Bendicxson ist ein fundamentales Werkzeug zum Verständnis ebener (!) dynamischer Systeme, er besitzt jedoch für Differentialgleichungssysteme höherer Dimensionen weder eine Verallgemeinerung noch ein Gegenstück.

8 MODELLIERUNG UND SIMULATION GROSSER REALER SYSTEME: WALDSTERBEN

8.1 Problembeschreibung

In den beiden letzten Kapitel des Buches wollen wir unsere Kenntnisse über die
Modellierung, Simulation und die Stabilitätsanalyse (in Kapitel 9) dynamischer
Systeme an einem umfangreichen realen ökologischen Problem, nämlich dem des
Waldsterbens, modellhaft anwenden und überprüfen. Wir stützen uns dabei in
diesem 8. Kapitel zum Teil auf Resultate eines Forschungsprojektes, das der Au-
tor zusammen mit H. Bossel von 1983 bis 1985 an der Universität Kassel durchgeführt hat und dessen Ergebnisse in [39] dargestellt sind.

In dem damaligen Projekt wurde die Dynamik des Waldsterbens durch miteinander verkoppelte Simulationsmodelle für das Baumwachstum, das Bodenwasser, die
Stickstoffmineralisierung im Boden sowie den chemischen Bodenzustand dargestellt. Mit der damaligen Untersuchung konnte erstmals die Möglichkeit des plötzlichen Zusammenbruchs von Bäumen bzw. Waldökosystemen bei konstanter, aber
langanhaltender Schadstoffbelastung mathematisch modelliert und durch Simulationsresultate numerisch belegt werden. Verwendet wurde dort die Methode der
blockorientierten Modellierung und der dynamischen Simulation aus den beiden
Eingangskapiteln dieses Buches.

Selbstverständlich würde es den Rahmen einer Einführung in dynamischen Systeme aus der Ökologie sprengen, wollten wir versuchen, alle Einzelheiten eines
anwendungsnahen dynamischen Simulationsmodells zu behandeln wie dies in [39]
geschieht. Vielmehr verfolgen wir mit dem 8. und 9. Kapitel im wesentlichen drei
Ziele:

(1) Wir wollen darstellen, wie man aus der erdrückenden Anzahl biologischer und
    ökologischer System- und Einflußgrößen des Problemkreises "Waldsterben" die
    Systemgrenzen, eine Grobstrukturierung in Teilmodelle sowie schließlich eine
    Feinmodellierung mit Hilfe des DYSS-Konzeptes (vgl. Kap. 2) herausschält
    (Abschn. 8.2).

(2) Für ein von den Bodenprozessen isoliertes Baumwachstum wollen wir ein voll-
    ständiges Simulationsmodell angeben und seine Simulationsresultate darstel-
    len (Abschn. 8.3). Es hat sich gezeigt, daß dieses relativ kleine Simula-
    tionsmodell bereits in der Lage ist, alle aus [39] bekannten Reaktionen ei-
    nes Waldbestandes auf Schadstoffeinträge qualitativ richtig wiederzugeben.

(3) Die numerischen Resultate aus der Simulation des Baumwachstums unter Schadstoffbelastungen sollen schließlich in Kapitel 9 durch Stabilitätsanaly-
sen bestätigt werden. Dabei stützen wir uns auf Arbeiten von Krieger [40]
und Gockert [41], in denen ebene autonome Differentialgleichungssysteme behandelt werden, die von dem diskreten Simulationsmodell abgeleitet sind und
deren Lösungsverhalten im Phasenraum wir mit den Methoden aus den Kapiteln 5
und 7 analysieren können.

Beginnen wollen wir also mit der Diskussion der Merkmale des Problems "Waldsterben" sowie des Modellzwecks bzw. der Simulationsaufgabe. Hieraus folgen die Systemgrenzen, die Struktur und die erforderliche zeitliche Auflösung des Modells.

Die Wälder der Nordhalbkugel, vorwiegend die in einigen hundert Kilometern Um-
kreis von industrialisierten und dicht besiedelten Gebieten, sind seit wenigen
Jahren von einem sich beschleunigenden Verfall erfaßt, der durch den Euphemis-
mus "neuartige Waldschäden" nur unzureichend beschrieben ist. Zutreffender
sind die Begriffe "Baumsterben" oder "Waldsterben", da sie den dynamischen
Vorgang genauer beschreiben. Insbesondere beschönigen sie nicht den raschen
und irreversiblen Verfall, der nach dem Auftreten der ersten Symptome beobachtet wird.

Der Begriff "Waldsterben" ist ungenau, weil er ein epidemieartiges Absterben
der Wälder suggeriert, wie es etwa durch Krankheitserreger verursacht werden
könnte. Die oft sehr unterschiedlichen Verfallsstadien in einem einzigen Bestand
deuten aber darauf hin, daß es sich kaum um eine Ansteckung handeln kann.
Es wäre also wohl richtiger, der Individualität des Vorgangs durch die Bezeichnung "Baumsterben" Rechnung zu tragen. Die unausweichliche Folge des Baumsterbens ist allerdings das Waldsterben, und wir werden dahier hier beide Ausdrücke verwenden.

Aus einer Übersicht über die wichtigsten *Problemmerkmale* ergeben sich erste
Hinweise für den Entwurf des Simulationsmodells (vgl. Bossel, Metzler u.
Schäfer [39]):

(1) Das Baumsterben muß seine Ursache in Schadstoffbelastungen der Luft
haben, die entweder über das Blatt oder über den Boden, d.h. die Wurzeln,
(oder über beide Pfade zugleich) den Baum schädigen. Wenn auch der genaue
Schadensmechanismus bisher nicht eindeutig geklärt ist, so lassen sich doch
andere Schadursachen (etwa eine durch Schaderreger verursachte Epidemie)

durch Indizienbeweise als primäre Ursache ausschließen. Der Zusammenhang zwischen Schädigung, den Depositionsbedingungen und dem Grad der Immissionsbelastung unter Berücksichtigung lokaler Immissionsbedingungen (Westhang, Exponiertheit, Höhe der Sperrschicht bei Inversionswetterlagen usw.) ist eindeutig.

(2) Das Baumsterben ist inzwischen bei fast allen Waldbaumarten anzutreffen, sowohl bei Nadel- als auch bei Laubbäumen. Zwar unterscheiden sich die Symptome artenspezifisch etwas, doch lassen sie sich eindeutig in jedem Falle als Unterversorgungssymptome klassifizieren: Der Baum ist nicht mehr in der Lage, die zur Erhaltung der Lebensfunktionen notwendige Menge an Laub und Feinwurzeln auszubilden. Wird dies äußerlich erkennbar, so ist es bereits der Anfang eines rasch fortschreitenden Verfalls, dem der Baum in wenigen Monaten oder bestenfalls Jahren zum Opfer fällt. Die Tatsache, daß alle Waldbaumarten gleichartig betroffen sind, schließt wiederum einen biologischen Schaderreger als primäre Ursache aus.

(3) Dem plötzlichen Auftreten des Waldsterbens und der rapiden Schadenszunahme in Mitteleuropa steht keine entsprechende plötzliche Zunahme der in Verdacht geratenen Schadstoffemissionen gegenüber. Das Fehlen eines solchen Zusammenhangs erschwert das allgemeine Verständnis des Problems, deutet aber klar auf das Vorhandensein von Akkumulations- oder Speichereffekten. Zusammenbruchsartiges Verhalten kann sich hier als Folge lang anhaltender kleiner Schadeinwirkungen ergeben.

(4) Gleichartige Schäden treten auf sehr unterschiedlichen Standorten auf. Die Bodeneigenschaften bzw. ihre Veränderung durch Luftschadstoffe können also nur in einem Teil der Fälle als primäre Ursache für das Baumsterben gelten.

Ziel dieses Kapitels ist es, den offensichtlich dynamischen Prozeß des Baumsterbens im mathematischen Modell darzustellen und damit der Computersimulation zu öffnen. Aus den Problemmerkmalen geht hervor, daß bei dieser Untersuchung der Baum als dynamisches System im Mittelpunkt stehen muß. Der Schadensprozeß scheint sich vor allem auf dieser Ebene abzuspielen und kann daher weder auf der Ebene von Einzelkomponenten des Baums (etwa der Untersuchung des Photosyntheseprozesses allein) noch auf einer höheren Ebene (etwa der Untersuchung des gesamten Ökosystems Wald) richtig erfaßt werden. Das Baumsterben ist ein individueller Vorgang und erfordert daher die Beschreibung des Schadensverlaufs am individuellen Baum. Der Erfolg der systemanalytischen Betrachtung des Baums als System wäre dann daran zu messen, inwieweit (bei vorausgesetzter Strukturähnlichkeit) das Modell das dynamische Verhalten des realen Systems gültig beschreiben kann. Läßt sich diese Gültigkeit nachweisen, so müssen Schlußfolgerungen aus den Simulationen, etwa über notwendige Emissionsbegrenzungen, ernstgenommen werden.

Diese Zielsetzung konzentriert sich auf das bessere Verständnis des dynamischen Vorgangs und nicht so sehr auf seine quantitativ exakte Beschreibung. Diesem Aufgabenverständnis liegt die Vermutung zugrunde, daß der dynamische Prozeß des Waldsterbens in erster Linie durch qualitativ gleichartige Strukturelemente des Systems Baum und deren strukturelle Verknüpfung bestimmt wird, und nicht so sehr durch die artenspezifischen Werte dieser Komponenten in den einzelnen Baumarten. Der qualitativ gleiche Schadensverlauf bei allen Baumarten spricht für diese Hypothese. Da es aber zunächst einmal darauf ankommt, den dynamischen Prozeß richtig zu verstehen, ist Präzision der Einzeldaten weniger angebracht als Präzision der Strukturbeschreibung. Wir bemühen uns hier um das Letztere, wenngleich die entsprechenden Daten für Fichte verwendet werden.

Die Suche nach der verhaltensrelevanten Systemstruktur führt dazu, daß mehr Gewicht auf die korrekte Beschreibung von Funktionen der einzelnen Systemelemente gelegt werden muß als auf die genaue Beschreibung der Abläufe in ihren chemischen oder physikalischen Einzelheiten. Konkret interessieren also nicht die von einem Schadstoff hervorgerufenen chemischen Veränderungen im Photosyntheseapparat, sondern lediglich die entsprechende Leistungsminderung.

Um falschen Erwartungen vorzubeugen, sei klargestellt, was dieser Ansatz nicht leisten kann: Die Untersuchung kann z.B. nicht die quantitativ genaue Vorhersage des Schadensverlaufs eines bestimmten Baumes ergeben. Sie liefert auch nicht die Detailbeschreibung der einzelnen Prozeßabläufe im Baum. Die Simulationsergebnisse sind auch nicht für die Vorhersage des Schadensverlaufs in einer Region verwendbar. Allerdings ist zu erwarten, daß sich aus der zwischen Realität und Modell bestehenden Strukturähnlichkeit und der daraus resultierenden Prozeßähnlichkeit gültige Rückschlüsse auf das Verhalten von Bäumen unter Schadstoffbelastung und vor allem auf Maßnahmen zur Schadensreduzierung ziehen lassen.

8.2 Modellansatz

Der Modellierungsansatz wird durch die Problemstellung, genauer: durch das Problem und den Modellzweck bestimmt. Aus dem Problem und dem Modellzweck leiten sich der gewählte Realitätsausschnitt, der Detaillierungsgrad seiner Darstellung und damit die Systemgrößen, sowie schließlich die Darstellungsart ab. Um ein beliebiges System und sein Verhalten darstellen zu können, muß es von seiner Systemumgebung abgetrennt werden, wobei aber gewährleistet bleiben muß, daß alle Ein- und Ausgänge über die *Systemgrenzen* hinweg richtig berücksichtigt werden.

Der Grundvorgang des Waldsterbens ist das Baumsterben: Kernstück der Untersuchung wird also die systemare Darstellung des Baums mit seinen wichtigsten Funktionen sein müssen. Bei der systemanalytischen Darstellung des Baums und seiner Prozesse ist die Abgrenzung zur Umwelt nur an den oberirdischen Teilen einfach. Hier können wir uns die Systemgrenze als eine Glocke vorstellen, die über den Baum gestülpt wurde und bis zur Erdoberfläche reicht. Wetter-, Klima- und Emissionseinflüsse können dann als exogen vorgegebene Einträge an Einstrahlung, Niederschlag, Schadstoffmengen usw. vorgegeben werden.

Prinzipiell anders liegen die Dinge im Boden, aus dem der Baum Nährstoffe und Wasser beziehen muß. Auf die Prozesse im Boden hat der Baum selbst einen starken Einfluß durch Nährstoff- und Wasserentzug sowie durch den Abwurf von Laub, dessen Mineralisierung wiederum das Angebot von Nährstoffen im Boden erhöht. Die Systembetrachtung muß also hier den Boden und seine mit dem Baum verkoppelten Prozesse in die Untersuchung einbeziehen.

In einem gleichartigen Bestand kann man davon ausgehen, daß sich im Boden um jeden Baum eine vertikale Grenzfläche ziehen läßt, auf der die Nettosumme der Ein- und Austräge eines interessierenden Stoffes gleich "Null" ist. Wäre dem nicht so, so müßten sich an einigen Stellen des Bestandes eindeutige Standortvor- oder -nachteile ergeben. Wir setzen hier Idealbedingungen voraus und brauchen also einen Austausch an den vertikalen Flächen dieser Grenzfläche im Erdboden nicht zu berücksichtigen, müssen aber den Austausch (Sickerwasser, Nährstoffausträge im Sickerwasser, Kapillarwasseraufstieg, Nährstoffaufnahme aus tieferen Schichten und aus der Gesteinsverwitterung usw.) durch eine unter dem Baum liegende horizontale Grenzfläche einbeziehen.

8.2.1 Modellstruktur

Innerhalb dieser Systemabgrenzung lassen sich mehrere miteinander verkoppelte Teilmodelle unterscheiden (Fig. 8.1): Es sind dies das Teilmodell "Baum", das den Baum selbst und seine Funktionen darstellt; das Teilmodell "Mineralisierung",

das die Zersetzung organischer Abfälle und die Rückführung der in ihnen enthaltenen Nährstoffe enthält; das Teilmodell "Bodenwasser", das die Vorgänge der
Wasserhaltung im Boden enthält; und schließlich das Teilmodell "Bodenchemie",
das die für das Pflanzenwachstum wichtigen Veränderungen der Bodenchemie als
Ergebnis von Wasserstoffioneneintrag und -austrag enthält. Die Teilmodelle sind
durch Kopplungsgrößen verbunden, die den Stoff- und Informationsaustausch
zwischen ihnen beschreiben.

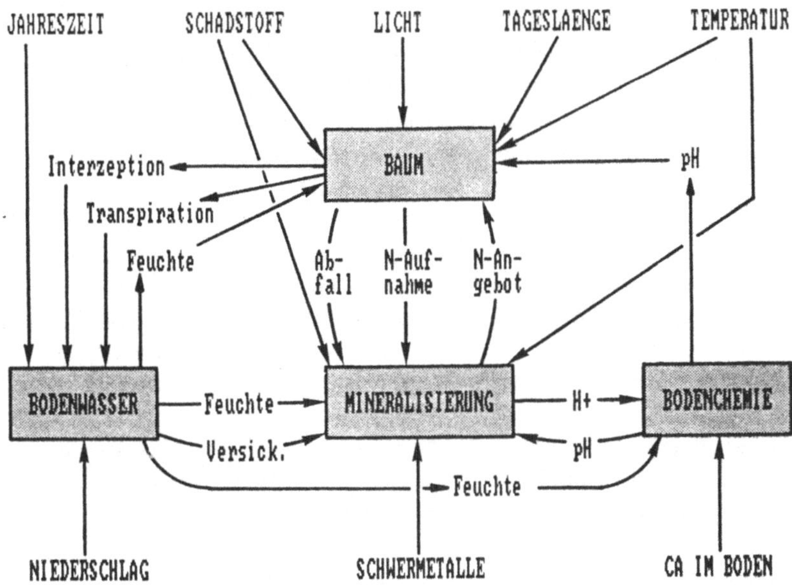

Fig. 8.1: Überblick über das Gesamtmodell, seine Verkopplungen und exogenen
Eingänge (aus [39])

Im folgenden wollen wir die Aufgaben dieser vier Teilmodelle im Rahmen des Gesamtmodells kurz charakterisieren (vgl. [40]):

Zur Beschreibung des Verhaltens von Waldökosystemen auf Schadstoffeinträge
ist als Kernstück ein Modellteil notwendig, der die Vorgänge in einem lebenden
Baum darstellt - das *Teilmodell "Baum"*. Hier werden die "normalen" Lebensfunk-

tionen eines Baumes wie Zuwachs und Verlust von Biomasse (Nadeln, Feinwurzeln, Holz), Aufnahme von Nährstoffen und Wasser, Photosynthese, Assimilatver-
teilung usw. modelliert. Hier sind aber auch diejenigen Wirkungsbeziehungen realisiert, die für die Reaktion dieses Teilsystems auf veränderte Umweltbedingungen, etwa durch Versauerung des Bodens, Wasser- und Stickstoffknappheit sowie Schadstoffeinträge aus der Luft, verantwortlich sind.

Alle Austauschvorgänge zwischen dem Baum und der Atmosphäre, etwa die Aufnahme von Luftschadstoffen oder die Abgabe von Wasser bei der Transpiration
des Baumes, werden im Modell nur auf der Seite des Baumes berücksichtigt.
Rückwirkungen auf die atmosphärische Umgebung (mikroklimatische Veränderungen) werden nicht modelliert. Daher erscheinen Klimaeinflüsse und Eintrag
von Luftschadstoffen im Modell als exogene Größen (vgl. Fig. 8.1, erste Zeile).
Anders ist das beim zweiten, den Baum beeinflussenden Grenzmedium, dem Boden-
körper: Die Vorgänge im Waldboden sowie dessen Austausch von Material und Informationen mit dem Baum werden modellintern erfaßt.

Im *Teilmodell "Bodenwasser"* wird abhängig von der Bodenart eine Wasserbilanz
des Waldbodens erstellt. Wichtigste (exogene) Einflußgrößen sind hier die Nie-
derschlagsmenge sowie die momentane Temperatur. Neben Oberflächenverdunst-
ung und Wasserverlust durch Versickerung liefert dieses Teilmodell zu jedem
Zeitpunkt die momentan für den Baum frei verfügbare Wassermenge (vgl. Fig.
8.1). Dieses Teilmodell kann bei Wasserknappheit das Wachstum der Bäume ein-
schränken. Umgekehrt beeinflußt das Teilmodell "Baum" die Bodenwasserbilanz
direkt durch Wasserentnahme zur Transpiration und indirekt durch Interzep-
tionsverluste (Verdunstung von Regenwasser an der Blattoberfläche).

Die Modellierung des Nährstoffhaushaltes des Bodens wird im *Teilmodell "Mineralisierung"* exemplarisch für den Stickstoff als Leitnährstoff erledigt. Die hier er-
faßte Umsetzung von Waldhumus in pflanzenverfügbaren Stickstoff (NO_3, NH_4)
ist ebenfalls stark von der Bodentemperatur und der Bodenfeuchte abhängig.
Die Verbindung zum Teilmodell "Baum" wird hier zum einen durch die Einbring-
ung organischer Abfälle (Nadelabwurf, Wurzelverrottung) des Baumes in den
Boden, zum anderen durch die Bereitstellung von Ammonium und Nitrat für den
Baum hergestellt.

Eine wichtige Beeinflußung erfährt das Teilmodell "Baum" schließlich noch durch
Ankopplung an das *Teilmodell "Bodenchemie"*. In diesem Teilmodell wird die Veränderung des Boden-pH-Wertes insbesondere unter Einwirkung von Luftschad-

stoffen, die über den Niederschlag in den Boden eindringen, berechnet. Diese Größe spielt bei der Bestimmung des Feinwurzelwachstums eine große Rolle. Direkte Rückwirkungen vom Teilmodell "Baum" auf das Teilmodell "Bodenchemie" gibt es nicht. Solche Rückwirkungen entstehen aber z.B. durch die Nitrataufnahme der Pflanzen, also indirekt über das Teilmodell "Mineralisierung".

An dieser Stelle wird klar, daß auch die drei Teilmodelle zur Bodensimulation ("Bodenwasser", "Mineralisierung", "Bodenchemie") selbstverständlich miteinander verkoppelt sein müssen. Auf die Beschreibung dieser Kopplungsstellen verzichten wir hier jedoch, da es uns hauptsächlich auf die Einbettung des Baumes in das Gesamtmodell ankommt.

Wir fassen noch einmal zusammen:

Das Teilmodell "Baum" ist das Kernstück des Gesamtmodells. Hier werden die Reaktionen des Waldes auf Schadstoffeinflüsse modelliert. Die restlichen Teilmodelle dienen dazu zu bestimmen, wie und in welchem Umfang sich die Umweltbedingungen des Baumes ändern.

8.2.2 Modellierungsmethode

Im vorherigen Abschnitt haben wir bereits den ersten Schritt der Modellierungsarbeit zu dem zugrundeliegenden Modell erledigt, nämlich die

(1) Strukturierung des zu modellierenden Realitätsausschnitts durch Teilmodelle und Definition der Schnittstellen zwischen den Teilmodellen.

Die folgenden Schritte der Modellierung werden wir ebenfalls stichpunktartig darstellen.

(2) Auswahl der Modellgrößen und Formulierung der Wirkungsbeziehungen zwischen ihnen.

Übersichtlich dargestellt werden alle Wirkungsbeziehungen im Wirkungsgraphen. Fig. 8.2 zeigt einen vereinfachten Wirkungsgraphen für das Teilmodell "Baum". Aus den beiden Eingangskapiteln wissen wir bereits, wie wir ihn zu lesen haben. Die weitere Modellierungsarbeit erfolgt dann im Sinne des im zweiten Kapitel entwickelten Konzepts von Zuständen und Raten und führt nach erfolgter Quantifizierung schließlich zu Simulationsdiagrammen.

(3) Spezifizierung der Systemgrößen als Zustände, Raten oder Hilfsgrößen.

Oft ergibt sich diese Aufteilung der Systemgrößen ganz automatisch aus ihrer Bedeutung für das Modell: Die aktuelle Nadelmenge eines Baumes ist ein Indiz für seinen Zustand, also eine Zustandsgröße; der Nadelverlust dagegen ändert diesen Zustand, ist also eine Rate. Eine Hilfsgröße ist z.B. die Blatteffizienz, d.h. das Photosynthesevermögen der Nadeln, denn sie liefert einen Beitrag zur Berechnung einer Rate, nämlich der Photosynthese (vgl. Fig. 8.2).

(4) Quantifizierung der Systemgrößen und der Wirkungsbeziehungen und Aufstellung des Simulationsdiagrammes.

Nun werden die Systemgrößen und Wirkungsbeziehungen in die Sprache des Simulationssystems DYSS (vgl. Kap. 2) übersetzt. Im allgemeinen entspricht jeder Systemgröße ein DYSS-Block. Ebenso entsprechen die Verbindungen in den meisten Fällen den vorher formulierten Wirkungsbeziehungen. Oft sind jedoch diese

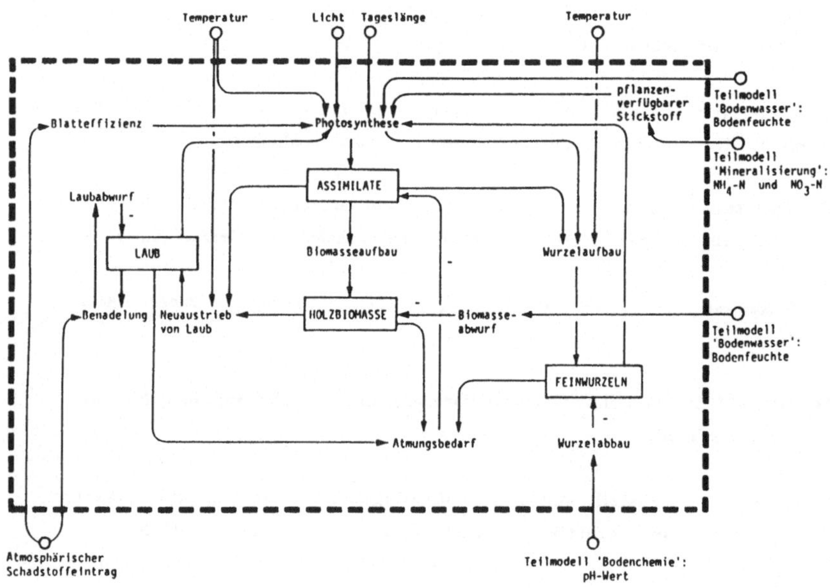

Fig. 8.2: Wirkungsgraph für das Teilmodell "Baum" (aus [39], stark vereinfacht)

Wirkungsbeziehungen so komplex, daß sie nur durch mehrere miteinander ver-
bundene Blöcke dargestellt werden können. Zur Herstellung von Zusammenhängen, die durch experimentell bestimmte Datenpaare gegeben sind, wird der Blocktyp "Tabellenfunktion" (tab) benutzt. Fig. 8.3 zeigt den Modellausschnitt aus
dem Simulationsdiagramm für das Baumwachstum, der für die Photosynthese und
die Bestimmung der Feinwurzelmenge zuständig ist.

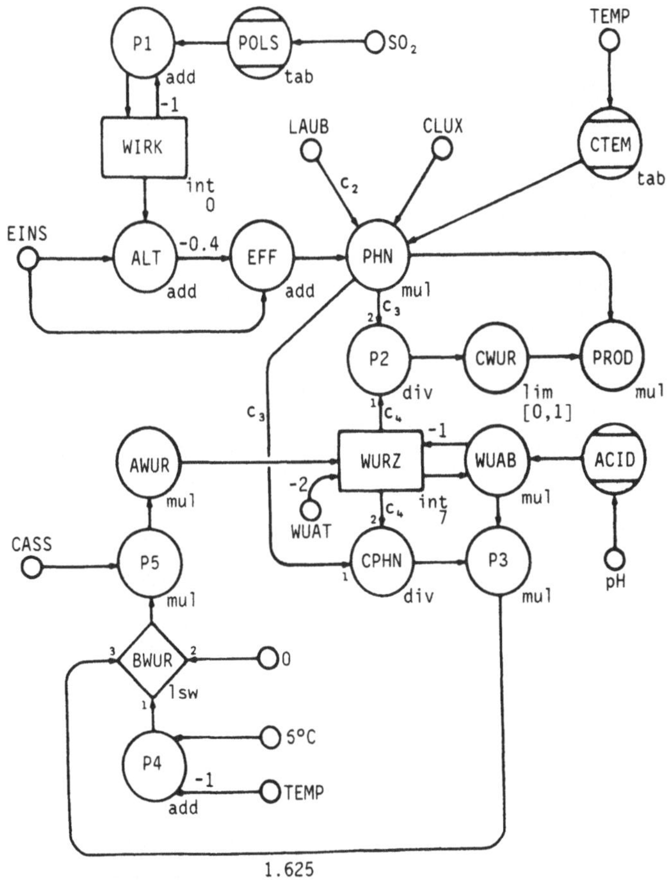

 DYSS-Simulationsdiagramm für Photosynthese und Feinwurzeln (Blocknamen und Bedeutung in Abschn. 8.3; Kombinationen aus Buchstabe plus
Ziffer bezeichnen algebraische Hilfsblöcke)

Das Simulationssystem erlaubt die direkte Eingabe des Modells in Form von Blöcken und Verbindungen. Eine Übersetzung in Gleichungen ist bekanntlich nicht
notwendig. Ist die Eingabe erfolgt, so können mit dem Modell Simulationen durchgeführt werden. Praktisch laufen die vier Modellierungsphasen in der Regel
nicht in strenger zeitlicher Reihenfolge ab. Vielmehr stellt man sehr oft in einer
Phase Mängel der vorangegangenen Phasen fest, die zunächst beseitigt werden
müssen. Oft geben sogar erst die Ergebnisse Hinweise auf Modellierungsfehler,
die ein Überdenken des Modells nötig machen.

8.3 System Baum

Das Teilmodell "Baum" ist allein verantwortlich für die Reaktionen des Baumes
auf sich verändernde Umweltbedingungen. Zur Umwelt eines Baumes rechnen wir
auch die Verhältnisse im Boden (z.B. Nährstoffangebot, Feuchtigkeit oder
pH-Wert), deren zeitliche Dynamik in [39] durch die in Abschn. 8.2 vorgestell-
ten Bodenteilmodelle simuliert wird.

Für unsere Zwecke, die ja nicht auf eine ernsthafte Anwendung der Resultate
zielen, halten wir die aus dem Boden kommenden Einflußgrößen (vgl. Fig. 8.1)
zeitlich konstant. Wir wählen diese Konstanten so, daß dem Modellbaum ständig
ausreichend viel Bodenwasser zur Verfügung steht und daß das Nährstoffangebot des Bodens immer die Nachfrage für die Assimilatproduktion deckt.

Dadurch bedingt, kann das Systemverhalten bei Einwirkung von Luftschadstoffen und Bodenversauerung simuliert werden unter Ausschluß sonstiger schädi-
gender Einflüsse, etwa Wasser- oder Nährstoffmangel.

Uns interessiert dabei speziell das Wachstum des Modellbaumes in Abhängigkeit
von zwei Schadparametern: der Schwefeldioxidkonzentration der Luft sowie des
pH-Wertes im Boden. Wir beziehen uns dabei auf ein gegenüber [39] weiterent-
wickeltes Modell des Baumwachstums (vgl. Metzler [42]), das den obigen Verein-
fachungen bereits Rechnung trägt.

8.3.1 Ein parameterabhängiges Baummodell mit fünf Zustandsgrößen

Wir beschreiben das Baumwachstum durch das dynamische Verhalten von fünf
Zustandsgrößen. Vier von ihnen entsprechen den Organen des Baumes: *Holzige
Biomasse (BIOM)*, *Nadelmenge (LAUB)*, *Feinwurzelmenge (WURZ)* und *Assimilat-*

menge (ASSI). Die fünfte Zustandsgröße **(POLL)** gibt die **Wirkung der Luftverschmutzung** auf die Nadeln an. Ihre nachfolgenden Systemgleichungen stellen nichts anderes dar als die Übersetzung eines Simulationsdiagramms zum Baumwachstum (von dem Fig. 8.3 einen Ausschnitt zeigt) in die gewohnte Schreibweise als Differentialgleichungssystem. Die **Zustandsgleichungen** lauten:

$$\frac{d\ POLL}{dT} = POLS - POLL$$

$$\frac{d\ LAUB}{dT} = ALAU - (LANA + LAAB + LAWU + 2\cdot LAAT)$$

$$\frac{d\ WURZ}{dT} = AWUR - (WUAB + 2\cdot WUAT) \qquad\qquad (8.1)$$

$$\frac{d\ BIOM}{dT} = ASSI - (ABFL + BIAT)$$

$$\frac{d\ ASSI}{dT} = REST - (ALAU + AWUR + ASSI)$$

mit den **Anfangsbedingungen** :

$$POLL(0) = 0, \quad LAUB(0) = 21, \quad WURZ(0) = 7,$$
$$BIOM(0) = 322, \quad ASSI(0) = 15.$$

Gemessen werden die Zustandsgrößen in $t\cdot ha^{-1}$ (t: Tonne, ha: Hektar); die **Raten** auf den rechten Seiten von (8.1) berechnen sich (Dimension: $t\cdot ha^{-1}\cdot a^{-1}$, a: Jahr) aus den **Ratengleichungen** :

$$ALAU = 1.1\ CASS \cdot BLAT$$
$$LANA = (1 - BENA)\cdot LAUB$$
$$LAAB = LAUB \cdot NAD^{-1}$$
$$LAWU = \begin{cases} (1 - CWUR)\cdot LAUB & \text{falls } CWUR < 0.5 \\ 0 & \text{sonst} \end{cases}$$
$$LAAT = (1 - CATM)\cdot LAUB$$
$$AWUR = 1.1\ CASS \cdot BWUR$$
$$WUAB = ACID \cdot WURZ$$
$$WUAT = (1 - CATM)\cdot WURZ$$
$$ABFL = 0.01\ BIOM$$
$$BIAT = (1 - CATM)\cdot BIOM$$
$$REST = PROD - ATM.$$

Zur Bestimmung der Raten benötigen wir die *Hilfsgleichungen* :

$$ALT = 1 + POLL$$

$$BENA = ALT^{-1}$$

$$LAGB = LBTL \cdot BIOM$$

$$NAD = c_1 \, LAUB \cdot LAGB^{-1}$$

$$BLAT = \begin{cases} 5.7778 \, LAGB \cdot NAD^{-1} & \text{falls} \quad TY < 0.5 \quad \text{und} \quad TEMP > t_L \\ 0 & \text{sonst} \end{cases}$$

$$EFF = 1 - 0.4 \, ALT$$

$$CLUX = 1/2 + 1/6 \, \sin(2\pi \cdot TJ - \pi/2)$$

$$PHN = c_2 \, EFF \cdot CLUX \cdot CTEM \cdot LAUB$$

$$CPHN = c_3 \, PHN \cdot (c_4 \, WURZ)^{-1}$$

$$CWUR = CPHN^{-1} \quad \text{limitiert auf } [0,1]$$

$$PROD = CWUR \cdot PHN$$

$$ATM = CTEM \cdot (k_1 \, LAUB + k_2 \, WURZ + k_3 \, BIOM)$$

$$BWUR = \begin{cases} 1.625 \, CPHN \cdot WUAB & \text{falls} \quad TEMP > t_w \\ 0 & \text{sonst} \end{cases}$$

$$CASS = (REST + 52 \, ASSI) \cdot (BLAT + BWUR)^{-1} \quad \text{limitiert auf } [0,1]$$

$$CATM = (PROD + 52 \, ASSI) \cdot ATM^{-1} \quad \text{limitiert auf } [0,1]$$

$$TJ = T - integer(T), \quad T: \text{Modellzeit.}$$

Die Hilfsgleichungen greifen zurück auf einige nichttriviale

Modellkonstanten : $c_1 = 7[a]$
durchschnittliche Lebensdauer von Nadeln

$c_2 = 24 \, [kg \, ASSI/(kg \, LAUB \cdot a)]$
optimale Nettophotosyntheserate

$c_3 = 241 \, [kg \, H_2O/kg \, ASSI]$
Transpirationskoeffizient

$c_4 = 2000 \, [kg \, H_2O/(kg \, WURZ \cdot a)]$
Wasserförderkoeffizient

$k_1 = 1.5 \, [kg \, ASSI/(kg \, LAUB \cdot a)]$
spezifische Dunkelatmung des Laubes

$k_2 = 2.0 \, [kg \, ASSI/(kg \, WURZ \cdot a)]$
spezifische Wurzelatmung

$k_3 = 0.05 \, [kg \, ASSI/(kg \, BIOM \cdot a)]$
spezifische Biomasseatmung

$t_L = 10[°C]$
Minimaltemperatur für Laubaustrieb

$t_w = 6[°C]$
Minimaltemperatur für Wurzelwachstum

und *Tabellenfunktionen* :

BIOM[t/ha]	LBTL[-]
0	0.5
1.15	0.5
2.875	0.45
4.6	0.3
5.75	0.25
7.25	0.2
8	0.175
17.25	0.15
40	0.12
75	0.1
115	0.0825
230	0.0625
1150	0.0425

TJ[-]	TEMP[^{o}C] *)
0	0.7
0.058	0
0.135	0.8
0.212	4.6
0.308	8.8
0.385	13.2
0.462	16.4
0.558	17.8
0.635	17.3
0.731	14.2
0.808	9.1
0.885	4.9
0.981	1.5
0.999	0.7

*) monatliche Durchschnittstemperaturen von Kassel

TEMP[^{o}C]	CTEM[-]
-5	0
5	0.2
20	1
30	1

pH[-]	ACID[a^{-1}]
2.8	7
3.0	1.75
3.8	1
5	1

SO_2[μg/m^3]	POLS[a^{-1}]
0	0
15	0
160	0.2

Nomenklatur :

ABFL :   natürlicher Biomasseabwurf

ACID :   Wurzelverlustzahl bei Bodenversauerung

ALAU :   Assimilatbedarf für Laubaustrieb

ALT :   Nadelalterung

ASSI :   aktuelle Assimilatmenge

AWUR :   Assimilatbedarf für normalen Wurzelaustrieb

ATM :   Atmungsbedarf von Nadeln und Feinwurzeln

BENA :   Benadelung: Anteil der ungeschädigten Nadeln

BIAT :   Biomasseverlust durch Atmungsunterversorgung

BIOM :   aktuelle Biomassemenge

BLAT :   Laubneuaustrieb (bei optimalen Bedingungen)

BWUR :   Wurzelneuaustrieb

CASS :   Korrekturfaktor bei Assimilatmangel für den Organaufbau

CATM :   Korrekturfaktor bei Assimilatmangel für die Atmung

CLUX :   Anteil der Lichtstunden an der Tageslänge

CPHN :   Korrektur des Wurzelwachstums durch die Photosyntheserate

CTEM :   Temperatureinfluß auf Photosynthese und Dunkelatmung

CWUR :   Korrektur der aktuellen Feinwurzelmenge durch die Photosynthese

EFF :   Nadeleffizienz

LAAB :   natürlicher Laubabwurf

LAAT :   Laubverlust durch Atmungsunterversorgung

LAGB :   Laubmenge eines gesunden Baumes

LANA :   Laubverlust durch Nadelschädigung

LAUB :   aktuelle Laub-(Nadel-)menge

LAWU :   Laubverlust bei Wassermangel

LBTL :   Laubanteil an der Gesamtbiomasse beim gesunden Baum

NAD :   Anzahl der Nadeljahrgänge

PHN :   Nettophotosyntheserate

POLL :   Wirkung der Luftverschmutzung auf die Nadeln

POLS :   Grad der atmosphärischen Luftverschmutzung

PROD :   tatsächliche Photosyntheseleistung

REST :   nach der Atmung verbleibende Assimilatrate für Organaufbau

WUAB :   Feinwurzelabbaurate

WUAT :   Wurzelverlust durch Atmungsunterversorgung

WURZ :   aktuelle Feinwurzelmenge

TEMP :   mittlere Lufttemperatur

TJ :   Jahreszeit

Die auf der rechten Seite von (8.1) stehenden Raten hängen auf komplexe Weise von den Zustandsvariablen sowie von der Zeit ab. (8.1) stellt also ein nicht-autonomes Differentialgleichungssystem in fünf Veränderlichen dar. Die Ratengleichungen sollen im folgenden nur insoweit diskutiert werden, daß klar wird, an welchen Stellen die Schadparameter sowie die Zeitabhängigkeiten eingehen.

Der Schwefeldioxidgehalt der Luft wird durch die Tabellenfunktion POLS auf das Intervall [0,0.2] abgebildet. POLS bewirkt in der ersten Differentialgleichung von (8.1) zunächst eine überexponentielle und und schließlich eine gesättigte Wirkung der Luftverschmutzung auf die Nadeln (POLL). Vermöge

$$EFF = 0.6 - 0.4 \ POLL \tag{8.2}$$

schränkt POLL die Effizienz der Nadeln für die Photosynthese ein. EFF wiederum beeinflußt neben der Photoproduktion PROD noch die Verbrauchsrate REST für den Organaufbau nach Abzug der Atmungsassimilate. Zusätzlich bewirkt POLL über

$$BENA = \frac{1}{1+POLL} \tag{8.3}$$

eine Verringerung der Benadelung (ohne Schädigung gilt BENA = 1). Der dadurch geschädigte Teil der Nadeln

$$LANA = (1-BENA) \cdot LAUB \tag{8.4}$$

wird innerhalb eines Jahres vom Baum abgeworfen.

Der pH-Wert des Bodens wird durch die Tabellenfunktion ACID in eine Wurzelumlaufszahl umgerechnet: Normalerweise gehen wir von einem einmaligen Feinwurzelaustausch pro Jahr aus (ACID = 1). Er erhöht sich bei Bodenversauerung, denn ACID (1 < ACID ≤ 7) beeinflußt die Feinwurzelverlustrate WUAB in (8.1) multiplikativ.

Das System (8.1) ist nicht-autonom wegen verschiedener expliziter Abhängigkeiten von der Zeit; wir unterscheiden:

Stetige Zeitabhängigkeiten: Die Tageslänge (= Anteil der hellen Stunden eines Tages) wird bestimmt durch die Systemgröße

$$CLUX = \frac{1}{2} + \frac{1}{6} \sin(2\pi \cdot TY - \frac{\pi}{2}) \, . \qquad (8.5)$$

CLUX bildet also die Jahreszeit TJ (TJ ϵ [0,1)) auf das Intervall [1/3,2/3] stetig ab. CLUX = 1/3 entspricht dann 8 hellen Stunden pro Tag (Winter) und bei CLUX = 2/3 haben haben wir 16 helle Stunden (Sommer).

Weiterhin wird aus der Jahreszeit TY mit der (stetigen) Tabellenfunktion TEMP die momentane Temperatur bestimmt. Mit einer weiteren Tabellenfunktion CTEM errechnen wir daraus den Temperatureinfluß auf Photosynthese und Atmung des Baumes. Mit diesem Faktor (CTEM ϵ [0,1]) werden dann Photosynthese und Atmung verringert, da diese vorher für optimale Temperaturen (TEMP > 20°C) bestimmt wurden.

Unstetige Zeitabhängigkeiten: Die Aufbauraten für Nadeln und Feinwurzeln werden im Modell zunächst als Jahresgesamtraten ermittelt. In der Natur wird Wurzelaufbau jedoch nur bei Temperaturen über 6°C und Nadelaufbau nur im ersten Halbjahr bei Temperaturen über 10°C beobachtet. Daher wird über

$$BLAT = \begin{cases} 5.778 \; LAUB \cdot NAD^{-1} \; , \; falls \;\; TJ < 0.5 \;\; und \;\; TEMP > 10°C \\ \\ 0 \qquad\qquad\qquad sonst \end{cases} \qquad (8.6)$$

und

$$BWUR = \begin{cases} 1.625 \; CPHN \cdot WUAB \quad , \; falls \;\; TEMP > 6°C \\ \\ 0 \qquad\qquad\qquad sonst \end{cases} \qquad (8.7)$$

Nadel- und Wurzelaufbau temperaturabhängig (und damit zeitabhängig) ein- und ausgeschaltet. Die Faktoren 5.778 bzw. 1.625 gleichen das Mißverhältnis zwischen den gemessenen Jahresgesamtraten und den durch den Schaltvorgang geringeren Nadel- und Wurzelzuwächsen aus.

Die rechte Seite des Differentialgleichungssystems (8.1) nur stückweise stetig bezüglich der Zeit T. Noch komplizierter wird die Struktur des Systems durch die Verwendung sogenannter *Limiter.* Sie berechnen aus den Zustandsgrößen Hilfsgrößen, die (aus systemimmanenten Gründen) bestimmte Werte nicht über- bzw. unterschreiten dürfen. Ein Limiter meldet die Hilfsgröße nur dann weiter, wenn ihr Wert innerhalb dieser Limitierung liegt. Andernfalls arbeitet das Modell mit den Begrenzungswerten weiter. Wir werden später sehen, daß durch diese "Methode der Begrenzung" die rechte Seite des zugehörigen Differentialgleichungssystems (8.1) zwar stetig in den Veränderlichen, aber nicht mehr diffe-

renzierbar ist. Auf die "Limiterproblematik" wollen wir an dieser Stelle nicht
weiter eingehen, sie wird im nächsten Kapitel wieder aufgegriffen. Hier wollen
wir nur soviel sagen, daß in unserem Teilmodell drei Limiter auftauchen, mit
denen Angebots-Bedarfszahlen auf das Intervall [0,1] limitiert werden.

8.3.2 Ergebnisse der Simulationsläufe

Simulationsläufe können auf zwei verschiedene Weisen durchgeführt werden:

(1) Mit Hilfe des Simulationssystems DYSS werden Simulationsdiagramme (wie in
Kap. 2 beschrieben) interaktiv als Blöcke, Verbindungen und Gewichte ohne weitere Programmierung in den Rechner eingegeben.

(2) Die im vorausgegangenen Abschnitt aus den Simulationsdiagrammen abgeleiteten Zustands-, Raten- und Hilfsgleichungen werden als Differentialgleichungssystem programmiert und gerechnet.

Gehen wir den zweiten Weg, so müssen wir die Hilfsgleichungen in einer zeitab-
hängigen Schleife durchrechnen. Der Zeiteingang TJ berechnet sich dabei wie
folgt:

$$TJ = (TJ + dT) \text{ modulo } 1. \tag{8.8}$$

In diskreten Zeitschritten erhalten wir also Werte für die Zustandsgrößen ASSI,
BIOM, LAUB und WURZ. Diese werden im folgenden in den Zeitplots dargestellt.
Als externe Eingänge finden dabei die Größen SO_2 (Schwefeldioxidgehalt der
Luft gemessen in $[\mu g/m^3]$) und PH (pH-Wert des Bodens) Eingang in das Mo-
dell. Die Anfangswerte

$ASSI(0) = 15$ t/ha, $BIOM(0) = 322$ t/ha, $LAUB(0) = 21$ t/ha, $WURZ(0) = 7$ t/ha

sind aus der Literatur (für einen 60-jährigen Fichtenbestand) entnommen. Weiterhin gehen wir zu Beginn der Simulation der Einfachheit halber davon aus,
daß bisher, d.h. in den ersten 60 Jahren noch keine Schädigung aus der Atmosphäre stattgefunden hat (also POLL $(0) = 0$) . Als Simulationsschrittweite ist
in diesem und allen folgenden Simulationsläufen $dT = 1/50$ gewählt.

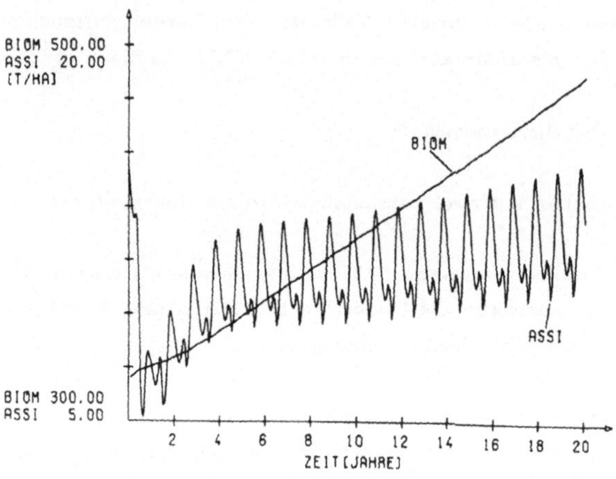

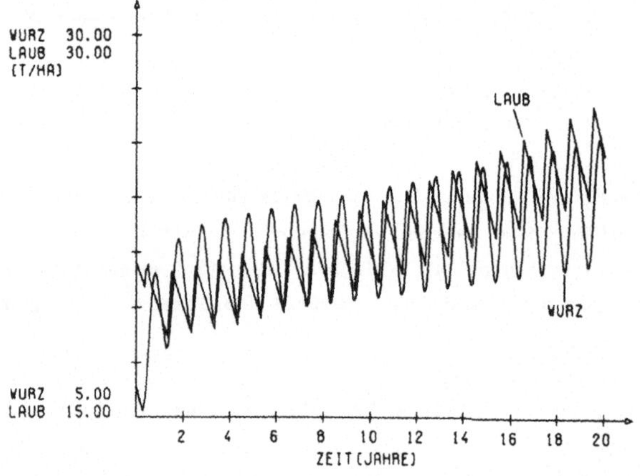

Fig. 8.4: Normallauf (SO_2 = 0 $\mu g/m^3$, pH = 5)

Nach einer anfänglichen Einschwingphase erhält man die gewünschten jahreszeitlichen Schwankungen mit allgemeiner Tendenz zum Wachstum.

Verglichen mit dem Simulationslauf unter Normalbedingungen (Fig. 8.4) haben wir die Konzentration des repräsentativen Schadstoffes SO_2 in dem Simulationsexperiment von Fig. 8.5 auf 100 $\mu g/m^3$ erhöht. Wir erkennen, daß die Assimilate einen Gleichgewichtszustand einnehmen, allerdings auf einem deutlich niedrigeren Niveau als bei normalen (ungeschädigten) Verhältnissen. Als Folge davon

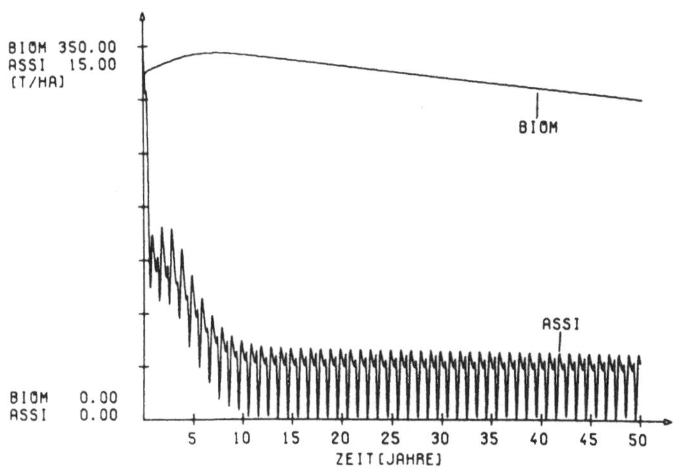

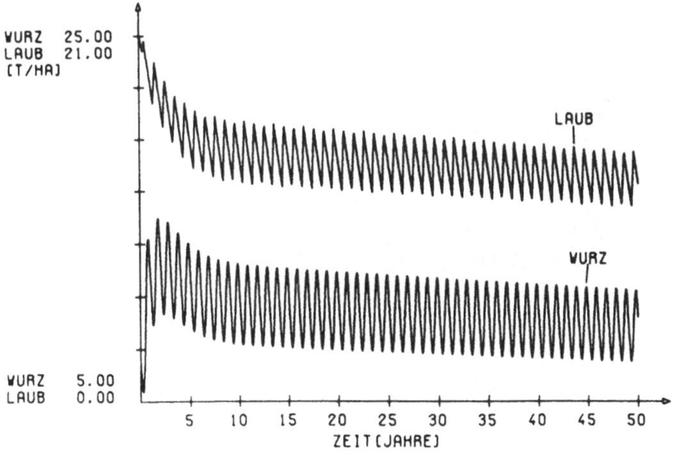

Fig. 8.5: Unterkritische Schädigung (SO_2 = 100 $\mu g/m^3$, pH = 5)

sind die Aufbauraten für die Biomasse, das Laub und die Wurzeln gerade noch in der Lage, ihre Verluste zu kompensieren. Das System wächst nicht mehr normal, aber es überlebt auf einem niedrigeren Nivau. Schadstoffkonzentrationen, die ein derartiges (knappes) Überleben des Systems nach sich ziehen, nennen wir *unterkritisch* [42]. Fig. 8.5 zeigt eine 50-jährige Simulation einer (noch)

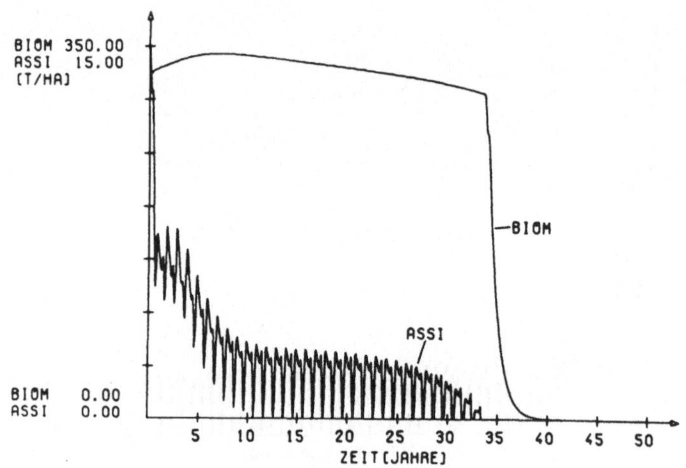

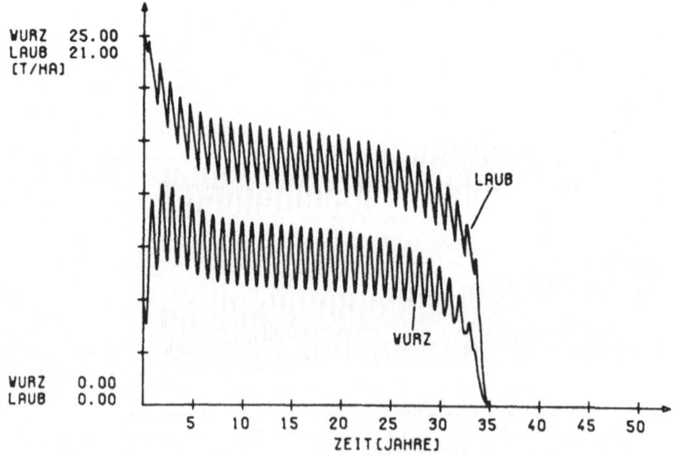

Fig. 8.6: Überkritische Schädigung (SO_2 =101 $\mu g/m^3$, pH = 5)

unterkritischen SO_2-Konzentration von 100 $\mu g/m^3$. Ähnliche Resultate erhalten
wir übrigens bei pH-Werten größer als 3.0, wenn wir allein eine Bodenversauerung simulieren.

Berechnen wir das Systemverhalten bei einem nur geringfügig höheren SO_2-Ge-
halt von 101 $\mu g/m^3$ (wiederum über 50 Jahre, Fig. 8.6), so stellt sich zunächst
in den ersten 30 Simulationsjahren ein qualitativ gleichartiges unterkritisches
Systemverhalten ein wie in Fig. 8.5. Danach beobachten wir einen plötzlichen
Zusammenbruch des gesamten Systems Baum. Die errechneten Werte für die Assimilate, Feinwurzeln, Laub und Biomasse fallen innerhalb von zwei bis drei
Simulationsjahren auf den Wert Null. Jetzt ist die Photosyntheseleistung durch
die Schadstoffbelastung so stark reduziert, daß die Assimilate die Verlustraten
bei Laub und Feinwurzeln, die ihrerseits durch die Schädigung in die Höhe ge-
trieben sind, schließlich nicht mehr kompensieren können. Wir nennen daher
eine SO_2-Konzentration, die das Absterben des Baumes nach sich zieht, *überkritisch*. Bei höheren SO_2-Konzentrationen als 101 $\mu g/m^3$ stirbt der Baum früher.
Ein ähnliches überkritisches Reagieren des Systems beobachten wir im Modell
bei alleiniger Bodenversauerung (z.B. schon bei SO_2 = 0 , pH = 2.998). Wiederum
wird die Photosyntheserate erniedrigt, nun allerdings als primäre Folge von geschädigten Feinwurzeln.

Fig. 8.7 zeigt einen sogenannten Erholungslauf: Zwischen dem 3. und dem 10. Simulationsjahr belasten wir das System mit einer überkritischen SO_2-Konzentra-
tion von 120 $\mu g/m^3$. Vorher und nachher gilt SO_2 = 0 $\mu g/m^3$, und während der
gesamten Simulationszeit wird keine Bodenversauerung angenommen (pH = 5) .
Diese Bedingungen lassen sich in Wirklichkeit selbstverständlich nicht realisie-
ren: SO_2-Belastungen versauern mit dem Niederschlag automatisch die Böden,
und die Bodenversauerung läßt sich darüberhinaus auch nicht von heute auf
morgen abstellen. Der Simulationslauf ist lediglich deshalb interessant, weil er
einen Hinweis darauf gibt, daß das Modellsystem die Möglichkeit beinhaltet,
mögliche Gegenmaßnahmen gegen das Waldsterben durchzurechnen (vgl. dazu
[39], S. 243 ff).

Aus den Figuren 8.4 und 8.5 vermuten wir eine "scharfe Grenze" zwischen überkritischem und unterkritischem Verhalten im Meßbereich der Schadstoffkonzen-
tration. Bei SO_2 = 100 $\mu g/m^3$ überleben die 60-jährigen Modellbäume noch 50 Jahre. Es findet jedoch kein Zuwachs mehr statt. Bei SO_2 = 101 $\mu g/m^3$ fallen die
Werte aller Zustandsgrößen sehr schnell auf Null. Die Modellbäume sterben also
ab. Bis zum 30. Jahr lassen sich jedoch keine entscheidenden Unterschiede zum

unterkritischen Lauf erkennen. Die Schädigung über den pH-Wert führt grundsätzlich zu den gleichen Ergebnissen.

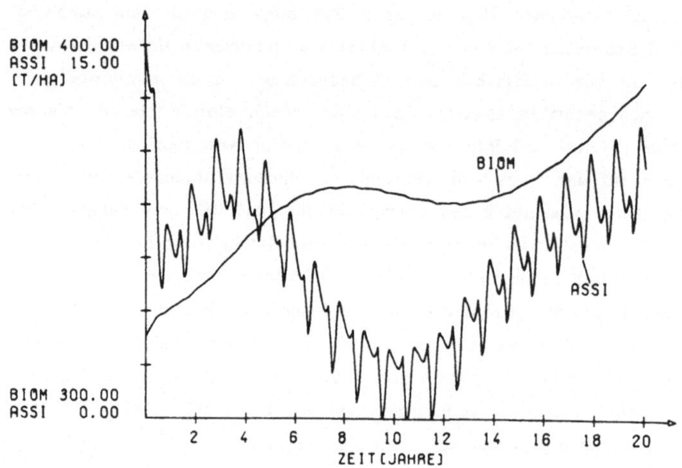

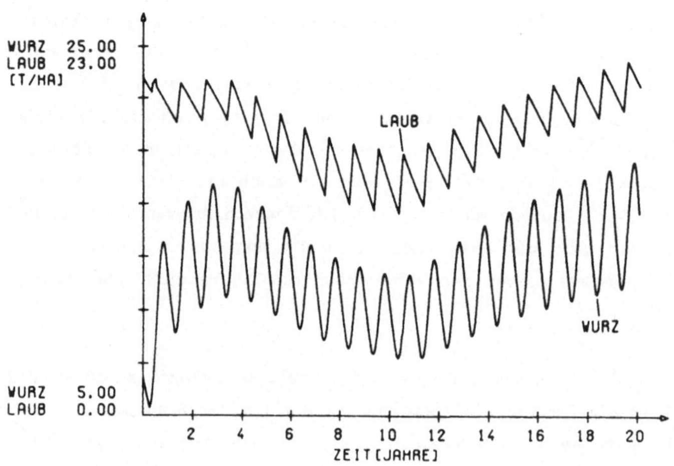

Fig. 8.7: Erholungslauf (SO_2 = 120 $\mu g/m^3$ für TJ ϵ [3,10], sonst SO_2 = 0 $\mu g/m^3$; pH = 5)

Im nachfolgenden 9. Kapitel soll dieser Verhaltenswechsel "unterkritisch - überkritisch" mit analytischen Methoden an zwei reduzierten autonomen Versionen des Baummodells untersucht werden. Vorher wollen wir aber noch sämtliche Programmzeilen in der Programiersprache FORTRAN aufschreiben, mit deren Hilfe die Ergebnisse dieses Abschnittes gerechnet worden sind:

```
      SUBROUTINE INTERP(CTEM,LBTL,TEMP,BIOM,TJ)
C     *         Interpolation der Tabellenfunktionen        *
C     *            LBTL, TEMP, CTEM                          *
      REAL TEM(14),T(14),BTL(12),BIO(12)
      REAL LBTL,TEMP,CTEM,BIOM,TJ,A
      INTEGER J
      DATA BIO/1.15,2.875,4.6,5.75,7.25,8.,17.25,40.,75.,
     +        115.,230.,1150./
      DATA BTL/.5,.45,.3,.25,.2,.175,.15,.12,.1,.0825,
     +        .0625,.0425/
      DATA TEM/.7,.0,.8,4.6,8.8,13.2,16.4,17.8,17.3,14.2,
     +        9.1,4.9,1.5,.7/
      DATA T/.0,.058,.135,.212,.308,.385,.462,.558,.635,
     +        .731,.808,.885,.981,.999999/
C
      DO 100 J=1,11
      A=BTL(J)+(BTL(J+1)-BTL(J))*(BIOM-BIO(J))/(BIO(J+1)-BIO(J))
      IF (BIOM.GE.BIO(J).AND.BIOM.LT.BIO(J+1)) LBTL=A
  100 CONTINUE
      IF (BIOM.GE.1150.0) LBTL=0.0425
C
      DO 200 J=1,13
      A=TEM(J)+(TEM(J+1)-TEM(J))*(TJ-T(J))/(T(J+1)-T(J))
      IF (TJ.GE.T(J).AND.TJ.LT.T(J+1)) TEMP=A
  200 CONTINUE
C
      IF (TEMP.LT.5.0) CTEM=0.02*(TEMP+5)
      IF (TEMP.GE.5.0) CTEM=0.2+(0.8/15)*(TEMP-5)
C
      RETURN
      END
```

```fortran
      SUBROUTINE SB(ASSI,BIOM,LAUB,WURZ,WIRK,SO2,PH,TJ,DT)
      REAL ABFL,ABIO,ALAU,ALT,ATM,AWUR,BEDA,BEFF,BENA,BIAT
      REAL BLAT,BWUR,CASS,CLUX,CTEM,LAAB,LAAT,LAGB,LANA,LAWU
      REAL LBTL,NAD,PHPR,POLS,PROD,REST,RFOE,RWUR,SCHA,TEMP
      REAL UATM,WUAB,WUAT,CAAW,CADU,CAFW,FOEK,TRAK,AB,PHN
      REAL TVEG,TWUR,WIRK,ASSI,BIOM,LAUB,WURZ,DT,TJ,SO2,PH,A
C
      CALL INTERP(CTEM,LBTL,TEMP,BIOM,TJ)
      POLS = (0.2/145.0)*(SO2-15.0)
      IF (SO2.LT.15.0) POLS=0.0
      SCHA = 1.75-(0.75/0.8)*(PH-3.0)
      IF (PH.GT.3.8) SCHA=1.0
      IF (PH.LT.3.0) SCHA=7.0-(5.25/0.2)*(PH-2.8)
      CAAW=0.05
      CADU=1.5
      CAFW=2.0
      FOEK=2000.0
      TRAK=241.0
      AB  =0.01
      PHN =24.0
      TVEG=10.0
      TWUR=6.0
C
      ALT=1.0+WIRK
      BEFF=1.0-0.4*ALT
      BENA=1.0/ALT
      LAGB=LBTL*BIOM
      NAD =7.0*LAUB/LAGB
      LAAB=LAUB/NAD
      IF (NAD.LT.0.0) LAAB=0.0
      BLAT=0.0
      IF (TJ.LT.0.5.AND.TEMP.GT.TVEG) BLAT=5.778*LAGB/NAD
      IF (NAD.LT.0.0) BLAT=0.0
      LANA=(1.0-BENA)*LAUB
      ATM =CTEM*(CADU*LAUB+CAFW*WURZ+CAAW*BIOM)
      IF (ATM.LT.0.0) ATM=0.0
      CLUX=(12.0+4.0*SIN(2.0*3.14159*TJ-3.14159/2.0))/24.0
      PHPR=PHN*BEFF*CLUX*CTEM*LAUB
      RFOE=(FOEK*WURZ)/(TRAK*PHPR)
```

```
      IF (RFOE.GT.1.0) RFOE=1.0
      IF (RFOE.LT.0.0) RFOE=0.0
      PROD=RFOE*PHPR
      LAWU=0.0
      IF(RFOE-0.5.LT.0.0) LAWU=(1.0-RFOE)*LAUB
      REST=PROD-ATM
      WUAB=SCHA*WURZ
      RWUR=(TRAK*PHPR)/(FOEK*WURZ)
      BWUR=0.0
      IF (TWUR-TEMP.LT.0.0) BWUR=1.625*RWUR*WUAB
      BEDA=BLAT+BWUR
      CASS=0.0
      IF (BEDA.EQ.0.0) GOTO 11
      CASS=(REST+52.0*ASSI)/BEDA
      IF (CASS.GT.1.0) CASS=1.0
      IF (CASS.LT.0.0) CASS=0.0
   11 AWUR=1.1*CASS*BWUR
      ALAU=1.1*CASS*BLAT
      ABIO=1.1*(REST+52.0*ASSI-BEDA)/52.0
      IF (ABIO.LT.0.0) ABIO=0.0
      ABFL=AB*BIOM
      UATM=0.0
      IF (ATM.LE.0.0) GOTO 12
      UATM=(PROD+52.0*ASSI)/ATM
      IF (UATM.GT.1.0) UATM=1.0
      IF (UATM.LT.0.0) UATM=0.0
   12 UATM=1.0-UATM
      BIAT=UATM*BIOM
      LAAT=UATM*LAUB
      WUAT=UATM*WURZ
C
      WIRK=WIRK+DT*(POLS-WIRK)
      ASSI=ASSI+DT*(REST-AWUR-ALAU-ABIO)
      BIOM=BIOM+DT*(ABIO-BIAT-ABFL)
      LAUB=LAUB+DT*(ALAU-LANA-LAAB-LAWU-2.0*LAAT)
      WURZ=WURZ+DT*(AWUR-WUAB-2.0*WUAT)
C
      RETURN
      END
```

9 DIFFERENTIALGLEICHUNGSMODELLE ZUM WALDSTERBEN

Im 8. Kapitel haben wir ein schadstoffbelastetes Waldökosystem durch ein dynamisches Simulationsmodell abgebildet. Die exemplarisch durchgeführte Modellierung des realen Systems haben wir im Prinzip in zwei Stufen durchgeführt, die sich wie folgt beschreiben lassen:

(1) Das reale System wird durch ein System- oder Wirkungsdiagramm abgebildet, dessen Elemente Zustände bzw. Zustandsänderungen repräsentieren.

(2) Das quantifizierte Wirkungsdiagramm wird simuliert, d.h., mit Hilfe eines mehr oder weniger aufwendigen Integrationsverfahrens (vgl. Abschn. 3.3) wird die gleichzeitige Veränderung aller Zustandsgrößen des Modellsystems berechnet.

Resultat der ersten Stufe ist das Modell, ein Differential- bzw. ein Differenzengleichungssystem. In der zweiten Stufe wird die Dynamik des Modells ermittelt. Beide Stationen sind fehleranfällig, in der ersten Stufe kann bereits der methodische Ansatz, das level-rate-Konzept (vgl. Kap. 2), falsch gewählt sein. In jedem Fall führt jedoch die Auswahl bzw. Vernachlässigung bestimmter Systemgrößen für das Modellsystem lediglich zu einem groben Abbild der Realität. Ist das Modell ein Differentialgleichungssystem wie z.B. das System (8.1) für das Baumwachstum, so ist es selbstverständlich wichtig zu wissen, ob seine numerischen Lösungen, d.h. die Simulationsresultate, das dynamische Verhalten des Modells qualitativ richtig beschreiben. Zum Beispiel könnte man sich ja vorstellen, daß der abrupte Verhaltenswechsel von Überleben (unterkritisch) zu schnellem Waldsterben (überkritisch) garnicht vom Modell (8.1) herrührt, sondern durch die Diskretisierung der Differentialgleichungen mit Hilfe des einfachen Euler-Verfahrens bei einer zu großen Rechenschrittweite verursacht wird. Das allerdings hätte für die Aussagekraft und die Anwendbarkeit des Modells (8.1) vernichtende Konsequenzen.

9.1 Laub - Assimilat - Modell

Auf der Grundlage der vorausgegangenen Kapitel haben wir allerdings nur die Möglichkeit, das Lösungsverhalten (Stabilität und Langzeitverhalten der Lösungen) für ebene, also zweidimensionale dynamische Systeme zu untersuchen. Deshalb beschränken wir uns in diesem Kapitel auf ebene Differentialgleichungsmodelle zum Waldsterben, die durch geeignete Reduktionen aus dem Modell (8.1) hergeleitet werden. Wir werden feststellen, daß diese einfachen Modelle aber bereits die Simulationsergebnisse aus dem 8. Kapitel deutlich untermauern.

Die numerischen Experimente mit dem Modell (8.1) zeigen das folgende Verhaltensspektrum (vgl. Fig. 8.4 bis 8.6):

(a) Der Normallauf (weder Schadstoffeinträge aus der Atmosphare noch Bodenversauerung) führt zu einem allgemeinen Wachstum des im Modell beschriebenen Fichtenwaldes.

(b) Bei einer unterkritischen Schädigung (geringe Schadstoffeinträge aus der Atmosphäre bzw. geringe Bodenversauerung) kommt es noch nicht zu einem Absterben der Modellbäume. Die Bäume überleben ohne erkennbaren Zuwachs.

(c) Die überkritische Schädigung (hohe Schadstoffeinträge aus der Atmosphäre bzw. hohe Bodenversauerung) hat ein plötzliches und schnelles Absterben der Modellbäume zur Folge.

In diesem Abschnitt wollen wir ein autonomes Differentialgleichungssystem in den beiden Veränderlichen

$$l \;:\; \text{(aktuelle) Laubmenge}$$
$$a \;:\; \text{Menge der pflanzenverfügbaren Assimilate}$$

herleiten, dessen Lösungen dieses Verhaltensspektrum in Abhängigkeit von einem Schadstoffparameter reproduzieren (vgl. [41,43]). Wir erhalten dieses System aus (8.1) durch folgende Annahmen bzw. Überlegungen.

(a) Die von der Simulationszeit abhängigen Temperatur- und Lichteinflußfunktionen CTEM und CLUX werden durch ihre Jahresmittelwerte ersetzt, d.h.,

$$CLUX = CTEM = 0.5.$$

Außerdem wird die zeitliche Einschränkung der Austriebsjahresraten für Laub und Wurzeln auf die warme Jahreszeit (vgl. die Definitionen von BLAT und BWUR in (8.1)) fallengelassen. Damit ist das Modellsystem autonom.

(b) Wir nehmen an, daß ein Baum immer bestmöglich belaubt ist, das heißt,

$$BIOM = LAUB \cdot LBTL^{-1} \tag{9.1}$$

und daß weiterhin

$$CPHN = 1 \tag{9.2}$$

gilt, was bedeutet, daß die von Feinwurzeln förderbare immer gleich der für die Photosynthese benötigten Wassermenge ist (vgl. Abschn. 8.3).

Wegen Annahme (a) ist (9.2) äquivalent zu

$$WURZ = c_3 c_4^{-1}\ PHN = c_2 c_3 c_4^{-1}(0.6 - 0.4 \cdot POLL)\ 0.5^2\ LAUB \tag{9.3}$$

mit den Konstanten c_2, c_3 und c_4 aus den Modellgleichungen des 8. Kapitels. Somit lassen sich die Zustandsgrößen BIOM und WURZ beide durch LAUB ausdrücken, und es entfällt automatisch der erhöhte Nadelabwurf LAWU bei eingeschränkter Förderkapazität der Feinwurzeln.

(c) Eine direkte Schädigung über die Feinwurzeln kann dieses reduzierte Modell nicht mehr sinnvoll beinhalten. Es berücksichtigt lediglich den Grad an atmosphärischer Schädigung, und zwar über einen Kontrollparameter $\psi \in [0,1.5]$ anstelle der Zustandsgröße POLL. Theoretisch kann POLL in (8.1) Werte zwischen 0 und 1.5 annehmen, und zwar deshalb, weil die Nadeleffizienz EFF = 0.6 - 0.4 POLL in Abhängigkeit von der atmosphärischen Schädigung sinnvollerweise zwischen 0 und 0.6 variiert.

Damit ist das System reduziert zu einem *parameterabhängigen ebenen autonomen Differentialgleichungssystem* in den Variablen $a = a(t, \psi)$ und $l = l(t, \psi)$. Der Schadparameter ψ beeinflußt das System über zwei Schadfunktionen:

$$\phi_1(\psi) = 0.5^2(0.6 - 0.4\psi)$$

stellt bis auf den Vorfaktor die Nadeleffizienz dar, und

$$\phi_2(\psi) = \psi(1 + \psi)^{-1}$$

läßt sich als Anteil der geschädigten Nadeln interpretieren.

(d) Der Einschränkungsfaktor CATM spielt eine untergeordnete Rolle. Er leitet das Absterben des Modellbaumes bei überkritischen Simulationsläufen nicht ein, sondern er verstärkt nur das Zusammenbruchsverhalten. Deshalb wird CATM = 1 gesetzt.

Im Assimilathaushalt des Baumes, d.h. bei der zeitlichen Veränderung der Variablen a, werden die Austriebsraten an Nadeln, Feinwurzeln und Biomasse als Verbraucher berücksichtigt. Durch die in (b) durchgeführte Dimensionsreduzierung fallen die Austriebsraten für Biomasse und Wurzeln weg. Die Assimilatbilanz würde als Folge davon verfälscht. Deshalb müssen die beiden fehlenden Raten, welche sich durch Einsetzen aus der Laubmenge l berechnen lassen, beim Assimilatbedarf und dem nachfolgenden Angebots-/Bedarfsvergleich über CASS (vgl. (9.6)) berücksichtigt werden.

Eine Besonderheit tritt bei der Biomasse auf: 0.01 LAUB·LBTL^{-1} stellt nach (9.1) den durch Zuwachs auszugleichenden Biomasseverlust in Laubeinheiten dar. Darüberhinaus müssen wir einen Nettozuwachs von $c_5 := 3$ t/(ha·a) mit in die Rechnung einbeziehen, der sich aus dem durchschnittlichen Biomassezuwachs des mit (8.1) durchgeführten Simulationslaufes unter Normalbedingungen ergibt.

Damit läßt sich der Gesamtbedarf an Assimilaten für Austrieb und Zuwachs durch das Laub l ausdrücken; er setzt sich aus drei Anteilen zusammen:

$$c_2 c_3 c_4^{-1} \blacklozenge_1 l + (c_1^{-1} c_5 \, 0.06 + c_1^{-1} l + \blacklozenge_2 l) + (0.01/0.06 + c_5) \qquad (9.4)$$

(c_1 aus (8.1)), die in dieser Reihenfolge den Assimilatbedarf für Austrieb der Wurzeln und des Laubes sowie den Zuwachs an holziger Biomasse darstellen. Zur Vereinfachung ist der Laubanteil LBTL durchschnittlich mit 6% $= 0.06$ angenommen. (9.4) hat die Form einer linearen Funktion in l, und wir schreiben dafür kurz

$$y_1 + y_2 \, l, \qquad (9.5)$$

wobei sich die Koeffizienten y_1 und y_2 durch Vergleich mit (9.4) leicht berechnen lassen.

Dieser Bedarf (9.5) an Assimilaten wird mit der aktuell vorhandenen Assimilatmenge a verglichen. Wir verwenden dazu eine glatte Limiterfunktion

$$\lim(x) = \frac{y_3 x}{1 + y_3 x} \qquad (y_3 > 0 \text{ bel., fest}) \qquad (9.6)$$

welche $x \in [0,\infty)$ auf das Intervall $[0,1)$ abbildet (limitiert, Fig. 9.1).

Für die zu limitierende Größe $x = \dfrac{a}{y_1 + y_2 l}$ lautet (9.6):

$$CASS = \frac{y_3 a}{y_1 + y_2 l + y_3 a} \, ,\qquad (9.7)$$

und dieser limitierte Angebots-/Bedarfsvergleich hat offensichtlich die gleiche Bedeutung wie die Systemgröße CASS im Simulationsmodell (8.1).

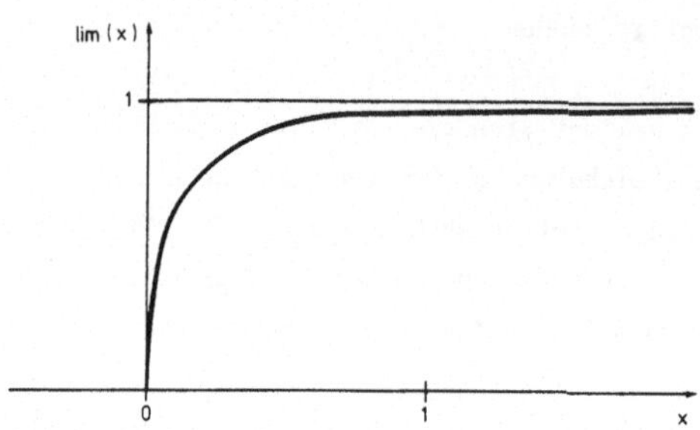

Fig. 9.1: Qualitativer Verlauf der Limiterfunktion (9.6)

Damit hat die Differentialgleichung für a die Form (da/dT = $\dot{a}$)

$$\dot{a} = x \left[1 - \frac{y_3 \, a}{y_1 + y_2 \, l + y_3 \, a} \right] (y_1 + y_2 \, l)$$

$$= \frac{x_4 \, a + x_5 \, l + x_6 \, al + x_7 \, l^2}{y_1 + y_2 \, l + y_3 \, a}$$

$$=: f_2(l,a); \qquad (9.8 \text{ b})$$

analog erhalten wir für l:

$$\dot{l} = \frac{x_1 \, a + x_2 \, l + x_3 \, l^2}{y_1 + y_2 \, l + y_3 \, a} =: f_1(l,a). \qquad (9.8 \text{ a})$$

Der Ausdruck x·l in (9.8 a) entspricht der Systemgröße REST in (8.1); dabei berechnet sich der Koeffizient x gemäß

$$x = (1 - c_3 c_4^{-1}) c_2 \phi_1 - c_1/6, \qquad (9.9)$$

und mit

$$y = \phi_2 + c_1^{-1} \qquad (9.10)$$

lauten die restlichen Koeffizienten:

$$x_1 = 0.06\ y_3 c_1^{-1} c_5, \quad x_2 = -y_1 y, \quad x_3 = -y_2 y, \quad x_4 = -y_1 y_3,$$

$$(9.11)$$

$$x_5 = y_1 x, \quad x_6 = y_3(x - y_4), \quad x_7 := y_2 x.$$

In der Nomenklatur des 8. Kapitels lauten die FORTRAN-Programmzeilen für das reduzierte Modell (9.8) mit $c_2 = 16$, $c_5 = 6$ und $y_3 = 50$:

```
          SUBROUTINE AL(ASSI,LAUB,SO2,DT)
  C

          REAL CAAW,CADU,CAFW,FOEK,TRAK,AB,NAD,CTEM,LBTL,C2,C5
          REAL Y3,EFF,BENA,LANA,LAAB,PROD,BWUR,ATM,REST,BLAT
          REAL BEDA,CASS,ALAU,LAUB,ASSI,DT,SO2,POLS
  C

          POLS = (0.2/145.0)*(SO2-15.0)
          IF (SO2.LT.15.0) POLS=0.0
          CAAW=0.05
          CADU=1.5
          CAFW=2.0
          FOEK=2000.0
          TRAK=241.0
          AB  =0.01
          NAD =7.0
          CTEM=0.5
          LBTL=0.06
          C2  =16.0
          C5  =6.0
          Y3  =50.0
          EFF=1.0-0.4(1.0+POLS)
          BENA=1.0/(1.0+POLS)
          LAAB=LAUB/NAD
          LANA=(1.0-BENA)*LAUB
          PROD=C2*(0.5)²*EFF*LAUB
          BWUR=(TRAK/FOEK)*PROD
          ATM=CTEM*(CADU*LAUB+CAFW*BWUR+CAAW*(LAUB/LBTL))
          REST=PROD-ATM
          BLAT=(LAUB+C5*LBTL)/NAD+LANA
```

172

```
BEDA=BWUR+BLAT+AB*(LAUB/LBTL)+C5
CASS=ASSI/BEDA
CASS=Y3*CASS/(1.0+Y3*CASS)
ALAU=CASS*BLAT
ASSI=ASSI+DT*(REST-CASS*BEDA)
LAUB=LAUB+DT*(ALAU-LANA-LAAB)
RETURN
END
```

Schauen wir uns nun zwei typische Lösungen von (9.8) an. Gerechnet sind sie wiederum mit dem Euler-Verfahren bei einer Schrittweite $\Delta T = 1/50$ und den Anfangswerten $l(0) = 18$, $a(0) = 15$. Der interessierende Verhaltenswechsel "unterkritisch – überkritisch" des Modells in Abhängigkeit vom Wert des Parameters ψ tritt bei den gewählten Anfangswerten bereits für $\psi < 0.03$ auf.

Für den Modellbaum sind zur Dimensionsreduzierung ideale Proportionen zwischen Laub und Biomasse bzw. zwischen Laub und Wurzeln angenommen worden (vgl. (9.1) und (9.2)). Hieraus resultieren willkürliche Zeiteinheiten in den Figuren 9.2 und 9.3 und unrealistische Lebensdauern für den Modellbaum, die im Gegensatz zum qualitativem Lösungsverhalten keine auf die Anwendung bezogenen quantitativen Interpretationen zulassen.

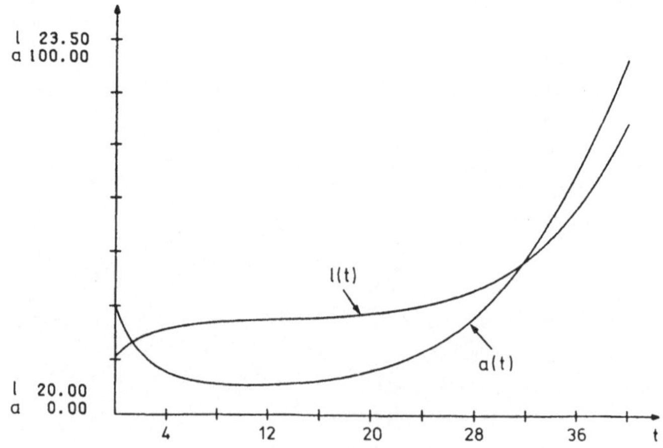

Fig 9.2: Unterkritische Schädigung ($\psi = 0.026724$) mit $y_3 = 50$, $c_2 = 16$ sowie $c_5 = 6$

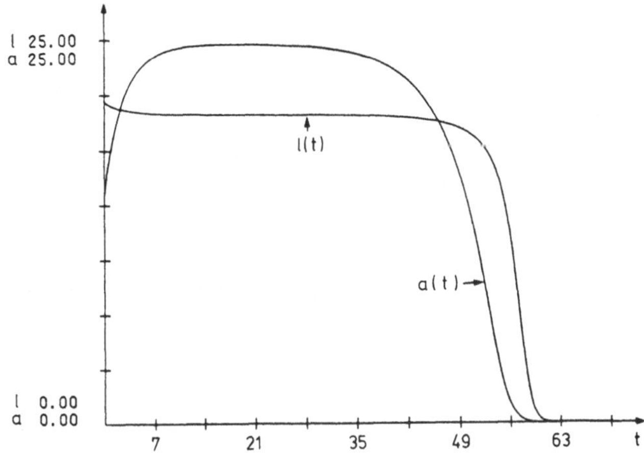

Fig. 9.3: Überkritische Schädigung (ψ = 0.026738) mit y_3, c_2, c_5 wie oben

Das reduzierte System (9.8) reproduziert offensichtlich das aus dem 8. Kapitel
bekannte unterkritische bzw. überkritische Systemverhalten. Wir stellen uns nun
die Aufgabe, diese beiden typischen Lösungsverläufe durch eine Untersuchung der
Stabilität der Gleichgewichtspunkte und ihrer Einzugsbereiche zu erklären. Wir
verstehen unter dem Einzugsbereich eines asymptotisch stabilen Gleichgewichtspunktes von (9.8) die Menge aller Anfangswerte $(l(0),a(0))$, deren zugehörige
Lösungen (sie sind eindeutig bestimmt) für $t \to \infty$ gegen diesen Gleichgewichtspunkt konvergieren.

Zunächst stellen wir wegen (9.4) mühelos fest, daß für den gemeinsamen Nenner
von $f_1(l,a)$ und $f_2(l,a)$ gilt:

$$y_1 + y_2 l + y_3 a > 0 \text{ für } (l,a) \in D := \mathbb{R}^+ \times \mathbb{R}^+. \tag{9.12}$$

Das heißt, für alle biologisch sinnvollen Werte für Laub- und Assimilatmenge ist
(9.8) definiert. Außerdem gilt nach [41]: Für jeden Anfangswert $(l(0),a(0)) \in D$
und jedes $\psi \in [0,1.5]$ besitzt (9.8) eine eindeutig bestimmte Lösung
$(l(t,\psi),a(t,\psi))$, die für alle $t \geq 0$ existiert und D nicht verläßt. Im Sinne von
Abschn. 7.2 ist D also eine invariante Menge für das System (9.8).

Wie lauten nun die Gleichgewichtspunkte von (9.8) in D und in welcher Weise
hängen sie von dem Schadparameter ψ ab?

Aus $f_1(1,a) = f_2(1,a) = 0$ folgt wegen (9.12)

$$x_1a + x_21 + x_31^2 = 0 \tag{9.13a}$$

und

$$x_4a + x_51 + x_6a1 + x_71^2 = 0. \tag{9.13b}$$

Nach Definition ist $x_1 > 0$ (vgl. (9.11)), und somit können wir (9.13a) nach der
Variablen a auflösen und in (9.13b) einsetzen. Wir erhalten ein Polynom dritten
Grades in 1:

$$(x_1x_5 - x_2x_4)1 + (x_1x_7 - x_3x_4 - x_2x_6)1^2 - x_3x_61^3 = 0. \tag{9.14}$$

Die drei Nullstellen von (9.14) lassen sich einfach ausrechnen; neben $1_1 = 0$
sind es

$$1_2 = \frac{x_1x_7 - x_3x_4}{x_3x_6} \quad \text{und} \quad 1_3 = -\frac{x_2}{x_3}.$$

Setzen wir nun 1_1, 1_2, 1_3 in (9.13a) ein, so erhalten wir drei "Kandidaten" für
Gleichgewichtspunkte von (9.8) in D:

$$(1_1,a_1) = (0,0),$$

$$(1_2,a_2) = \left[\frac{x_1x_7 - x_3x_4}{x_3x_6}, \frac{x_2x_3x_4x_6 - x_1x_2x_6x_7 - (x_1x_7 - x_3x_4)}{x_1x_3x_6^2}\right] \tag{9.15}$$

$$(1_3,a_3) = (-\frac{x_2}{x_3},0).$$

$(1_1,a_1)$ ist offensichtlich ein Gleichgewichtspunkt von (9.8), der in D liegt.
Wegen $y_1 + y_21_3 + y_3a_3 = 0$ ist $(1_3,a_3)$ jedoch kein Gleichgewichtspunkt von
(9.8). Bei $(1_2,a_2)$ spielt zum erstenmal der Parameter ψ eine Rolle. Denn
definiert man eine Stelle ψ_6 (sie hat für $y_3 = 50$, $c_2 = 16$, $c_5 = 6$ wie in
Fig. 9.2 u. 9.3 ungefähr den Wert 0.17) im Parameterintervall durch die Bedingung

$$x_6 \geqslant 0 \text{ für } \psi \leqslant \psi_6 \text{ und } x_6 < 0 \text{ sonst,} \tag{9.16}$$

so gilt

$$0 < \psi_6 < 1.5 \tag{9.17a}$$

und

$$(l_2(\psi), a_2(\psi)) \in D \text{ für } 0 \leqslant \psi < \psi_6. \tag{9.17b}$$

Das System (9.8) besitzt also für $\psi \in [0, \psi_6)$ genau zwei Gleichgewichtspunkte in D, nämlich (0,0) und einen weiteren von ψ abhängigen im Inneren von D. Fig. 9.4 zeigt den Verlauf des zweiten Gleichgewichtspunktes (l_2, a_2) im Phasendiagramm. Es gilt

$$\lim_{\psi \underset{<}{\to} \psi_6} l_2(\psi) = \lim_{\psi \underset{<}{\to} \psi_6} a_2(\psi) = \infty.$$

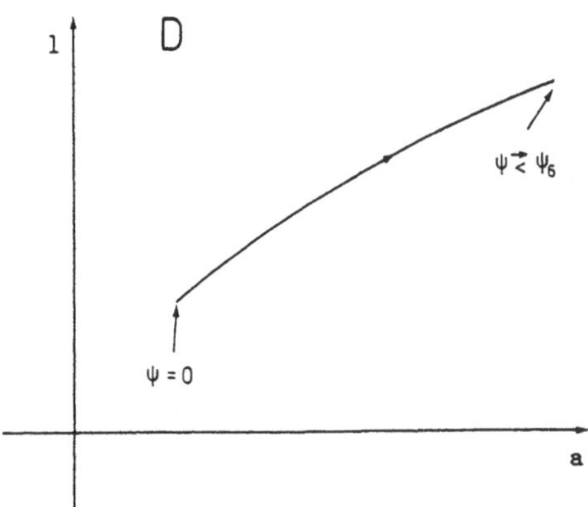

Fig.9.4: Verlauf von $(l_2(\psi), a_2(\psi))$ für $\psi \in [0, \psi_6)$

Die Stabilitätseigenschaften der beiden Gleichgewichtspunkte können wir mit Hilfe des zugehörigen linearisierten Systems herleiten. Die Jacobische Funktionalmatrix A der Funktion $f = (f_1, f_2)$ im Punkt (l,a) hat die Gestalt:

$$A = \begin{pmatrix} a_{11} & a_{12} \\ \\ a_{21} & a_{22} \end{pmatrix} = \frac{1}{z} \cdot \begin{pmatrix} x_2y_1+2x_3y_1l+(x_2y_3-x_1y_2)a & x_1y_1+(x_1y_2-x_2y_3)l \\ +2x_3y_3al+x_3y_2l^2 & -x_3y_3l^2 \\ \\ x_5y_1+2x_7y_1l+2x_5y_3a & x_4y_1+2x_4y_2l \\ +2x_7y_3al+x_6y_3a^2+x_7y_2l^2 & -y_2{}^2y_3l^2 \end{pmatrix} \tag{9.18}$$

mit $z = (y_1 + y_2l + y_3a)^2$. Ist $P(\lambda) = \lambda^2 + p\lambda + q$ das charakteristische Polynom von A mit

$$p = -(a_{11} + a_{22})$$

und

$$q = a_{11}a_{22} - a_{12}a_{21},$$

so können wir nach Abschn. 5.4 mit Hilfe von p und q die gewünschten Stabilitätsaussagen ableiten (vgl. Fig. 5.6).

Für $(l,a) = (l_1,a_1) = (0,0)$ gilt $p > 0$ und $q < 0$ für alle $\psi \in [0,1.5]$, d.h. nach Satz 5.4, $(l_1,a_1) = (0,0)$ ist ein asymptotisch stabiler Gleichgewichtspunkt von (9.8) für alle $\psi \in [0,1.5]$.

Für den zweiten, vom Parameter ψ abhängigen Gleichgewichtspunkt (l_2,a_2) (vgl. (9.15) und Fig. 9.4) gilt

$$q = \frac{(x-y_2)^3 y_3 y x_1^2 (x_1 y_2 - y_1 y_3 y)(y_1 y_3 y - x_1 x)}{x(y_2 x_1 - y_1 y_3 y)^4} < 0 \qquad (9.19)$$

für $\psi \in [0,\psi_6)$, und somit ist (l_2,a_2) ein (instabiler) Sattelpunkt.

Der Einzugsbereich des asymptotisch stabilen Gleichgewichtspunktes $(0,0)$ ist für die Anwendung des Modells (9.8) von Interesse, da er alle Anfangswerte enthält, für die der Modellbaum (9.8) nicht überlebt. Obwohl der Gleichgewichtspunkt $(0,0)$ von ψ unabhängig ist, dürfen wir erwarten, daß sein Einzugsbereich anwächst, wenn wir den Schadparameter ψ vergrößern. Diesen Sachverhalt wollen wir jetzt untersuchen.

Für jedes $\psi \in [0,\psi_6)$ sind durch (l_2,a_2) zwei einfache Teilmengen E und F von D wie folgt festgelegt:

$$E := \{(l,a) \in D \mid 0 \leqslant l \leqslant l_2 \text{ und } 0 \leqslant a \leqslant a_2\},$$

$$F := \{(l,a) \in D \mid l_2 \leqslant l \text{ und } a_2 \leqslant a\}.$$

Wie Fig. 9.5 zeigt, teilen die sogenannten *Isoklinen* $\dot{l} = 0$ (darunter verstehen wir $\{(l,a) \in D \mid \dot{l} = f_1(l,a) = 0\}$) und $\dot{a} = 0$ $(\{(l,a) \in D \mid f_2(l,a) = 0\})$ die Menge E entsprechend den Vorzeichen von $\dot{l}$ und $\dot{a}$ in drei Bereiche auf. Aus der Vorzeichenbetrachtung ergibt sich analog zum Volterraschen Exklusionsprinzip in Abschn. 4.4, daß jede Trajektorie, egal wo sie in $E \setminus \{(l_2,a_2)\}$ zum Zeitpunkt 0 startet, immer in den mittleren Bereich G hineinläuft und dort verbleibt. G ist eine invariante Menge. In Fig. 9.5 ist der aus der Vorzeichenbetrachtung für $\dot{l}$ und $\dot{a}$ resultierende prinzipielle Lösungsverlauf an den Rändern von E und G durch sogenannte Richtungselemente dargestellt.

In G angekommen (oder startend), muß eine Lösung wegen $\dot{l} < 0$ und $\dot{a} < 0$ aufgrund der Invarianz von D für $t \to \infty$ gegen den Gleichgewichtspunkt $(l_1,a_1) = (0,0)$ konvergieren. Denn beide Lösungskomponenten $l(t) = l(t,\psi)$ und $a(t) = a(t,\psi)$ sind in G monoton fallend und nach unten durch 0 beschränkt.

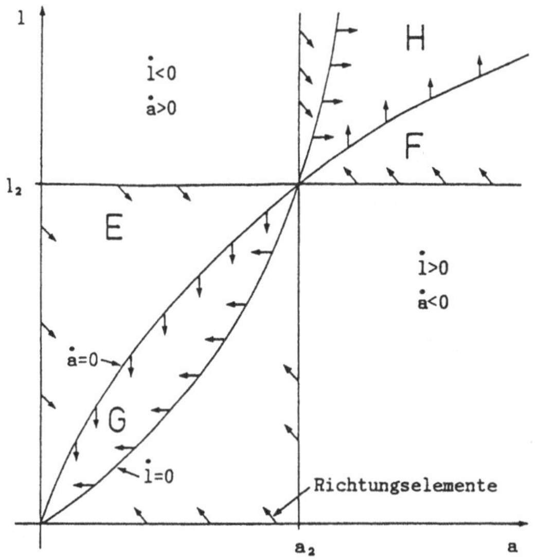

Fig. 9.5: Richtungselemente im Phasenraum für $\psi \in [0,\psi_6)$; aus [41]

Für jede Lösung von (9.8), die in $E \setminus \{(l_2,a_2)\}$ startet, gilt also

$$\lim_{t \to \infty} (l(t),a(t)) = (0,0).$$

Damit ist die Menge $E \setminus \{(l_2,a_2)\}$ eine Teilmenge des Einzugsbereiches von $(0,0)$. Aufgrund analoger Überlegungen (mit F und H anstelle von E und G) zeigt man

$$l(t) \to \infty \text{ und } a(t) \to \infty \text{ für } t \to \infty$$

für jede Lösung $(l(t),a(t))$, die in $F \setminus \{(l_2,a_2)\}$ startet.

Nach Konstruktion ist E ein achsenparalleles Rechteck "im Ursprung" mit den Seitenlängen $l_2 = l_2(\psi)$ und $a_2 = a_2(\psi)$. Für $\psi \rightarrow \psi_6$ konvergieren l_2 und a_2 gegen ∞, d.h., $E = E(\psi)$ konvergiert gegen den Definitionsbereich $D = \mathbb{R}^+ \times \mathbb{R}^+$. Je größer also ψ wird, um so mehr wächst E. Das bedeutet, je höher die zugeführte Schadstoffmenge ist, um so größer müssen die Anfangswerte für Laub und Assimilate sein, damit der Modellbaum überleben kann. Unterschreiten die Anfangswerte für einen vorgegebenen Wert ψ des Schadparameters die Werte der Komponenten $l_2 = l_2(\psi)$ und $a_2 = a_2(\psi)$ des zweiten Gleichgewichtspunktes, dann kann der Modellbaum (9.8) nicht überleben. Für größere Werte von ψ wären demnach theoretisch immer mehr (Modell-) Bäume vom Waldsterben bedroht.

9.2 Laub – Wurzel – Modell

Wir wollen nun ein zweites autonomes Differentialgleichungsmodell für das Waldsterben betrachten, welches ebenfalls aus (8.1) hergeleitet ist [40,42]. An die Stelle der Assimilate tritt nun die Feinwurzelmenge eines Baumes als zweite Zustandsgröße neben die Laubmenge. In der DYSS – Nomenklatur des 8. Kapitels lauten die beiden Zustandsgleichungen:

$$\frac{d\ LAUB}{dT} = ALAU - (LANA + LAAB)$$

$$\tag{9.20}$$

$$\frac{d\ WURZ}{dT} = AWUR - WUAB.$$

Die Jahresraten in (9.20) berechnen sich aus den Gleichungen

$$
\begin{array}{ll}
ALAU = c_5\ CASS & \text{(Laubaustrieb)} \\
LANA = \lambda(1 + \lambda)^{-1}\ LAUB & \text{(Laubverlust durch Nadelschädigung)} \\
LAAB = c_1^{-1}\ LAUB & \text{(natürlicher Laubabwurf)} \\
AWUR = BWUR \cdot CASS & \text{(Feinwurzelaustrieb)} \\
WUAB = WURZ & \text{(Feinwurzelverlust)}
\end{array}
$$

mit den aus dem 8. Kapitel bekannten Hilfsgrößen:

$$
\begin{array}{l}
CASS = REST \cdot (c_5 + BWUR)^{-1} \\
BWUR = c_2 c_3 c_4^{-1} 0.5^2 (0.6 - 0.4\lambda)\ LAUB \\
REST = PROD - ATM
\end{array}
$$

$$\text{PROD} = \text{CWUR } c_2 0.5^2(0.6 - 0.4\lambda) \text{ LAUB}$$
$$\text{ATM} = k_1 \text{ LAUB} + k_2 \text{ WURZ}$$
$$\text{CWUR} = c_4 \text{ WURZ} \cdot (c_2 c_3 0.5^2(0.6 - 0.4\lambda) \text{ LAUB})^{-1}, \text{ limitiert auf } [0,1].$$

Das Modell (9.20) ist wie (9.8) autonom. Mit Ausnahme des Laubaustriebs sind alle Modellgrößen wie in (8.1) definiert. Die Austriebsrate für das LAUB hängt dort von der Biomasse ab (vgl. Definition von BLAT) und wird im reduzierten ("biomassefreien") Modell (9.20) konstant gleich $c_5 := 3$ [t/(ha·a)] angenommen. Dieser Wert entspricht der Laubmenge, die ein Baum unter Normalbedingungen durchschnittlich pro Jahr abwirft. Analog zu Abschn. 9.1 geht die atmosphärische Schädigung des Baumes durch einen Schadparameter $\lambda \in [0,1.5]$ anstelle der Zustandsgröße POLL in das Modell (9.20) ein. Der Ausdruck

$$\phi_1(\lambda) = 0.5^2(0.6 - 0.4\lambda) \tag{9.21a}$$

stellt wiederum die Nadeleffizienz dar, und der Bruch

$$\phi_2(\lambda) = \lambda(1 + \lambda)^{-1} \tag{9.21b}$$

ist der Anteil der geschädigten Nadeln. Aus der Ratengleichung für den Feinwurzelverlust erkennen wir, daß auch dieses Modell von ungeschädigten Waldböden ausgeht.

Grundsätzlich gehen wir bei dem reduzierten Modell (9.20) davon aus, daß der Assimilatbedarf des Modellbaumes für Atmung und Neuaustrieb von Nadeln und Feinwurzeln direkt aus der Photosynthese gedeckt wird. Die Assimilate werden daher nicht mehr als Zustandsgröße ASSI zwischengespeichert. Dadurch wird das Wachstum der Organe des Baumes direkt von der schadstoffabhängigen Photoproduktion PROD der Nadeln beeinflußt. Im Schädigungsfall kann nicht mehr auf Assimilatreserven zurückgegriffen werden, und die Reaktion des Modellbaumes (9.20) auf Luftschadstoffe folgt unmittelbar.

Der Wegfall der Zustandsgleichung für die holzige Biomasse rechtfertigt sich dadurch, daß wir das Wachstum 60 Jahre alter Bestände simulieren mit einem Startwert für BIOM von über 300 t pro ha (vgl. (8.1)), der sich unter Normalbedingungen nur noch wenig ändert.

Schließlich kommen wir zu den beiden Modellgrößen CASS und CWUR, die das dynamische Verhalten des Modells durch Angebots-/Bedarfsvergleiche steuern. Durch

CASS werden die für Nadel- und Wurzelaustrieb benötigten Assimilate c_5 + BWUR mit dem nach der Veratmung verbliebenen REST verglichen. Im Unterschied zu den Modellen (8.1) und (9.8) wird CASS in (9.20) unlimitiert verwendet: CASS ≥ 0 ist ohnehin erfüllt, und die Begrenzung CASS ≤ 1 lassen wir wegfallen und erlauben damit eine Überproduktion an Nadeln und Feinwurzeln bei einem Überangebot an Assimilaten durch die Photoproduktion.

CWUR (= $CPHN^{-1}$) vergleicht die zur Photosynthese benötigte Wassermenge mit der von den Feinwurzeln förderbaren. Für das reduzierte Modell (9.8) aus Abschn. 9.1 ist die in (9.2) gemachte Annahme CWUR ≡ 1 charakteristisch. Sie stimmt die Wurzelmenge bestmöglich auf die Photosynthese, ab und dies hat zur Folge, daß sich die Zustandsgröße WURZ aus LAUB berechnen läßt (vgl. (9.3)) und damit als unabhängige Modellvariable entfallen kann. Das Modell (9.20) hingegen ist gerade dadurch charakterisiert, daß CWUR in seiner ursprünglichen, den biologischen Gegebenheiten entsprechenden Funktion als Begrenzer verwendet wird. Mit

$$\lim (x) = \begin{cases} 0 & x < 0 \\ x & 0 \le x \le 1 \\ 1 & x > 1 \end{cases} \tag{9.22}$$

gilt

$$CWUR = \lim (c_4 \ WURZ \cdot (c_2 c_3 \Phi_1 \ LAUB)^{-1}) \tag{9.23}$$

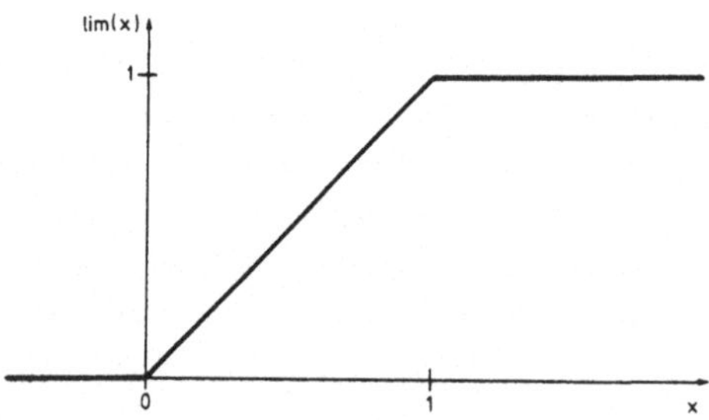

Fig. 9.6: Limiterfunktion (9.22)

Durch sukzessives Einsetzen der Gleichungen für die Raten bzw. Hilfsgrößen erhalten wir aus (9.20) mit den Abkürzungen l für LAUB und r für WURZ (engl.: root) sowie $\dot{l}$ = dl/dT, $\dot{r}$ = dr/dT das Differentialgleichungssystem

$$\dot{l} = \frac{c_5(CWUR\ c_2\phi_1 l - k_1 l - k_2 r)}{c_5 + c_2 c_3 c_4^{-1}\phi_1 l} - (c_1^{-1} + \phi_2)l$$

$$(9.24)$$

$$\dot{r} = \frac{c_2 c_3 c_4^{-1}\phi_1 l(CWUR\ c_2\phi_1 l - k_1 l - k_2 r)}{c_5 + c_2 c_3 c_4^{-1}\phi_1 l} - r$$

mit den Schadfunktionen $\phi_1 = \phi_1(\lambda)$, $\phi_2 = \phi_2(\lambda)$ aus (9.21), den Konstanten $c_1, \ldots, c_4, k_1, k_2$ aus (8.1) sowie $c_5 = 3$.

Den Limiter CWUR aus (9.23) haben wir aus Gründen der Übersichtlichkeit noch nicht eingesetzt. Wegen (9.22) steckt nämlich in (9.24) eine Fallunterscheidung in drei eng verwandte Differentialgleichungssysteme, die abhängig vom aktuellen Wert von

$$x = c_4 r(c_2 c_3 \phi_1 l)^{-1}$$

$$(9.25)$$

stückweise das Systemverhalten von (9.24) bestimmen. Praktisch wird bei der Simulation von (9.24) abhängig vom Wert x zwischen drei Differentialgleichungssystemen hin- und hergeschaltet. Bevor wir uns damit ausführlicher beschäftigen, wollen wir uns zunächst drei typische numerische Lösungen von (9.24) ansehen. Sie sind mit dem Runge-Kutta-Verfahren (3.12) mit der Schrittweite $\Delta T = 1/50$ und den Anfangswerten $l(0) = 18$, $r(0) = 7$ gerechnet (vgl. [40]) und belegen wiederum deutlich die drei aus dem 8. Kapitel bekannten Verhaltensmodi: Normalwachstum, unterkritisches (Überleben des schadstoffbelasteten Systems) und überkritisches Wachstum (Systemzusammenbruch).

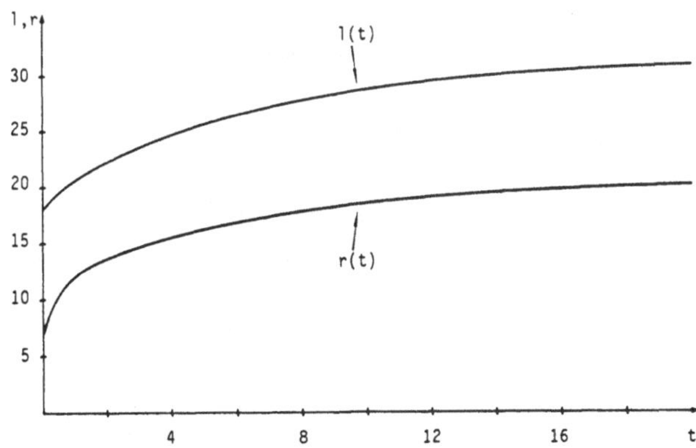

Fig. 9.7: Normalwachstum ($\lambda = 0$)

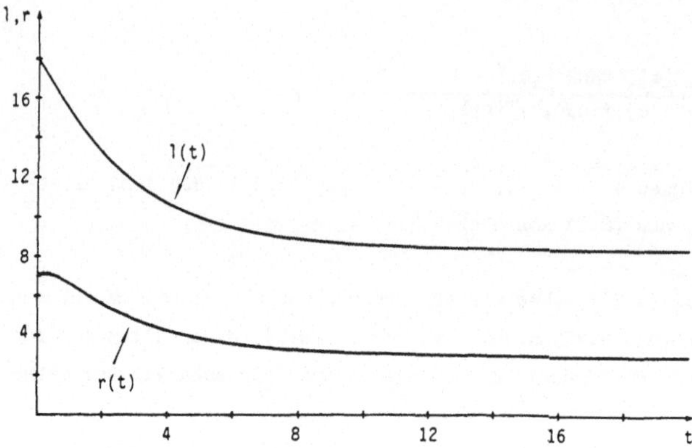

Fig. 9.8: Unterkritische Schädigung ($\lambda = 0.28$)

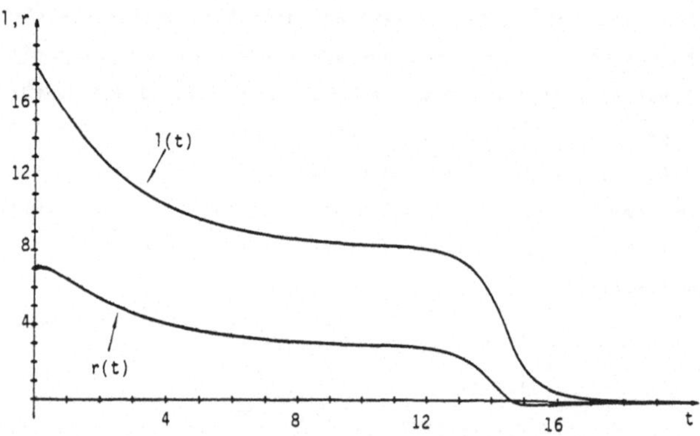

Fig. 9.9: Überkritische Schädigung ($\lambda = 0.29$)

Nun setzen wir (9.23) für CWUR in die Systemgleichungen (9.24) ein. Das Differentialgleichungssystem erhält dann die zu (9.24) äquivalente Form:

$$\dot{l} = \frac{\psi_1 l^2 + \psi_2 l + k_3 r}{c_5 + \psi_5 l}$$

$$\dot{r} = \frac{\psi_3 l^2 + \psi_4 lr - c_5 r}{c_5 + \psi_5 l}$$

$$(9.26)$$

Als Konsequenz aus (9.22) sind einige der Koeffizienten mit Hilfe von Fallunterscheidungen definiert, nämlich die von λ abhängigen (vgl. (9.21)):

$$\psi_2 := \begin{cases} -c_5(k_1 + c_1^{-1} + \phi_2) & x \leq 1 \\[2mm] c_5(c_2\phi_1 - k_1 - c_1^{-1} - \phi_2) & x > 1, \end{cases}$$

$$\psi_3 := \begin{cases} -c_2c_3c_4^{-1}k_1\phi_1 & x \leq 1 \\[2mm] c_2c_3c_4^{-1}\phi_1(c_2\phi_1 - k_1) & x > 1, \end{cases}$$

$$\psi_4 := \begin{cases} c_2\phi_1(1 - c_3c_4^{-1}(1 + k_2) & 0 \leq x \leq 1 \\[2mm] -c_2c_3c_4^{-1}\phi_1(1 + k_2) & x < 0 \text{ und } x > 1, \end{cases}$$

sowie

$$k_3 := \begin{cases} c_5(c_3^{-1}c_4 - k_2) & 0 \leq x \leq 1 \\[2mm] -c_5k_2 & x < 0 \text{ und } x > 1. \end{cases}$$

Die von der Fallunterscheidung nicht betroffenen Koeffizienten von (9.26) lauten

$$\psi_1 = \psi_1(\lambda) := -c_2c_3c_4^{-1}\phi_1(c_1^{-1} + \phi_2),$$

$$\psi_5 = \psi_5(\lambda) := c_2c_3c_4^{-1}\phi_1 \text{ und } c_5 = 3.$$

Der Limiter CWUR schaltet abhängig vom aktuellen Wert

$$x = x(t) = \psi_5^{-1}r(t)\cdot l(t)^{-1} \tag{9.27}$$

zwischen drei Systemen der Form (9.26) hin und her, die sich in den Koeffizienten ψ_2, ψ_3, ψ_4 und k_3 unterscheiden. Für jeden einzelnen der Fälle $x < 0$, $0 \leq x \leq 1$ und $x > 1$ ist durch (9.26) ein Differentialgleichungssystem (wir nennen es im folgenden ein Teilsystem von (9.26)) im (gemeinsamen) Definitionsbereich

$$D = \{(l,r) \in \mathbb{R} \times \mathbb{R} \mid l \neq -c_5\psi_5^{-1}\} \tag{9.28}$$

definiert, welches für das Verhalten des Modellbaumes jedoch nur in "seinem Bereich" verantwortlich ist. Die rechte Seite von (9.26) genügt (in allen Fällen) einer lokalen Lipschitzbedingung, d.h. nach Satz 3.1, zu jedem Anfangswert $(l_0,r_0) \in D$ existiert für jedes Teilsystem genau eine (von λ abhängige) Lösung.

Krieger [40] zeigt, daß die lokale Lipschitz-Stetigkeit und folglich die Existenz und Eindeutigkeit der Lösungen auch für das "kombinierte" System (9.26) gelten. Er bestimmt darüberhinaus einen Parameterbereich $[0,\lambda_0]$ mit $\lambda_0 \approx 0.3021$, in dem die Lösungen $(l(t,\lambda),r(t,\lambda))$ von (9.26) global, d.h. für alle $t \geq 0$, existieren. Der uns interessierende Wechsel von unterkritischem zu überkritischem Lösungsverhalten (vgl. Fig. 9.8 und 9.9) liegt in diesem Bereich.

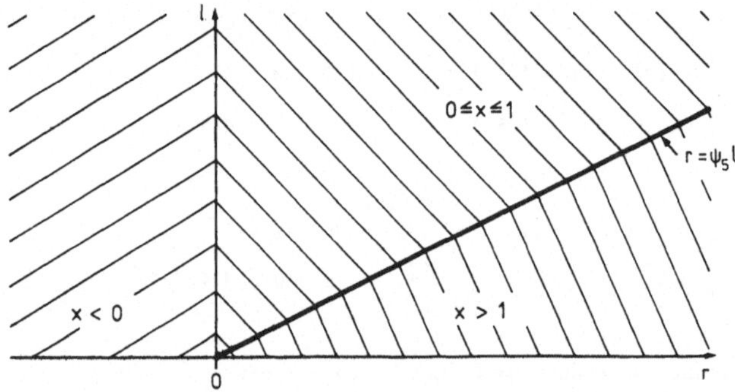

Fig. 9.10: Zuständigkeitsbereiche der drei Teilsysteme von (9.26) im Phasendiagramm für $l \geq 0$

Fig. 9.10 zeigt für $l \geq 0$ die Zuständigkeitsbereiche der drei Teilsysteme von (9.26) im Phasenraum. Alle drei Teilsysteme besitzen in D genau zwei Gleichgewichtspunkte, nämlich den trivialen

$$(l_1,r_1) = (0,0)$$

und einen von λ abhängigen Gleichgewichtspunkt

$$(l_2,r_2) = \left(\frac{c_5\psi_2}{(k_3 - c_5)\psi_1}, \; - \frac{c_5\psi_2^2}{(k_3 - c_5)^2\psi_1} \right). \tag{9.29}$$

Dabei berechnet sich (9.29) für jedes der drei Teilsysteme gemäß den Fallunterscheidungen für die Koeffizienten ψ_2 und k_3 in (9.26).

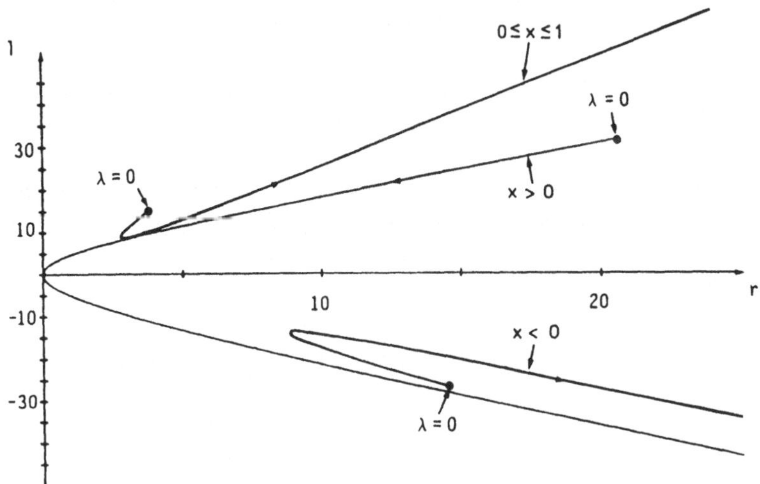

Fig. 9.11: Verlauf des von λ abhängigen Gleichgewichtspunktes im Phasenraum für die drei Teilsysteme von (9.26)

Analog zur Vorgehensweise in Abschn. 9.1 erhalten wir in allen drei Fällen Aussagen über die Stabilität der Gleichgewichtspunkte (vgl. [40]):

Für das für $x < 0$ wirksame Teilsystem sind beide Gleichgewichtspunkte asymptotisch stabil, doch nur $(0,0)$ kann für unsere Untersuchungen eine Rolle spielen, da die Laubkomponente des zweiten Gleichgewichtspunktes für alle $\lambda \in [0,1.5]$ negativ ist (vgl. Fig. 9.11).

Im Falle des für $0 \leqslant x \leqslant 1$ wirksamen Teilsystems ist $(0,0)$ asymptotisch stabil und (l_2,r_2) ist ein (instabiler) Sattelpunkt. Beide Aussagen gelten im gesamten Parameterintervall $[0,1.5]$.

Die beiden Gleichgewichtspunkte des für $x > 1$ wirksamen Teilsystems durchlaufen einen (von λ abhängigen) Stabilitätswechsel bei $\lambda_1 \approx 0.6512$. $(0,0)$ ist für $\lambda < \lambda_1$ ein Sattelpunkt und für $\lambda > \lambda_1$ asymptotisch stabil. Für den Gleichgewichtspunkt (l_2,r_2) sind die Verhältnisse genau entgegengesetzt, er ist für $\lambda < \lambda_1$ asymptotisch stabil und für $\lambda > \lambda_1$ ein Sattelpunkt.

Vergleichen wir die Aussagen über die Stabilität der Gleichgewichtspunkte aller drei Teilsysteme von (9.26) mit den numerischen Resultaten von Fig. 9.8 und 9.9, so stellen wir fest, daß der Wechsel von unterkritischem zu überkritischem

Lösungsverhalten, der für $\lambda \in [0.28, 0.29]$ eintritt, durch keines der drei Teil-systeme allein (!) erklärbar ist. Denn auch der Stabilitätswechsel des für $x > 1$ wirksamen Teilsystems bei $\lambda \approx 0.6512$ "kommt viel zu spät" im Parameterintervall und ist daher eher von akademischem Interesse.

Im folgenden wollen wir von der Annahme ausgehen, daß die numerischen Ergebnisse dadurch zu erklären sind, daß der gewählte Anfangswert $(l(0), r(0)) = (18,7)$ im Einzugsbereich eines asymptotisch stabilen Gleichgewichtspunktes eines der drei Teilsysteme liegt.

Dann hängt der Verhaltenswechsel "unterkritisch – überkritisch" (Fig. 3.8 und Fig. 9.9) für $\lambda \in [0.28, 0.29]$ davon ab, ob der attraktive (asymptotisch stabi-le) Gleichgewichtspunkt des für $x > 1$ wirksamen Teilsystems unterhalb oder ober-halb der Trenngeraden $r = \psi_5 l$ liegt. Fig. 9.12 a zeigt die Aufteilung des Phasenraumes in die Zuständigkeitsbereiche der drei Teilsysteme für $\lambda = 0.28$. Für die im Punkt $(18,7)$ startende Trajektorie bestimmt das für $x > 1$ wirksame Teilsystem den Lösungsverlauf. Sein Gleichgewichtspunkt (l_2, r_2) im Inneren des 1. Quadranten attrahiert die Trajektorie in Übereinstimmung mit Fig. 9.8.

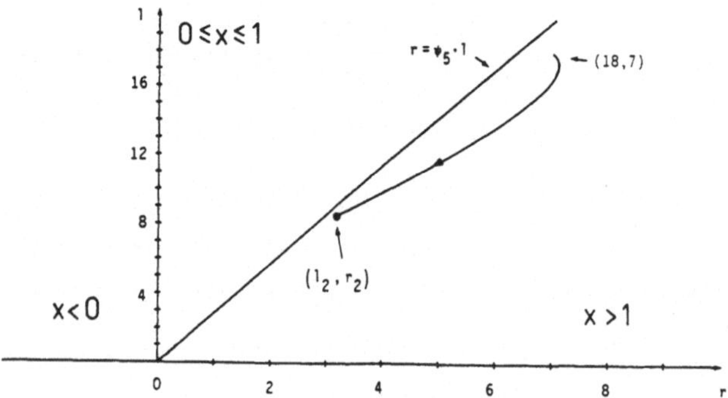

Fig. 9.12 a: Lösungsverlauf von (9.26) im Phasenraum für $\lambda = 0.28$

Die Verhältnisse ändern sich grundlegend für $\lambda = 0.29$. Denn jetzt liegt der attraktive Gleichgewichtspunkt (l_2, r_2) des für $x > 1$ wirksamen Systems auf der gegenüberliegenden Seite der Trenngeraden $r = \psi_5 l$. Wiederum wird die in $(18,7)$ startende Lösung zunächst von diesem Gleichgewichtspunkt attrahiert, bis sie die Trenngerade $r = \psi_5 l$ kreuzt und damit den Zuständigkeitsbereich des für $x > 1$ wirksamen Teilsystems verläßt (Fig. 9.12 b). Nun ist der triviale Gleichge-

wichtspunkt (0,0) der attraktive, d.h. $l(t,\lambda)$ und $r(t,\lambda)$ konvergieren in Übereinstimmung mit Fig. 9.9 beide gegen Null.

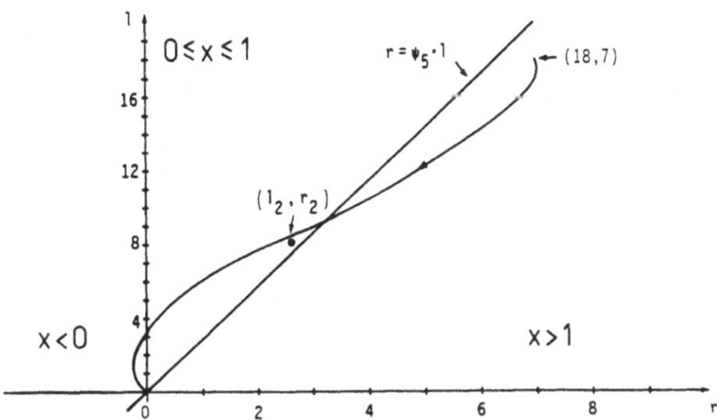

Fig. 9.12 b: Lösungsverlauf von (9.26) im Phasenraum für $\lambda = 0.29$

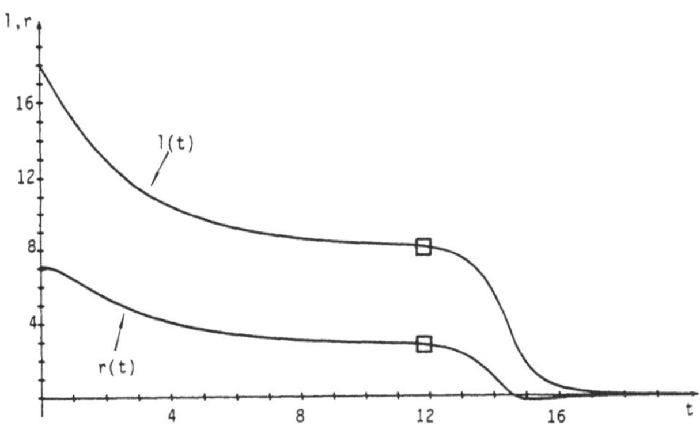

Fig. 9.13: Überkritischer Lösungsverlauf von (9.26) für $\lambda = 0.29$ im Zeitdiagramm
(die Kästen markieren den Schnitt mit der Trenngeraden $r = \psi_s l$)

Fig. 9.13 zeigt zur Verdeutlichung noch einmal die zugehörigen Lösungen im Zeitdiagramm. Der für den Verhaltenswechsel "unterkritisch – überkritisch" zustän-
dige Parameterwert λ^* ist dadurch definiert, daß der attraktive Gleichgewichtspunkt (l_2,r_2) des für $x > 1$ wirksamen Teilsystems für $\lambda > \lambda^*$ nicht mehr in seinem eigenen Zuständigkeitsbereich liegt, in dem er für $\lambda < \lambda^*$ attraktiv sein
konnte. Für $\lambda = \lambda^*$ "überschreitet" er die Trenngerade $r = \psi_s l$. Aus dieser Charakterisierung läßt sich λ^* numerisch berechnen, es gilt [40]: $\lambda^* \approx 0.2837$.

ANHANG: DYSS (Dynamic System Simulation)

Beschreibung

DYSS (Dynamic System Simulation) ist ein interaktives Programmsystem zur Simulation dynamischer Systeme. Die für die verschiedenen Phasen

- Modellerstellung
- Numerische Simulation
- Ergebnisaufbereitung

eines Modellierungsprozesses vorgesehenen Kommandos und Unterkommandosysteme werden über ein Menü ausgewählt.

Die Modellierung in DYSS basiert auf Wirkungsdiagrammen, in denen die bestimmenden Größen eines Modells als Knoten (Blocks) in einem gerichteten Graphen dargestellt werden, dessen Kanten (Connections) die Systemzusammenhänge widerspiegeln. Dieses Konzept auf der Basis von Blöcken und Verbindungen dient in DYSS direkt als Grundlage für die Modellierung und Simulation, ohne daß eine vorherige Übertragung in Gleichungen oder einen anderen Formalismus erforderlich ist.

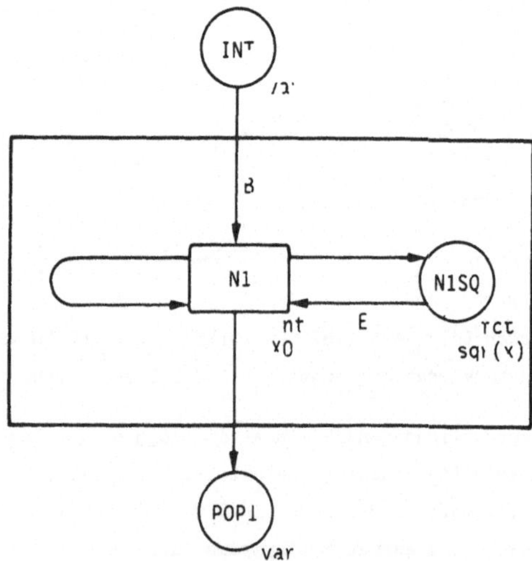

Fig. A1: Untermodell "Beutepopulation" (PREY) als DYSS - Diagramm

Beispiel: DYSS – Untermodell "Beutepopulation" (PREY)

```
                /PREY
                [UNTERMODELL BEUTE]
                [BLOCKS]
                A          CONSTANT 1.000000E+00
                B          CONSTANT -1.00000E+00
                E          CONSTANT -1.10000E-01
                X0         CONSTANT 1.000000E+00
                POP1       VARIABLE        X0
                INT        VARIABLE 0.000000E+00
                N1         INTEGRT         X0
                N1SQ       FUNCTION
                   SQR(X)
                   QUIT
                [CONNECTIONS]
                N1         N1         A
                N1SQ       N1         E
                N1         N1SQ
                INT        N1         B
                N1         POP1
                   QUIT
                []
```

Über die Verbindungen beeinflussen sich die Blöcke gegenseitig, da jeder Block
eine durch eine Typangabe bestimmte mathematische Abbildung repräsentiert, die
auf die Werte seiner Eingangsblöcke angewandt wird. Eingangsblöcke (Geberblöcke,
Source) sind dabei all jene Blöcke, von denen im Modellgraphen eine Verbindung
zum betrachteten Block (Nehmerblock, Destination) hinführt. Auf diese Weise
fungieren die Verbindungen als Übertragungskanäle, die Ausgangswerte von Blöcken
anderen Blöcken als Eingangswerte zur Verfügung stellen, die hieraus nach einer
durch ihre Typbezeichnung und eventuelle Parameter festgelegten Abbildungsvor-
schrift einen eigenen Ausgangswert berechnen.

Obiges Beispiel enthält neben dem eigentlichen Modellkern zwei weitere Blöcke
(POP1 und INT) vom Typ Variable. Diese Blöcke spielen eine besondere Rolle, da
sie als Kommunikationsmittel zwischen verschiedenen Teilmodellen dienen. In unserem Fall geht in das Teilmodell Beute über die Variable INT die Information
über die Wechselwirkung mit der in einem eigenen Teilmodell modellierten Räuberpopulation ein. Das Beutemodell meldet seinerseits über die Variable POP1 die

momentane Populationszahl an ein übergeordnetes Modell zur Berechnung der Inter-
aktionsgröße INT. Dieses übergeordnete Modell erfährt über eine weitere Variable
POP2 gleichzeitig die aktuelle Räuberpopulation. Damit erhalten wir folgendes
Schema der Teilmodelle und ihrer Kommunikationsschnittstellen:

Teilmodell-Schema:

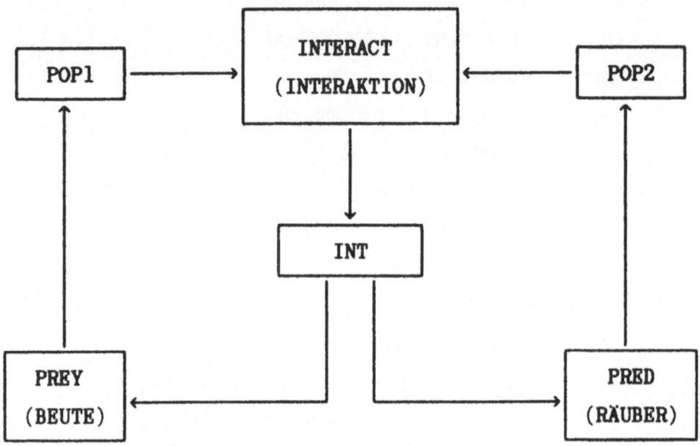

Das Konzept der interagierenden Teilmodelle bietet den Vorteil, daß nach der
Festlegung der Schnittstellen die Einzelmodelle getrennt entwickelt werden
können. Auch haben Änderungen in den Teilmodellen keine Auswirkungen nach außen,
solange die Schnittstellen davon unberührt bleiben. In unserem Beispiel könnte
etwa die Modellierung der Interaktion variiert werden, ohne das dies für das
Räuber- bzw. das Beutemodell irgendwelche Anpassungen nach sich zieht.

Die Eingabe der Modelle, deren numerische Simulation und die Darstellung der be-
rechneten Werte erfolgt nach dem bereits in Kap. 2 beschriebenen Schema. Mit den
angegebenen Werten für die Konstanten strebt das Modell einem Grenzzyklus zu.

Die Modellierung mit Konstanten, d.h. mit Blöcken vom Typ CONSTANT, dient der
Übersichtlichkeit und bietet darüber hinaus den Vorteil, daß sie beim Start
einer Simulation (START) mit anderen Werten belegt werden können.

Beispiel: START 100 (XO = 15, YO = 25, F = -0.1)

Dieses Kommando simuliert das aktuelle Modell bis zum Endzeitpunkt 100 und ini-
tialisiert dabei vorab die angegeben Blöcke mit den angegeben Werten. Auf diese

Weise kann die Abhängigkeit eines Modells von bestimmten Parametern leicht ge-
testet werden.

Die Teilmodelle INTERACT und PRED sehen wie folgt aus:

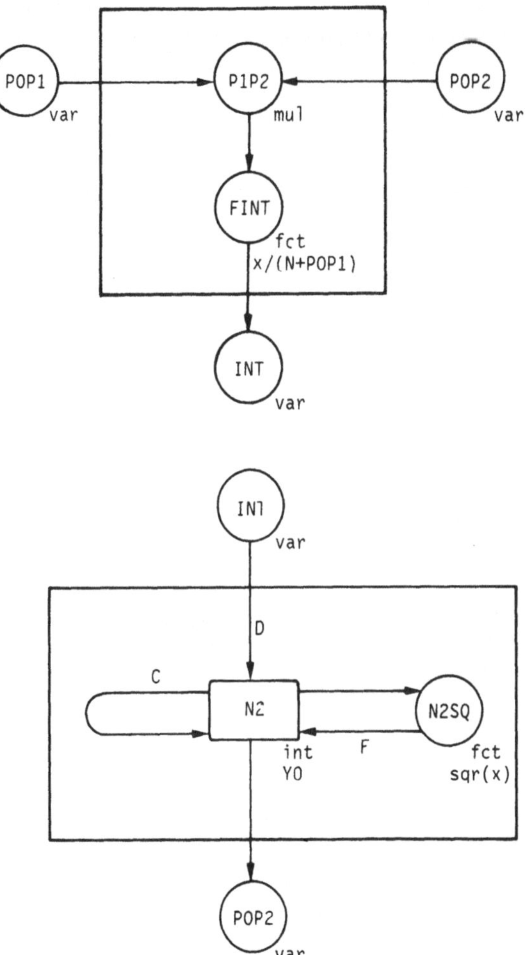

Fig. A2: Teilmodelle INTERACT und PRED als DYSS – Diagramm

Help-Funktion

DYSS enthält eine universelle Help-Funktion, die durch die Eingabe "?" aufgerufen wird. Die Eingabe "?" ist bei jeder Eingabeaufforderung (">>>") möglich. Als Antwort erhält der Benutzer entweder einen inhaltlichen Hinweis auf die erwartet Eingabe oder aber eine Liste der momentan erlaubten Kommandos. Diese Liste hängt von der aktuellen Position innerhalb der baumartigen Kommando-Hierarchie ab.

Nach Eingabe von "?" innerhalb des Monitors z.B. erscheint:

```
SIZE    STORAGE   MODEL*   SIMULA*   OUTPUT*   OPTION   RENAME
DIRECT  LOAD    SAVE    DELETE    SUBMODS   CONFIG   MONITOR*
STOP    QUIT
```

Kommandotypen

Die Unterkommandos des Monitors können, wie auch alle anderen DYSS-Kommandos, in drei Gruppen eingeteilt werden:

A: Durch Eingabe des Namens wird eine bestimmte Leistung erbracht. Anschließend befindet sich das System wieder auf dem ursprünglichem Kommando-Level und zeigt seine erneute Eingabebereitschaft an.

Dazu folgendes Dialogbeispiel, in dem "R" für Rechner und "B" für Benutzer steht:

```
R *MONITOR* DYSSMOD
R >>>
B    SIZE
R BLOCKS         :        0
R CONNECTIONS :        0
R >>>
```

B: Nach Eingabe des Kommandonamens werden weitere Angaben (">>>") erwartet. Zu jeder derartigen Eingabeaufforderung kann mit "?" eine Help-Information angefordert werden. Die Leistung des Kommandos wird erst nach der vollständigen und korrekten Eingabe aller verlangten Angaben erbracht:

```
R *MONITOR* DYSSMOD
R >>>
B    RENAME
R *RENAME*
R >>>
B    ?
R NAME OF MODEL
B    INTERACT
R *MONITOR* INTERACT
R >>>
```

In diesem Dialog wurde der per Default vergebene Name "DYSSMOD" vom Benutzer
in "INTERACT" mit Hilfe des Kommandos "RENAME" abgeändert.

C: Das Kommando führt auf eine andere Ebene der Kommando-Hierarchie oder stellt
   eine Dauerfunktion dar. Die Namen derartiger Kommandos haben als letztes
   Zeichen einen Stern ("*"). Sie übernehmen die Kontrolle über die Menüsteue-
   rung und behalten sie so lange, bis sie entweder durch Aufruf eines weiteren
   Subsystems (sofern ein solches existiert) an eine noch tiefere Ebene des
   Kommando-Baumes übergeht oder aber durch "QUIT" bzw. eine Leereingabe nach
   der Eingabeanforderung an die nächst höhere Ebene zurückgegeben wird.

Als Beispiel stellen wir den Übergang aus dem Monitor in die Modellierungsphase dar:

```
R *MONITOR* INTERACT
R >>>
B    MODEL
R *MODEL*
R >>>
B    ?
R SIZE LIST TEST SORT EDIT* DIRECT READ APPEND SAVE
R OPTION QUIT
R >>>
B    QUIT
R *MONITOR* INTERACT
R >>>
```

Durch die Eingabe "QUIT" wird das Modellierungs-Subsystem wieder verlassen und die Kontrolle geht zurück an den Monitor. Zwischenzeitlich wurde eine Liste der in der Modellierungsphase möglichen Unterkommandos ausgegeben.

Syntax

Alle Kommandos dürfen beliebig abgekürzt werden. Ist diese Abkürzung nicht mehr eindeutig, so wird das erste Kommando (gemäß der durch "?" angezeigten Liste) ausgeführt, dessen Name mit der angegebenen Abkürzung anfängt, sofern ein solches existiert. Andernfalls erfolgt die Fehlermeldung "UNKNOWN COMMAND".

In einer Zeile dürfen beliebig viele Kommandos (bzw. Daten) eingegeben werden. Bei der Abarbeitung eines solchen Kommando-Strings wird die Protokollierung der einzelnen Kommandos auf die für den Benutzer notwendigen Informationen begrenzt. Im Falle eines Fehlers wird die Fehlerstelle in der Eingabezeile durch ein Fragezeichen markiert und der Rest der Zeile ignoriert. Beispiel:

```
R * MONITOR* INTERACT
R >>>
B    REN MOD1 SIZE
R *SIZE*
R BLOCKS          :      0
R CONNECTIONS   :      0
R *MONITOR* MOD1
R >>>
```

Das Modell wurde mit "RENAME" in "MOD1" umbenannt und anschließend durch "SIZE" die Modellgröße ausgegeben. Der "RENAME"-Befehle wird nicht gesondert dokumentiert, seine Wirkung zeigt sich erst bei der Rückkehr in den Eingabemodus des Monitors.

File-Struktur

Neben der Tastatur und dem Bildschirm als interaktive Ein- bzw. Ausgabemedien arbeitet DYSS noch mit weiteren Dateien für spezielle Aufgaben. Diesen Dateien werden beim Start des DYSS-Systems Default-Namen zugeordnet, die aber bei Bedarf vom Benutzer durch die Unterkommandos von FILESYS geändert werden können.

MODIN.DYS: Kann eine beliebige Anzahl von DYSS-Modellen enthalten, die über einen Modellnamen einzeln eingelesen werden können.

Um mit dieser voreingestellten Eingabedatei arbeiten zu können, muß sie sich auf dem Standardlaufwerk befinden, das vor dem DYSS-Aufruf gültig war.

Hier ein Beispiel für eine solche Modell-Datei:

Inhalt der Datei "MODIN.DYS" für das Räuber-Beute-Modell

```
/INTERACT
[UEBERGEORDNETES MODELL ZUR BERECHNUNG DER INTERAKTION]
[ZWISCHEN DEN BEIDEN POPULATIONEN POP1 UND POP2]
[]
[BLOCKS]
[]
[UNIVERSELLE KONSTANTEN]
XO         CONSTANT 1.000000E+00
YO         CONSTANT 1.000000E+00
N          CONSTANT 1.000000E+00
[]
[EINGANGSVARIABLEN: AKTUELLE POPULATIONSWERTE]
POP1       VARIABLE      XO
POP2       VARIABLE      YO
[]
[BERECHNUNG DER INTERAKTION]
P1P2       MULTIPLY
FINT       FUNCTION
   X/(N+POP1)
[]
[AUSGANGSVARIABLE: INTERAKTION]
INT        VARIABLE 0.000000E+00
[]
[TEILMODELLE DER BEIDEN POPULATIONEN]
PREY       MODEL
   QUIT
PRED       MODEL
   QUIT
   QUIT
```

```
[]
[CONNECTIONS]
[]
POP1      P1P2
POP2      P1P2
P1P2      FINT
FINT      INT
   QUIT
[]
/PREY
[UNTERMODELL BEUTE]
[BLOCKS]
A         CONSTANT 1.000000E+00
B         CONSTANT -1.00000E+00
E         CONSTANT -1.10000E-01
X0        CONSTANT 1.000000E+00
POP1      VARIABLE      X0
INT       VARIABLE 0.000000E+00
N1        INTEGRT       X0
N1SQ      FUNCTION
   SQR(X)
   QUIT
[CONNECTIONS]
N1        N1        A
N1SQ      N1        E
N1        N1SQ
INT       N1        B
N1        POP1
   QUIT
[]
/PRED
[UNTERMODELL RAEUBER]
[BLOCKS]
C         CONSTANT -5.00000E-01
D         CONSTANT 1.000000E+00
F         CONSTANT -8.00000E-02
Y0        CONSTANT 1.000000E+00
POP2      VARIABLE      Y0
INT       VARIABLE 0.000000E+00
```

```
N2        INTEGRT       YO
N2SQ      FUNCTION
   SQR(X)
   QUIT
[CONNECTIONS]
N2        N2         C
N2SQ      N2         F
N2        N2SQ
INT       N2         D
N2        POP2
   QUIT
```

Der Aufbau einer solchen Datei entspricht genau der entsprechneden
interaktiven Eingabe der Modelle. Leereingaben können dabei sowohl
als Leerzeilen als auch durch das Wort QUIT angegeben werden. Zusätzlich besteht die Möglichkeit, mit Hilfe eckiger Klammern Kom-
mentare einzufügen.

MODOUT.DYS: Datei zur fortlaufenden Aufnahme von Modellen, die über entsprechende Kommandos (SAVE) gesichert werden.

Diese Datei wird bei Bedarf auf dem Standardlaufwerk angelegt und
mit maximal 80 Zeichen per Record (Zeile) beschrieben.

DATA.DYS: Nimmt die numerischen Ergebnisse der Simulationsläufe auf. Die Datei
hat eine maximale Recordlänge von 120 Zeichen.

DUMP.DYS: Enhält die aktuellen Werte aller Blöcke eines Dumps, wenn ein solcher
vom Benutzer innerhalb des Debuggers ausgelöst wird.

EXPERMNT.DYS: Diese Datei kann vorbereitete Experimente enthalten, d.h. Folgen
von DYS-Kommandos, die dann der Reihe nach abgearbeitet werden.
Jedes Experiment ist mit einem Namen gekennzeichnet.

Kommando-Levels und Rekursivität

Ausgehend von dem Monitor können über entsprechnede Eingaben folgende unterge-
ordenete Ebenen innerhalb der baumartigen Kommando-Hierarchie aktiviert werden:

```
      MONITOR*
        MODEL*
          EDIT*
            BINSERT*
            CINSERT*
       SIMULA*
         DEBUG*
           DEBUG*
       OUTPUT*
       CONFIG*
         OPTIONS*
        FILESYS*
      MONITOR*
```

Die beiden Kommandos "MONITOR" und "DEBUG" enthalten sich selbst als Unterkommandos. Dabei wird als weitere Eingabe der Name eines im aktuellen Modell vorhandenen Blocks vom Typ "MODEL" verlangt. Mit Hilfe dieser Blöcke ist in DYSS das Untermodellkonzept realisiert.

In dem früheren Beispiel enthält das Modell "INTERACT" die beiden Untermodelle "PRED" und "PREY". Durch den Aufruf des Monitors im Modell "INTERACT" für das Teilmodell "PRED" wird dieser rekursiv in das angesprochene Untermodell verlegt (Zoom-Effekt) und alle weiteren Kommandos beziehen sich von da ab auf dieses Untermodell. Diese rekursiven Aufrufe sind über beliebig viele Stufen (je nach Schachtelungstiefe der Modelle) möglich.

Auf jeder Stufe steht der volle Umfang aller Kommandos zur Verfügung. Damit ist z.B. eine eigenständige Simulation ausgewählter Teilmodelle, etwa zu Testzwecken, möglich. Durch eine Leereingabe oder "QUIT" auf der Monitor-Ebene springt das System in der rekursiven Aufruf-Hierarchie um jeweils eine Stufe zurück bis hin zum obersten DYSSMOD-Level. Dann bleiben weitere Leereingaben ohne Wirkung.

DYSS-Kommandos

Die folgende Aufstellung gibt einen Überblick über die Kommandos und Subkommandos, die in DYSS zur Verfügung stehen.

UNTERKOMMANDOS VON "MONITOR*"

SIZE	Aktuelle Modellgröße incl. Untermodelle
STORAGE	Aufteilung des belegten Speicherplatzes
MODEL*	Untersystem Modellierung
SIMULA*	Untersystem Simulation
OUTPUT*	Untersystem Ausgabe
RENAME	Umbenennung des Hauptmodells
DIRECT	Verzeichnis der gespeicherten Modelle
LOAD	Laden eines Modells incl. Untermodelle
SAVE	Sichern des Monitor-Modells und aller Teilmodelle
DELETE	Löschen des aktuellen Monitor-Modells
SUBMODS	Auflistung aller Teilmodelle des Monitor-Modells
EXPERMNT	Ausführung eines Experimentes
MONITOR*	Aufruf des Monitors für ein Untermodell
CONFIG	Konfigurierung des Systems
STOP!	Ende des aktuellen DYSS-Laufes
QUIT	Verlassen der momentanen Monitor-Ebene

UNTERKOMMANDOS VON "MODEL*"

SIZE	Aktuelle Modellgröße ohne Teilmodelle
LIST	Auflisten bestimmter Blöcke und Verbindungen
TEST	Simulationsfähigkeit des Modells testen
SORT	Modell in die Berechnungsreihenfolge sortieren
EDIT*	Untersystem Editor
DIRECT	Verzeichnis der gespeicherten Modelle
READ	Einlesen eines Modells
APPEND	Anfügen eines Modells
SAVE	Sichern des Monitor-Modells ohne Teilmodelle
QUIT	Rückkehr zur Monitor-Ebene

UNTERKOMMANDOS VON "EDIT*"

BINSERT*	Blöcke eingeben
BDISPLAY	Blöcke anzeigen
BMODIFY	Block ändern
BDELETE	Block löschen
CINSERT*	Verbindungen eingeben

CDISPLAY   Verbindungen anzeigen
CMODIFY   Verbindungsgewicht ändern
CDELETE   Verbindung löschen
QUIT   Rückkehr zur Modellierung

UNTERKOMMANDOS VON "SIMULA*"

TIMER   Startzeit, Rechenschrittweite, Ausgabeschrittweite
STEPSIZE   Neue Rechenschrittweite
DISPLAY   Blöcke für Bildschirmausgabe festlegen
PRINT   Blöcke für Druckausgabe festlegen (Datei DATA.DYS)
PLOT   Blöcke für Plotliste festlegen
START   Simulationslauf starten
CONTINUE   Simulationslauf fortsetzen
VARLIST   Variablenliste anzeigen
SETVALUE   Laufzeitwerte von Blöcken verändern
DEBUG*   Untersystem Debugger
QUIT   Rückkehr zum Monitor

UNTERKOMMANDOS VON "DEBUG*"

VALUE   Laufzeitwerte anzeigen
INPUT   Geberblöcke anzeigen
VARLIST   Variablenliste anzeigen
SETVALUE   Laufzeitwerte ändern
STEP   Einzelschritte rechnen
DISPLAY   Blöcke für Bildschirmausgabe festlegen
STEPSIZE   Rechenschrittweite ändern
INIT   Neuen Simulationsstart initialisieren
DUMP   Aktuellen Dump ausgeben
DEBUG*   Debugger für Untermodell aufrufen
QUIT   Debug-Ebene verlassen

UNTERKOMMANDOS VON "OUTPUT*"

LIST   Plotliste anzeigen
RANGE   Wertebereich anzeigen
SCALE   Skalierung ändern
PLOT   Werte auf Bildschirm plotten

UNTERKOMMANDOS VON "CONFIG*"

OPTIONS*   Einstellung von Optionen ändern
FILESYS*   Dateisystem ändern

UNTERKOMMANDOS VON "OPTIONS*"

MEMORY   Speichergröße ändern
MAXEXP   Zahlbereich ändern
REALFORM   Ausgabelänge für Real-Zahlen ändern
UNDERFLW   Underflowbehandlung ändern
TEST   Testmodus ändern

UNTERKOMMANDOS VON "FILESYS*"

ERASEOUT   Modell-Sicherungsdatei löschen
ERASEDAT   Datei mit Simulationsdaten löschen
NEWIN   Neue Datei für Modelleingabe festlegen
NEWOUT   Neue Datei für Modellsicherung festlegen
NEWDAT   Neue Datei für Datenausgabe festlegen
NEWDUMP   Neue Datei für Dump-Ausgabe festlegen

Blocktypen

Folgende Blocktypen stehen in DYSS zur Verfügung

CONSTANT: Diese Blöcke stellen numerische Konstanten dar. Sie können als Ge-
          wichte von Verbindungen eingesetzt werden oder auch als Parameter
          für andere Blöcke dienen.

INITIAL: Gestattet die einmalige Berechnung von Startwerten zu Beginn einer Si-
          mulation aus Konstanten, Variablen und vorhergehenden INITIAL-Blöcken.

VARIABLE: Block zur Kommunikation mit anderen Teilmodellen. Wird beim Simula-
          tionsstart mit einem Startwert belegt.

MEMORY: Arbeitet wie ein Addierer, wird aber zu Beginn einer Simulation mit ei-
          nem Startwert belegt.

INTEGRT: Block zur numerischen Integration. Mit diesen Blöcken werden Differen-
          tialgleichungen modelliert.

TABLEFCT: Tabellenfunktion, die beliebig viele Wertepaare aufnehmen kann.
Zwischen den einzelnen Einträgen wird linear interpoliert.

ADD: Addiert die Eingangswerte.

MULTIPLY: Multipliziert die Eingangswerte.

FUNCTION: Gestattet die Eingabe beliebiger Funktionsausdrücke in üblicher alge-
braischer Notation. Dabei dürfen die Namen anderer Blöcke benutzt
werden. Die üblichen mathematischen Standardfunktionen stehen zur
Verfügung. Mit X wird der Eingangswert des Blockes bezeichnet, TIME
ist die momentane Simulationszeit.

LIMITATE: Begrenzt den Eingangswert nach oben und nach unten.

MAXIMUM: Liefert als Ausgabewert das aktuelle Maximum aller Eingangswerte.

MINIMUM: Liefert als Ausgabewert das aktuelle Minimum aller Eingangswerte.

ACCUMLT: Addiert in jedem Zeitschritt zu seinem bisherigen Wert den jeweiligen
Eingangswert.

PULS: Erzeugt Rechteck-Impulse.

RANDOM: Zufallszahlengenerator für gleichverteilte Zufallszahlen zwischen Null
und Eins.

INVERT: Bildet den Kehrwert des Eingangswertes, sofern dieser von Null verschieden ist.

LSWITCH: Logischer Schalter. Gibt in Abhängigkeit von der angegeben Bedingung
jeweils einen von zwei Parametern als Ausgangswert weiter.

DERIVATE: Bildet die Ableitung der angegeben Funktion nach der angegebenen Variablen, sofern die Funktion differenzierbar ist.

MODEL: Bezeichnet ein Untermodell.

Aufruf

Die folgende Beschreibung des Aufrufs des Simulationssystems DYSS bezieht sich
auf das Betriebssystem MS-DOS ab Version 3.0.

Wir unterscheiden zwischen der Start-Directory und der DYSS-Directory. Die
Start-Directory ergibt sich aus der beim DYSS-Aufruf aktiven MS-DOS Pfadangabe,
d.h. aus dem Standardlaufwerk inklusive der aktuellen Verweise auf Unterver-
zeichnisse. Die DYSS-Directory ist die MS-DOS Pfadangabe auf den Dateibereich,
in dem sich das DYSS-Laufzeitsystem befindet. Zum Laufzeitsystem gehören die
Files DYSS.COM; DYSS.001 und DYSS.002.

Die Start- und DYSS-Directory können übereinstimmen. Aus den weiteren Erläute-
rungen ergibt sich aber, daß es sinnvoll ist, als Start-Directory einen eigenen
Arbeitsbereich zu wählen. Die Start-Directory muß Schreibzugriff erlauben, die
DYSS-Directory kann schreibgeschützt sein.

Der DYSS-Aufruf erfolgt durch die Angabe der DYSS-Dierctory und des Namens DYSS.
Wenn sich die Software z.B. auf einer Diskette im A-Laufwerk befindet, erfolgt
der Aufruf durch "A:DYSS". Wenn das System anschließend in der Start-Directory
alle zum Overlay-System gehörenden Files (DYSS.000, DYSS.001) findet, startet
die Initialisierung. Wenn DYSS in der Start-Directory einige, aber nicht alle
Overlay-Dateien findet, bricht es mit einer Fehlermeldung ab. Wenn in der Start-
Directory keine der genannten Dateien gefunden wird, fragt das System nach
einer MS-DOS Pfadangabe für die Overlay-Dateien. Dann startet nach erfolgter
Eingabe, die sich üblicherweise, aber nicht zwingend, auf die DYSS-Directory
bezieht, der eben beschriebene Ablauf von neuem.

Nach erfolgreichem Test des Overlay-Systems startet die Initialisierung. In
dieser Phase werden alle internen Variablen mit Startwerten belegt und der Zu-
griff auf diverse Arbeitsdateien (vgl. hierzu den Abschnitt Filesystem) hergestellt. Zur Einrichtung der Arbeitsdateien gehört:

Wenn in der Start-Directory eine Datei "MODIN:DYS" vorhanden ist, wird ein Verzeichnis der darin enthaltenen Modellnamen angelegt.

Wenn in der Start-Directory eine Datei "EXPERMNT.DYS" vorhanden ist, wird ein
Verzeichnis der darin enthaltenen Experimentnamen angelegt.

Wenn in der Start-Directory eine Datei "MODOUT.DYS" vorhanden ist, wird diese zum Schreiben geöffnet und an ihr Ende positioniert (append). Andernfalls wird eine Datei unter diesem Namen mit Schreibzugriff neu eingerichtet (rewrite).

Die Datei "DATA.DYS" wird analog zu "MODOUT.DYS" behandelt.

Eine Datei "DUMP.DYS" wird mit Schreibzugriff eingerichtet und an den Anfang positioniert. Eine eventuell vorhandene Datei mit gleichem Namen wird dabei gelöscht.

Nach erfolgreicher Initialisierung erscheinen die Meldungen:

```
DYSS-3.0
(C) COPYRIGHT W.FREES, 1985
VERSION mm.dd.jj

*START DYSS*
*MONITOR* DYSSMOD
>>>
```

Die letzten beiden Zeilen zeigen an, daß der Monitor, die oberste Ebene der Kommando-Hierarchie, für ein per Default-"DYSSMOD" genanntes Modell die aktuelle Kontrolle über die Eingabe hat. Durch ">>>" wird die Eingabebereitschaft innerhalb des Monitors angezeigt.

Bezugshinweis:

Interessenten an dem Simulationssystem DYSS wenden sich bitte an

> Dipl. Math. Wolfgang Frees
> Gesamthochschule/Universität Kassel
> Fachbereich Mathematik
> Postfach 10 13 80
>
> D-3500 Kassel

Literatur:

[1]   Bossel, H.: Dynamische Systeme und Simulation.
      Vorlesungsmanuskript, Universität Kassel 1983.

[2]   Forrester, J.W.: Der teuflische Regelkreis. dva, Stuttgart 1972.

[3]   Meadows, D. et al.: Die Grenzen des Wachstums.
      Rowohlt (rororo), Reinbeck 1973.

[4]   Forrester, J.W.: Principles of Systems.
      Wright-Allen-Press, Cambridge/Mass. 1968.

[5]   Forrester, J.W.: Industrial Dynamics. MIT Press, Cambridge/Mass. 1969[6].

[6]   Niemeyer, G.: Kybernetische System- und Modelltheorie.
      Vahlen, München 1977.

[7]   Müller-Reissmann, K.F.: Nichtnumerische Simulation von Denk- und
      Bewertungsvorgängen. In: Ber. Arbeitsgr. Mathematisierung Kassel,
      K 138 - K 154 (1981).

[8]   Sammet, J.E.: Roster of Programming Languages for 1974 - 75.
      In: Comm. ACM 19, 655 - 669 (1976).

[9]   Shaffer, W.A.: Dynamo. In: Simulation 4, 134 - 136 (1980).

[10] Green, W.L.; F.H. Speckhart: CSMP. In: Simulation 4, 131 - 133 (1980).

[11] Frees, W.: DYSS (Dynamic System Simulation).
      Universität Kassel, Fachberichte Mathematik, Postfach 101380, 3500 Kassel.

[12] Hudetz, W.: ASS (Allgemeines Simulationssystem)
      PROCOS-GmbH, Ahornweg 15, D-7517 Waldbronn 2.

[13] Knobloch, H.W.; F. Kappel: Gewöhnliche Differentialgleichungen.
      Teubner, Stuttgart 1974.

[14] Walter, W.: Gewöhnliche Differentialgleichungen.
      Springer, Berlin 1976.

[15] Hirsch, M.W.; S. Smale: Differential Equations, Dynamical Systems and
      Linear Algebra. Academic Press, New York 1974, S. 167.

[16] De Russo, E.M.; R.J. Roy; C.M. Close: State Variables for Engineers.
      Wiley, New York 1965.

[17] Stoer, J.; B. Bulirsch: Einführung in die Numerische Mathematik II.
      Springer, Berlin/Heidelberg/New York 1973.

[18] Stetter, H.J.: Analysis of Discretization Methods for Ordinary
      Differential Equations. Springer, Berlin/Heidelberg/New York 1973.

[19] Birkhoff, G.; G.C. Rota: Ordinary Differential Equations.
      Wiley, New York 1978[3].

[20] Tyn Myint-U.: Ordinary Differential Equations.
      North-Holland, New York 1978.

[21] Isaacson, E.; H.B. Keller: Analysis of Numerical Methods.
      Wiley, New York 1966.

[22] Odum, E.P.: Grundlagen der Ökologie. Thieme-Verlag, Stuttgart 1980.

[23] Michelsen, G. et al. (Hrsg.): Der Fischer-Öko-Almanach (2 Bände).
      fischer alternativ, Frankfurt/M. 1981 u. 1983.

[24] Nöbauer, W.; W. Timischl: Mathematische Modelle in der Biologie.
      Vieweg, Braunschweig 1979.

[25] Braun, M.: Differentialgleichungen und ihre Anwendungen.
      Springer, Berlin/Heidelberg/New York 1979.

[26] Collet, P.; J.P. Eckmann: Iterated Maps on the Interval as Dynamical
      Systems. A. Jaffe and D. Ruelle (eds.), Birkhäuser, Basel 1980.

[27] Volterra, V.: Lécons sur la théorie mathématique de la lutte pour la vie.
      Gauthier-Villars, Paris 1931.

[28] Lotka, A.J.: Elements of Mathematical Biology (Republication of: Elements
      of Physical Biology (1924)). Dover, New York 1956.

[29] Lingenberg, R.: Lineare Algebra.
      BI Hochschultaschenbücher, Mannheim 1969.

[30] Hahn, W.: Stability of Motion.
      Springer, Berlin/Heidelberg/New York 1967.

[31] Hurewicz W.: Lectures on Ordinary Differential Equations.
      MIT Press, Cambridge/Mass. 1980.

[32] Finizio, N.; G. Ladas: Ordinary Differential Equations with Modern
      Applications. Wadsworth, Belmont Cal. 1978.

[33] Wilson, E.O.; W.H. Bossert: Einführung in die Populationsökologie.
      Springer, Berlin/Heidelberg/New York 1973.

[34] Bazykin, A.D.: Structural and dynamic stability of a model predator-prey
      system. RM-76-8, International Institute for Applied Systems Analysis,
      Laxenburg, Austria 1976.

[35] Metzler, W.; W. Wischniewsky: Bifurcations of equilibria in Bazykin's
      predator-prey model. In: Mathematical Modelling 6, 111 - 123 (1985).

[36] Endl, K.; W. Luh: Analysis II.
      Akademische Verlagsgesellschaft, Frankfurt/M. 1973, S. 218.

[37] Mangoldt, H.v.; K. Knopp: Einführung in die höhere Mathematik III.
      Hirzel-Verlag, Stuttgart 1967, S. 220.

[38] Luenberger, D.G.: Introduction to Dynamic Systems. Theory, Models &
      Applications. Wiley, New York 1979.

[39] Bossel H.; W. Metzler; H. Schäfer (Hrsg.): Dynamik des Waldsterbens -
      Mathematisches Modell und Computersimulation. Fachberichte Simulation 4,
      Springer, Berlin/Heidelberg/New York/Tokyo 1985.

[40] Krieger H.: Stabilitätsanalyse eines parameterabhängigen Waldmodells. Diplomarbeit, Fachbereich Mathematik, Universität Kassel 1986.

[41] Gockert, D.: Analytische Untersuchung eines parameterabhängigen, zwei-dimensionalen Baummodells. Diplomarbeit, Fachbereich Mathematik, Universität Kassel 1986.

[42] Metzler, W.: Dynamical modelling and simulation of air polluted forest ecosystems. In: Mathematical Modelling 8, 786 - 791 (1987).

[43] Metzler, W.; D. Gockert: Dynamical simulation of air polluted forests. Proceedings IASTED Sixth International Symposium on Modelling, Identification and Control, Grindelwald, Switzerland, Febr. 17-20, 1987.

Stichwortverzeichnis:

Teubner Studienbücher Fortsetzung

Mathematik Fortsetzung

Schwarz: **Methode der finiten Elemente.** 2. Aufl. DM 39,– (LAMM)

Stiefel: **Einführung in die numerische Mathematik.** 5. Aufl. DM 34,– (LAMM)

Stiefel/Fässler: **Gruppentheoretische Methoden und ihre Anwendung.** DM 32,– (LAMM)

Stummel/Hainer: **Praktische Mathematik.** 2. Aufl. DM 38,–

Topsøe: **Informationstheorie.** DM 16,80

Uhlmann: **Statistische Qualitätskontrolle.** 2. Aufl. DM 39,– (LAMM)

Velte: **Direkte Methoden der Variationsrechnung.** DM 26,80 (LAMM)

Vogt: **Grundkurs Mathematik für Biologen.** DM 21,80

Walter: **Biomathematik für Mediziner.** 2. Aufl. DM 24,80

Winkler: **Vorlesungen zur Mathematischen Statistik.** DM 28,80

Witting: **Mathematische Statistik.** 3. Aufl. DM 28,80 (LAMM)

Wolfsdorf: **Versicherungsmathematik.** Teil 1: Personenversicherung. DM 33,–

Mechanik

Becker: **Technische Strömungslehre.** 6. Aufl. DM 22,80

Becker: **Technische Thermodynamik.** DM 29,80

Becker/Bürger: **Kontinuumsmechanik.** DM 36,– (LAMM)

Becker/Piltz: **Übungen zur Technischen Strömungslehre.** 3. Aufl. DM 19,80

Bishop: **Schwingungen in Natur und Technik.** DM 23,80

Böhme: **Strömungsmechanik nicht-newtonscher Fluide.** DM 36,– (LAMM)

Hahn: **Bruchmechanik.** DM 36,– (LAMM)

Magnus: **Schwingungen.** 4. Aufl. DM 29,80 (LAMM)

Magnus/Müller: **Grundlagen der Technischen Mechanik.** 5. Aufl. DM 34,– (LAMM)

Müller/Magnus: **Übungen zur Technischen Mechanik.** 2. Aufl. DM 34,– (LAMM)

Pfeiffer/Reithmeier: **Roboterdynamik.** DM 34,–

Schiehlen: **Technische Dynamik.** DM 32,– (LAMM)

Wieghardt: **Theoretische Strömungslehre.** 2. Aufl. DM 28,80 (LAMM)

Preisänderungen vorbehalten

Teubner Studienbücher Fortsetzung

Informatik

Berstel: **Transductions and Context-Free Languages**
278 Seiten. DM 42,– (LAMM)

Beth: **Verfahren der schnellen Fourier-Transformation**
316 Seiten. DM 36,– (LAMM)

Bolch/Akyildiz: **Analyse von Rechensystemen**
Analytische Methoden zur Leistungsbewertung und Leistungsvorhersage
269 Seiten. DM 29,80

Dal Cin: **Fehlertolerante Systeme**
206 Seiten. DM 25,80 (LAMM)

Ehrig et al.: **Universal Theory of Automata**
A Categorical Approach. 240 Seiten. DM 27,80

Giloi: **Principles of Continuous System Simulation**
Analog, Digital and Hybrid Simulation in a Computer Science Perspective
172 Seiten. DM 27,80 (LAMM)

Kupka/Wilsing: **Dialogsprachen**
168 Seiten. DM 22,80 (LAMM)

Maurer: **Datenstrukturen und Programmierverfahren**
222 Seiten. DM 28,80 (LAMM)

Oberschelp/Wille: **Mathematischer Einführungskurs für Informatiker**
Diskrete Strukturen. 236 Seiten. DM 24,80 (LAMM)

Paul: **Komplexitätstheorie**
247 Seiten. DM 27,80 (LAMM)

Richter: **Logikkalküle**
232 Seiten. DM 25,80 (LAMM)

Schlageter/Stucky: **Datenbanksysteme: Konzepte und Modelle**
2. Aufl. 368 Seiten. DM 36,– (LAMM)

Schnorr: **Rekursive Funktionen und ihre Komplexität**
191 Seiten. DM 25,80 (LAMM)

Spaniol: **Arithmetik in Rechenanlagen**
Logik und Entwurf. 208 Seiten. DM 25,80 (LAMM)

Vollmar: **Algorithmen in Zellularautomaten**
Eine Einführung. 192 Seiten. DM 25,80 (LAMM)

Weck: **Prinzipien und Realisierung von Betriebssystemen**
2. Aufl. 299 Seiten. DM 38,– (LAMM)

Wirth: **Compilerbau**
Eine Einführung. 4. Aufl. 117 Seiten. DM 18,80 (LAMM)

Wirth: **Systematisches Programmieren**
Eine Einführung. 5. Aufl. 160 Seiten. DM 25,80 (LAMM)

Preisänderungen vorbehalten